普通高等教育机械类特色专业系列教材
北京高等教育精品教材

机电一体化技术
（第二版）

孙卫青　李建勇　主编

科学出版社
北京

内 容 简 介

本书介绍了机电一体化技术所必需的基础、典型知识,论述了机电一体化技术系统层面的知识,强调机电一体化系统应该具有的融合性和集成性。内容包括:机电一体化技术导论和单元技术、计算机控制技术、系统的建模与仿真、接口与电磁兼容技术及其系统设计等。

本书可作为高等院校本科生机械电子工程、机械制造及其自动化、机械设计及理论和工业工程等专业的教材,也可供教师和从事机电一体化设计制造的工程技术人员参考。

图书在版编目(CIP)数据

机电一体化技术/孙卫青,李建勇主编. —2版. —北京:科学出版社,2009.8
(普通高等教育机械类特色专业系列教材·北京高等教育精品教材)
ISBN 978-7-03-024679-0

Ⅰ.机… Ⅱ.①孙…②李… Ⅲ.机电一体化-高等学校-教材 Ⅳ.TH-39

中国版本图书馆 CIP 数据核字(2009)第 133980 号

责任编辑:毛 莹 朱晓颖 / 责任校对:鲁 素
责任印制:张 伟 / 封面设计:耕者设计工作室

科学出版社 出版
北京东黄城根北街 16 号
邮政编码:100717
http://www.sciencep.com

北京科印技术咨询服务有限公司数码印刷分部印刷
科学出版社发行 各地新华书店经销

*

2009 年 8 月第 一 版 开本:B5(720×1000)
2024 年 8 月第十六次印刷 印张:19
字数:369 000
定价:59.00元

(如有印装质量问题,我社负责调换)

前　言

　　机电一体化是微电子技术和计算机应用技术向机械工业渗透的过程中逐渐形成并发展起来的一门多学科领域交叉的新型综合型学科，它是机械工业的发展方向。机电一体化技术的应用不仅提高和拓展了机电产品的性能和功能，而且使机械工业的技术结构、生产方式及管理体系均发生了巨大变化，极大地提高了生产系统的工作质量。目前机电一体化技术已成为高等院校机械电子类专业的一门重要专业课程。

　　机电一体化是有机地融合了检测技术、信息处理技术、自动控制技术、伺服驱动技术、精密机械技术、计算机技术和系统总体技术等多种技术于一体，并使这些技术相互不断渗透的技术密集型系统工程。目前，高等院校的相关专业对于机电一体化所涉及的单元性技术大多已设置了相应的课程，因此，本书不拘泥于追求这些技术的完整性和深入的细节，而是本着在机电一体化系统设计和生产时能够"合理选用"的原则，介绍一些机电一体化技术所必需的、典型的、共性的知识，避免机电一体化教材只是机、电、气、液等知识的简单罗列和课程内容大量重复的现象。为此，在组织本书的内容时，将主要的"单元性技术"精简压缩成一章，而用大量篇幅介绍和论述机电一体化技术系统层面上的知识，强调机电一体化系统应该具有的整合性和集成性，着重培养学生系统设计、开发的综合运用能力。

　　《机电一体化技术》（第一版）自2004年4月出版以来，得到了广大教师、学生和工程技术人员的肯定，2007年3月被评为北京市高等教育精品教材。与此同时，机电一体化技术的迅速发展使得该书部分章节的内容不能满足实际需要，因此，我们在上一版教材的基础上，沿用原有体系结构，在内容上增加了机电一体化的计算机控制技术和接口技术，删除了"基于典型机构的机电一体化系统"一章，同时新增多个典型设计实例，并将作者在科研实践中的成果融入其中，以适应当前本科教学中对学生创新能力和工程实践综合能力培养的要求。

　　本书是在参考了大量现有文献的基础上，结合作者多年来的科研成果与教学实践经验编写而成的。本书一方面注重基础，可作为机电一体化技术入门学习之用；另一方面立足应用和理论联系实际，对实际工作有一定指导意义；并且兼顾机电一体化技术的发展，介绍了一些新的技术，以开阔视野。此外，本书不仅注意自身内容的有机联系，也考虑到与其他相关课程的合理衔接。

　　全书共分6章：第1章机电一体化技术导论；第2章机电一体化的单元技术；第3章机电一体化的计算机控制技术；第4章机电一体化系统的建模与仿真；第5

章机电一体化系统的接口与电磁兼容技术;第6章机电一体化系统设计。参加本书编写的有李建勇(第1章)、孙卫青(第2、3、5、6章)、李长春(第4章)。由孙卫青、李建勇任主编,孙卫青起草全书大纲,李建勇进行全书统稿。

  本书得到北京交通大学教务处、科学出版社有关领导和工作人员的关心和帮助,在此一并表示衷心的感谢。同时也向本书参考和引用的相关资料和文献的作者表示诚挚的谢意。

  由于作者水平和经验有限,书中不足之处,敬请读者和专家批评指正。

作 者
2009年4月

目　　录

前言
第1章　机电一体化技术导论 ······················· 1
 1.1　概述 ······································· 1
 1.2　机电一体化系统的基本组成和分类 ············· 3
  1.2.1　机电一体化系统的功能组成 ··············· 3
  1.2.2　机电一体化系统的构成要素 ··············· 6
  1.2.3　机电一体化产品和系统的分类 ············· 9
 1.3　机电一体化的理论基础与关键技术 ············· 10
  1.3.1　理论基础 ································ 10
  1.3.2　关键技术 ································ 11
 1.4　机电一体化的作用 ··························· 16
 1.5　机电一体化的发展 ··························· 20
  1.5.1　机电一体化的发展状况 ··················· 20
  1.5.2　机电一体化的发展趋势 ··················· 23
 思考题与习题 ··································· 25
第2章　机电一体化的单元技术 ····················· 26
 2.1　概述 ······································· 26
 2.2　精密机械技术 ······························· 26
  2.2.1　机械系统概述 ···························· 26
  2.2.2　机械传动机构 ···························· 28
  2.2.3　机械导向机构 ···························· 54
  2.2.4　机械执行机构 ···························· 60
  2.2.5　轴系 ··································· 66
 2.3　传感检测技术 ······························· 70
  2.3.1　传感器及其组成 ·························· 71
  2.3.2　传感器的分类及其特性 ··················· 71
  2.3.3　机电一体化中常用的传感器 ··············· 75
  2.3.4　传感器的选择和使用 ····················· 90
  2.3.5　传感器的测量电路 ······················· 91
 2.4　伺服驱动技术 ······························· 93

  2.4.1 伺服系统概述 ·· 93
  2.4.2 伺服系统中的执行元件 ···································· 98
  2.4.3 电气伺服驱动系统 ·· 100
  2.4.4 液压/气压伺服系统 ······································· 123
 思考题与习题 ··· 127

第3章 机电一体化的计算机控制技术 ···························· 128
 3.1 概述 ··· 128
 3.2 计算机在控制系统中的应用 ··································· 130
 3.3 工业控制计算机 ··· 135
  3.3.1 工业控制计算机的基本要求 ································ 135
  3.3.2 工业控制计算机的常用类型 ································ 136
  3.3.3 单片微型计算机 ·· 137
  3.3.4 可编程序控制器 ·· 138
  3.3.5 总线工业控制计算机 ······································ 156
 3.4 数字PID控制技术 ·· 161
  3.4.1 数字PID控制算法 ··· 162
  3.4.2 PID控制器的参数选择 ····································· 163
 3.5 嵌入式系统技术 ··· 168
  3.5.1 嵌入式系统概述 ·· 168
  3.5.2 嵌入式系统的组成 ·· 169
  3.5.3 嵌入式系统的应用 ·· 172
  3.5.4 嵌入式系统的设计 ·· 173
 3.6 计算机控制系统的设计 ······································· 177
  3.6.1 计算机控制系统的选择 ···································· 177
  3.6.2 计算机控制系统的内容和步骤 ······························ 179
 思考题与习题 ··· 185

第4章 机电一体化系统的建模与仿真 ····························· 186
 4.1 概述 ··· 186
  4.1.1 模型的基本概念 ·· 186
  4.1.2 系统仿真的基本概念 ······································ 187
 4.2 机电一体化系统的数学模型 ··································· 188
  4.2.1 数学模型的表现形式 ······································ 189
  4.2.2 数学模型的建立方法 ······································ 192
 4.3 仿真理论基础 ··· 195
 4.4 机电一体化系统的建模与仿真实例 ····························· 199

    4.4.1 电液疲劳试验机控制系统的建模与仿真 ……………………… 199
    4.4.2 钢轨探伤车超声波探头自动对中系统的建模与仿真 ……………… 202
  思考题与习题 ………………………………………………………………… 207

第5章 机电一体化系统的接口与电磁兼容技术 ……………………………… 209
  5.1 机电一体化系统的接口技术 …………………………………………… 210
    5.1.1 接口技术概述 ……………………………………………… 210
    5.1.2 人机接口设计 ……………………………………………… 212
    5.1.3 机电接口设计 ……………………………………………… 219
  5.2 机电一体化系统的电磁兼容技术 ………………………………………… 248
    5.2.1 电磁兼容技术的有关定义 …………………………………… 249
    5.2.2 电磁干扰的形式和途径 ……………………………………… 251
    5.2.3 常用的干扰抑制技术 ………………………………………… 253
  思考题与习题 ………………………………………………………………… 267

第6章 机电一体化系统设计 ………………………………………………… 268
  6.1 概述 …………………………………………………………………… 268
    6.1.1 机电一体化系统设计流程 …………………………………… 268
    6.1.2 设计思想、类型、准则 ……………………………………… 270
  6.2 机电一体化系统的产品规划 …………………………………………… 271
    6.2.1 需求分析 …………………………………………………… 272
    6.2.2 需求设计 …………………………………………………… 274
  6.3 机电一体化系统的概念设计 …………………………………………… 274
    6.3.1 概念设计的内涵和特征 ……………………………………… 275
    6.3.2 概念设计的过程 ……………………………………………… 277
  6.4 机电一体化系统的详细设计 …………………………………………… 288
  6.5 机电一体化系统的评价与决策 ………………………………………… 288
    6.5.1 系统的评价 ………………………………………………… 288
    6.5.2 系统的决策 ………………………………………………… 290
  思考题与习题 ………………………………………………………………… 291

参考文献 ………………………………………………………………………… 292

第1章 机电一体化技术导论

1.1 概 述

科学技术的发展极大地推动了不同学科间的相互交叉、渗透与融合,导致了工程领域的技术革命与改造。微电子技术和计算机技术的飞速发展及其向机械工业的渗透促进了机电一体化的形成。机电一体化技术的核心是机械技术和微电子技术,而力学、机械学、制造工艺学和控制学构成了机械技术的四个支柱学科,如图 1-1 所示。近年来,伴随着超大规模集成电路技术的发展,计算机技术得到了迅速发展,机械技术的四个支柱学科也随之发生了巨大的变化。例如,计算机辅助工程(CAE)技术依靠着快速、大存储量和高精度的计算机,几乎使任何复杂的力学计算成为可能。机械优化设计、计算机辅助设计(CAD)技术的发展使得原来主要靠人工完成的机械设计任务大部分可以由计算机来完成。数控技术、计算机辅助制造(CAM)技术的出现使得制造工艺产生了一次革命,同时,微电子技术和信息技术成为加工工艺过程的重要技术。变化最明显的是控制技术,它经历了从古老的机械手动控制到继电器逻辑控制、计算机自动控制、智能控制的发展历程,其每一次技术进步都是微电子技术和计算机技术发展的产物,可见机械技术的四个支柱学科无不渗透了电子技术和信息技术。正是由于这些技术的有机融合,使得机械工业的技术结构、产品结构、功能与构成、生产方式及管理体系均发生了巨大变化,继而使工业生产由"机械电气化"迈入以"机电一体化"为特征的发展阶段。机电一体化技术是机械技术向自动化、智能化方向发展的必然产物。

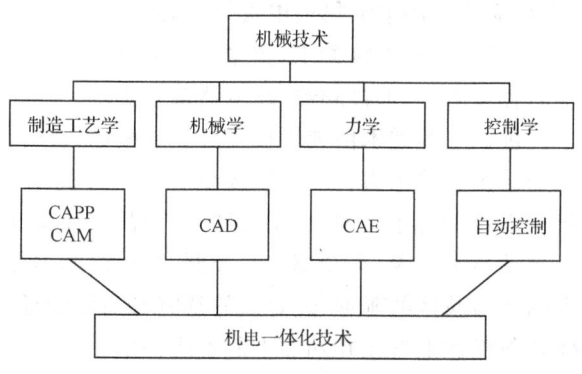

图 1-1 机械技术的发展与机电一体化技术

机电一体化技术正以各种形式渗透到社会的各个角落,社会生产、家庭生活、交通运输、航空航天及海洋开发都在使用机电一体化产品,而这一切都离不开机电一体化技术。

1971 年日本《机械设计》杂志副刊提出了"Mechatronics"这一名词。它是由 Mechanics(机械学)与 Electronics(电子学)组合而成的,即机械电子学或机电一体化。

1996 年美国机械工程师学会(ASME)与跨国电气与电子工程师学会(IEEE)将机电一体化定义为:在工业产品和过程的设计与制造中,机械工程与电子和智能计算机控制的协同集成。

1981 年日本机械振兴协会经济研究所对机电一体化概念的解释为:"机电一体化是在机械主功能、动力功能、信息功能和控制功能上引进微电子技术,并将机械装置与电子装置用相关软件有机结合而构成系统的总称",目前该种提法被普遍采用。

机电一体化发展至今已经成为一门有着自身体系的新型学科,随着生产和科学技术的发展,它还将不断被赋予新的内容。但其基本的特征可概括为:机电一体化是从系统的观点出发,综合运用机械技术、微电子技术、自动控制技术、计算机技术、信息技术、传感测试技术、电力电子技术、接口技术、信号变换技术以及软件编程技术等群体技术,根据系统功能目标和优化组织结构目标,合理配置与布局各功能单元,在多功能、高质量、高可靠性、低能耗的意义上实现特定功能价值,并使整个系统最优化的系统工程技术。由此而产生的功能系统则成为一个以微电子技术为主导,在现代高新技术支持下的机电一体化系统或机电一体化产品。因此,"机电一体化"涵盖"技术"和"产品"两个方面。

(1) 机电一体化技术是基于上述群体技术有机融合的一种综合性技术,而不是机械技术、微电子技术以及其他新技术的简单组合、拼凑。这是机电一体化与机械加电气所形成的机械电气化在概念上的根本区别。除此以外,其他主要区别为:①电气机械在设计过程中不考虑或很少考虑电器与机械的内在联系,基本上是根据机械的要求,选用相应的驱动电动机或电气传动装置;②机械和电气装置之间界限分明,它们之间的连接以机械连接为主,整个装置是刚性的;③装置所需的控制以基于电磁学原理的各种电器,如接触器、继电器等来实现,属强电范畴,其主要支撑技术是电工技术。机械工程技术由纯机械发展到机械电气化,仍属传统机械,主要功能依然是代替和放大人的体力。但是发展到机电一体化后,其中的微电子装置除可取代某些机械部件的原有功能外,还能赋予产品许多新的功能,如自动检测、自动处理信息、自动显示记录、自动调节与控制、自动诊断与保护等。即机电一体化产品不仅是人的手与肢体的延伸,还是人的感官与头脑的延伸,具有"智能化"的特征是机电一体化与机械电气化在功能上的本质差别。

(2) 机电一体化产品既不同于传统的机械产品,也不同于普通的电子产品,它是机械系统和微电子系统的有机结合,从而赋予其新的功能和性能的一种新产品。机电一体化产品的特点是其产品功能的实现是由所有功能单元共同作用的结果,这与传统机电设备中机械与电子系统相对独立、可以分别工作的情况具有本质的区别。图1-2所示为典型的机电一体化系统——工业机器人。它是机、电、传感检测和计算机技术相互融合的综合系统。

机电一体化这一新兴学科有其技术基础、设计理论和研究方法,机电一体化的目的是使系统(产品)高附加值化,即多功能化、高效率化、高可靠化、节能化,不断满足人们生活和生产的多样化需求。所以,一方面,机电一体化既是机械工程发展的继续,同时也是电子技术应用的必然;另一方面,机电一体化的研究方法应该从系统的角度出发,采用现代设计分析方法,充分发挥边缘学科技术的优势。

图1-2 典型的机电一体化系统——工业机器人

1.2 机电一体化系统的基本组成和分类

1.2.1 机电一体化系统的功能组成

传统的机械产品主要是解决物质流和能量流的问题,而机电一体化产品除了解决物质流和能量流外,还要解决信息流的问题。如图1-3所示,机电一体化系统的主要功能就是对输入的物质、能量与信息(即所谓工业三大要素)按照要求进行处理,输出具有所需特性的物质、能量与信息。

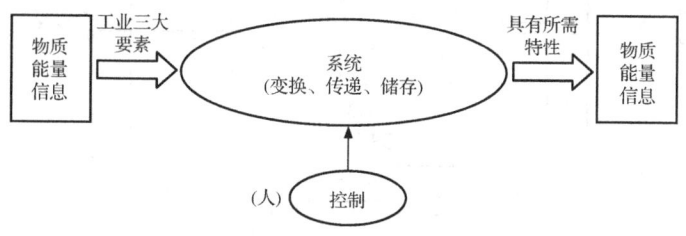

图1-3 机电一体化系统的主要功能

系统的主功能包括三个目的功能:①变换(加工、处理)功能;②传递(移动、输送)功能;③储存(保持、积蓄、记录)功能。主功能是系统的主要特征部分,是实现系统目的功能直接必需的功能,主要是对物质、能量、信息或其相互结合进行变换、传递和储存。

以物料搬运、加工为主，输入物质（原料、毛坯等）、能量（电能、液能、气能等）和信息（操作及控制指令等）经过加工处理，主要输出为改变了位置和形态的物质的系统（或产品），称为加工机，如各种机床、交通运输机械、食品加工机械、起重机械、纺织机械、印刷机械、轻工机械等。

以能量转换为主，输入能量（或物质）和信息，输出不同能量（或物质）的系统（或产品），称为动力机，其中输出机械能的动力机为原动机，如电动机、水轮机、内燃机等。

以信息处理为主，输入信息和能量，主要输出某种信息（如数据、图像、文字、声音等）的系统（或产品），称为信息机，如各种仪器、仪表、计算机、传真机以及各种办公机械等。

机电一体化系统除了具备上述必需的主功能外，还应具备图1-4所示的其他内部功能，即动力功能、检测功能、控制功能和构造功能。动力功能是向系统提供动力，使系统得以运转的功能；检测功能和控制功能的作用是解决各种信息的获取、传输、处理和利用，从而能够根据系统内部信息和外部信息对整个系统进行控制，使系统正常运转，实施目标功能；而构造功能则是使构成系统的子系统及元、部件维持所定的时间和空间上的相互关系所必需的功能。从系统的输入/输出来看，除有主功能的输入/输出之外，还需要有动力输入和控制信息的输入/输出。此外，还有因外部环境引起的干扰输入以及非目的性输出（如废弃物输出等），这些都是系统设计时应当考虑的。例如，汽车的废气和噪声对外部环境的影响，从系统设计开始就应予以考虑。

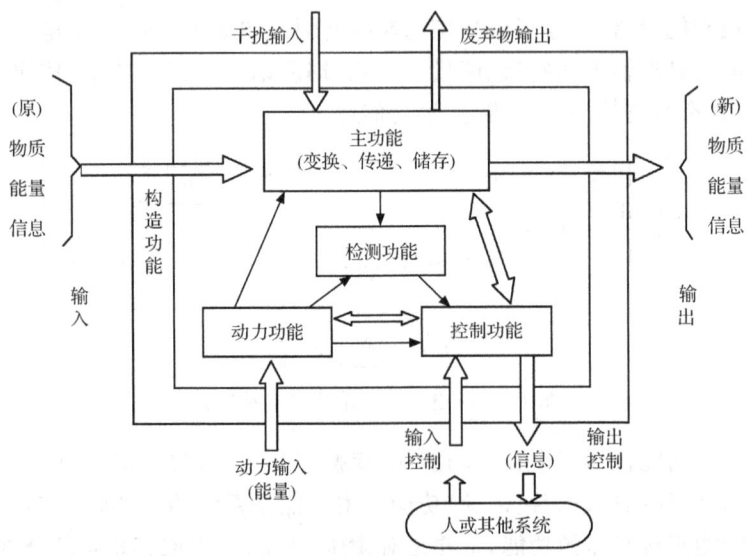

图1-4　系统的五种内部功能

上述这种抽象的功能构成原理,既有利于设计或分析各种机电一体化系统或产品,又有利于开拓思路,便于创造发明。例如,根据三种不同的主功能及其不同的输入/输出,组合起来可形成9大类型的系统或产品,但不一定都是机电一体化的产品,见表1-1。

表1-1 不同主功能及输入的组合

序号	主功能	输入/输出	组合实例
1	变换	物质	材料加工或处理机
2	传递	物质	交通运输机
3	储存	物质	自动化仓库、包装机
4	变换	能量	动力机械
5	传递	能量	机械或流体传动装置
6	储存	能量	机械或流体蓄能器
7	变换	信息	电子计算机、仪器
8	传递	信息	通信系统、传真机
9	储存	信息	存储器、录像机

此外,对于同一主功能的加工机构,其运动方式不同,也可构成不同用途的机械。例如,金属切削机床根据工件与刀具相对运动产生切削作用的原理来进行加工,工件与刀具的运动方式不同,就可产生不同用途的机床。

对于现有的机电一体化系统,可以利用功能原理图来进行研究分析。图1-5是CNC机床的功能原理构成的实例。由于未指明主功能,该加工机构代表了具有相同

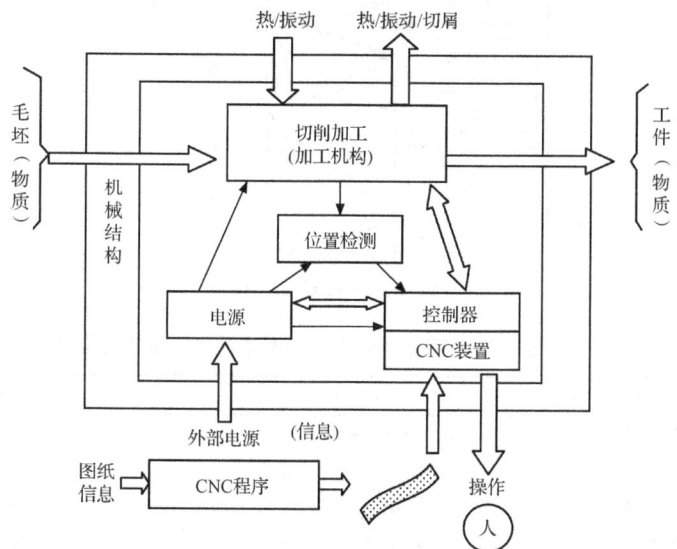

图1-5 CNC机床的功能原理构成

主功能及控制功能的一大类的机电一体化系统,如金属切削数控机床、电加工数控机床、激光加工数控机床以及冲压加工数控机床等。显然,由于实现主功能的具体加工机构不同,其他功能的具体装置也会有相应差别,但其本质都是数控加工机床。

1.2.2 机电一体化系统的构成要素

从机电一体化系统的功能看,人体是机电一体化系统理想的参照物。

机电一体化系统正如人的身体一样,各个部分都有不同的分工,它们之间有着密切的联系,只有各个部分分工协作才能完成预期的任务。构成人体的五大要素分别是大脑和神经、感觉器官(眼、耳、鼻、舌、皮肤)、肌肉、内脏及骨骼。相应的功能如图1-6所示。人的皮肤和耳、鼻、口、舌等器官相当于机电一体化系统中的传感器,它们把外部信息通过神经系统传递给大脑,为大脑决策提供外部信息;人的大脑相当于机电一体化系统中的控制及信息处理单元,它把感觉器官感知的信息进行采样、存储、分析、处理和判断,根据人的想法指挥肌肉运动,使得各个器官产生相应的动作;人的神经系统相当于机电一体化系统中的信号传输网络系统;内脏提供人体所需要的能量(动力)及各种激素,维持人体活动;人的骨骼相当于机电一体系统中的机械本体,对人的身体起到支撑、造型和美观的作用。表1-2列出了机电一体化系统构成要素与人体构成要素的对应关系。机电一体化系统五大要素实例如图1-7所示。

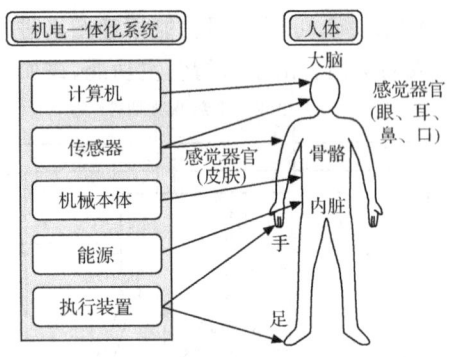

图1-6 机电一体化系统的构成要素

表1-2 机电一体化系统构成要素与人体构成要素的对应关系

机电一体化系统构成要素	功　能	人体要素
控制器(计算机等)	控制(信息存储、处理、传送)	神经和大脑
传感器	检测(信息收集与变换)	感觉器官
执行装置	驱动(操作)	肌肉
能源	提供动力(能量)	内脏
机械本体	支撑与连接	骨骼

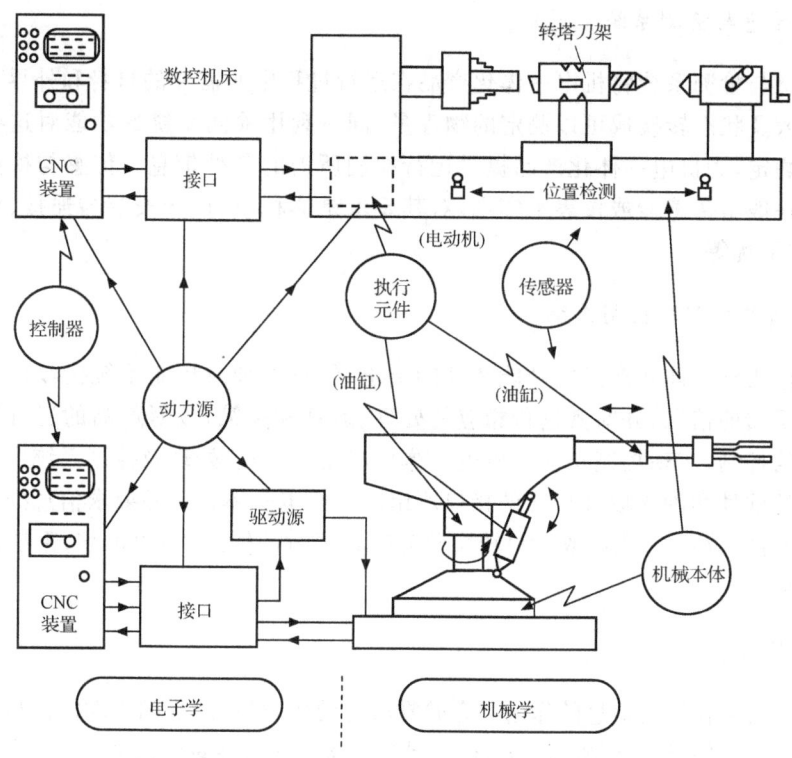

图 1-7 机电一体化系统五大要素实例

因此,一个较完善的机电一体化系统,应包括以下几个基本要素:机械本体、动力系统、传感与检测系统、信息处理及控制系统、执行装置,各要素和环节之间通过接口有机地联系在一起。

1. 机械本体

机械本体用于支撑和连接其他要素,并把这些要素合理地结合起来,形成有机的整体。机电一体化技术应用范围很广,其产品及装置的种类繁多,但都离不开机械本体。例如,机器人和数控机床的本体是机身和床身;指针式电子手表的本体是表壳。因此,机械本体是机电一体化系统必要的组成部分。没有它,系统的各部件就支离破碎,无法构成具有特定功能的机电一体化产品或装置。

2. 动力系统

按照系统控制要求,动力系统为机电一体化产品提供能量和动力功能,驱动执行机构工作以完成预定的主功能。动力系统包括电、液、气等多种动力源。

3. 传感与检测系统

传感与检测系统将机电一体化产品在运行过程中所需要的自身和外界环境的各种参数及状态转换成可以测定的物理量,同时利用检测系统的功能对这些物理量进行测定,为机电一体化产品提供运行控制所需的各种信息。传感与检测系统的功能一般由传感器或仪表来实现,对其要求是体积小、便于安装与连接、检测精度高、抗干扰等。

4. 信息处理及控制系统

根据机电一体化产品的功能和性能要求,信息处理及控制系统接收传感与检测系统反馈的信息,并对其进行相应的处理、运算和决策,以对产品的运行施以按照要求的控制,实现控制功能。机电一体化产品中,信息处理及控制系统主要是由计算机的软件和硬件以及相应的接口所组成。机电一体化产品要求信息处理速度高,A/D(模/数)和 D/A(数/模)转换及分时处理时的输入/输出可靠,系统的抗干扰能力强。

5. 执行装置

执行装置在控制信息的作用下完成要求的动作,实现产品的主功能。执行装置一般是运动部件,常采用机械、电、液、气动等机构。执行装置因机电一体化产品的种类和作业对象不同而有较大的差异。执行装置是实现产品目的功能的直接执行者,其性能好坏决定着整个产品的性能,因而是机电一体化产品中重要的组成部分。

机电一体化产品的五个组成部分在工作时相互协调,共同完成所规定的目的功能。在结构上,各组成部分通过各种接口及其相应的软件有机地结合在一起,构成一个内部匹配合理、外部效能最佳的完整产品。

实际上,机电一体化系统是比较复杂的,有时某些构成要素是复合在一起的。应该指出的是,构成机电一体化系统的几个部分并不是并列的。

首先,机械部分是主体,这不仅是由于机械本体是系统重要的组成部分,而且系统的主要功能必须由机械装置来完成,否则就不能称其为机电一体化产品。例如,电子计算机、非指针式电子表等,其主要功能由电子器件和电路等完成,机械已退居次要地位,这类产品应归属于电子产品,而不是机电一体化产品。因此,机械系统是实现机电一体化产品功能的基础,因而对其提出了更高的要求,需在结构、材料、工艺加工及几何尺寸等方面满足机电一体化产品高效、可靠、节能、多功能、小型轻量和美观等要求。除一般性的机械强度、刚度、精度、体积和重量等指标外,机械系统技术开发的重点是模块化、标准化和系列化,以便于机械系统的快速组合和更换。

其次,机电一体化的核心是电子技术,电子技术包括微电子技术和电力电子技术,但重点是微电子技术,特别是微型计算机(简称微机)或微处理器。机电一体化需要多种新技术的结合,但首要的是微电子技术,不和微电子结合的机电产品不能称为机电一体化产品。例如,非数控机床,一般均有电动机驱动,但它不是机电一体化产品。除了微电子技术以外,在机电一体化产品中,其他技术则根据需要进行结合,可以是一种,也可以是多种。

综上所述,可以概括出以下结论:

(1) 机电一体化是一种以产品和过程为基础的技术;

(2) 机电一体化以机械为主体;

(3) 机电一体化以微电子技术,特别是计算机控制技术为核心;

(4) 机电一体化将工业产品和过程都作为一个完整的系统看待,因此强调各种技术的协同和集成,不是将各个单元或部件简单拼凑到一起;

(5) 机电一体化贯穿于设计和制造的全过程中。

1.2.3 机电一体化产品和系统的分类

机电一体化产品和系统种类繁多,按其用途分类如图 1-8 所示;按机械和电子的功能和含量分类有以机械装置为主体的机械电子产品和以电子装置为主体的机械电子产品;按机电结合的程度分类有功能附加型、功能替代型和机电融合型。

机电一体化产品和系统
- 生产用机电一体化产品和系统
  - 数控机床、机器人、自动生产设备
  - 柔性生产单元、自动组合生产单元
  - FMS、无人化工厂、CIMS
- 运输、包装及工程用机电一体化产品
  - 微机控制汽车、机车等交通运输机具
  - 数控包装机械及系统
  - 数控运输机械及工程机械设备
- 储存销售用机电一体化产品
  - 自动仓库
  - 自动空调与制冷系统及设备
  - 自动称量、分选、销售及现金处理系统
- 社会服务性机电一体化产品
  - 自动化办公机械
  - 动力、医疗、环保及公共服务自动化设施
  - 文教、体育、娱乐用机电一体化产品
- 家庭用机电一体化产品
  - 微机或数控型耐用消费品
  - 炊事自动化机械
  - 家庭用信息、服务设备
- 科研及过程控制用机电一体化产品
  - 测试设备
  - 控制设备
  - 信息处理系统
- 农、林、牧、渔及其他民用机电一体化产品
- 航空航天、国防用武器装备等机电一体化产品

图 1-8 机电一体化产品和系统分类

1.3 机电一体化的理论基础与关键技术

1.3.1 理论基础

系统论、信息论、控制论的建立,微电子技术尤其是计算机技术的迅猛发展,引起了科学技术的又一次革命,促成了机械工程的机电一体化。因此,系统论、信息论、控制论无疑是机电一体化技术的理论基础,是机电一体化技术的方法论。

开展机电一体化技术研究时,无论在工程的构思、规划、设计方面,还是在它的实施或实现方面,都不能只着眼于机械或电子,而且要用系统的观点,合理解决信息流与控制机制问题,有效地综合各有关技术,才能设计出所需要的系统或产品。

当给定机电一体化系统目的功能与规格后,机电一体化技术人员利用机电一体化技术进行设计、制造的整个过程为机电一体化工程。实施机电一体化工程的结果是产生新型的机电一体化产品,如图 1-9 所示。系统工程是系统科学的一个工作领域,而系统科学本身是一门关于"针对目的要求而进行合理的方法学处理"的边缘科学。系统工程的概念不仅包括"系统",即具有特定功能的、相互之间具有有机联系的许多要素所构成的一个整体,也包括"工程",即产生一定效能的方法。1978 年,钱学森指出:"系统工程是组织管理系统的规划、研究、设计、制造、试验和使用的科学方法,是一种对所有系统都具有普遍意义的科学方法。"机电一体化技术就是系统工程科学在机械电子工程中的具体应用。具体地讲,就是以机械电子系统或产品为对象,以数学方法和大型计算机等为工具,对系统的构成要素、组织结构、信息交换和反馈控制等功能进行分析、设计、制造和服务,从而达到最优设计、最优控制和最优管理的目标,以便充分发挥人力、物力和财力,通过各种组织管理技术,使局部与整体之间协调配合,实现系统的综合最优化。系统工程是数学方法和工程方法的汇集。

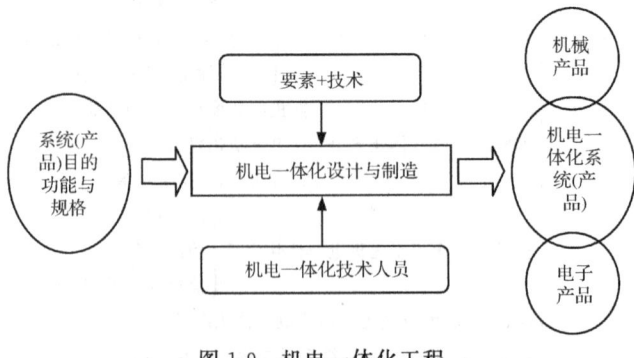

图 1-9 机电一体化工程

机电一体化技术是从系统工程观点出发,应用机械、微电子等有关技术,使机械、电子有机结合,实现系统或产品整体最优的综合性技术。小型的生产、加工系统,即使是一台机器,也都是由许多要素构成的,为了实现其"目的功能",还需要从系统角度出发,不拘泥于机械技术或电子技术,并寄希望于能够使各种功能要素构成最佳结合的柔性技术与方法。机电一体化工程就是这种技术和方法的统一。表1-3为系统工程与机电一体化工程的特点。

表 1-3 系统工程与机电一体化工程

	系统工程	机电一体化
产生年代	20世纪50年代(美国)	20世纪70年代(日本)
对象	大系统	小系统机器
基本思想	系统概念	机电一体化概念(系统及接口概念)
技术方法	利用软件进行优化、仿真、鉴定、检查等	硬件的超精密定位、超精密加工、优化设计、微机控制及仿真等
信息处理系统	大型计算机	微型计算机
实例	阿波罗计划、银行在线系统、日本新干线	CNC机床、ROBOT(机器人)、VTR(录像机)、摄像机等
共同点	应用计算机,具有实用性、综合性、复合性	

机电一体化系统是一个包括物质流、能量流和信息流的系统,有效地利用各种信号所携带的丰富信息资源,则有赖于信号处理和信息识别技术。考察所有机电一体化产品,就会看到准确的信息获取、处理、利用在系统中所起的实质性作用。

将工程控制理论用于机械工程技术而派生的机械控制工程为机械技术引入了崭新的理论、思想和语言,把机械设计技术由原来静态的、孤立的传统设计思想引向动态的、系统的设计环境,使科学的辩证法在机械技术中得以体现,为机械设计技术提供丰富的现代设计方法。

1.3.2 关键技术

如果说系统论、信息论、控制论是机电一体化技术的理论基础,那么微电子技术、精密机械技术就是它的技术基础。微电子技术的进步,尤其是微型计算机技术的迅速发展,为机电一体化技术的进步与发展创造了前提条件。正是有了计算机,才使机械、电子、信息的一体化得以实现。有了微型计算机的日新月异,才有了机电一体化技术的勃勃生机。

同时,在机电一体化技术的发展中,不能低估了精密机械加工技术对它的贡献。机电一体化产品中的许多重要零部件都是利用超精密加工技术制造的。就连微电子技术本身的发展也离不开精密机械技术。例如,大规模集成电路(LSI)制造中的微细加工就是精密机械技术的进步成果。因此可以说,精密机械加工技术促进了微电子技术的不断发展,微电子技术的不断发展又推动了精密机械技术中加工设备的不断更新。

机电一体化是一个工程,是一个大系统,因此它的发展不仅要依靠信息技术、控制技术、机械技术、电子技术和计算机技术的发展,还要依靠相关技术的发展,同时也要受到社会条件、经济基础的重大影响。机电一体化技术内部各种因素的联系以及外部条件的影响关系如图1-10所示。其中的主要因素固然是发展机电一体化技术的必备条件,但各种相关技术的发展及外部影响因素的相互配合也是必不可少的。

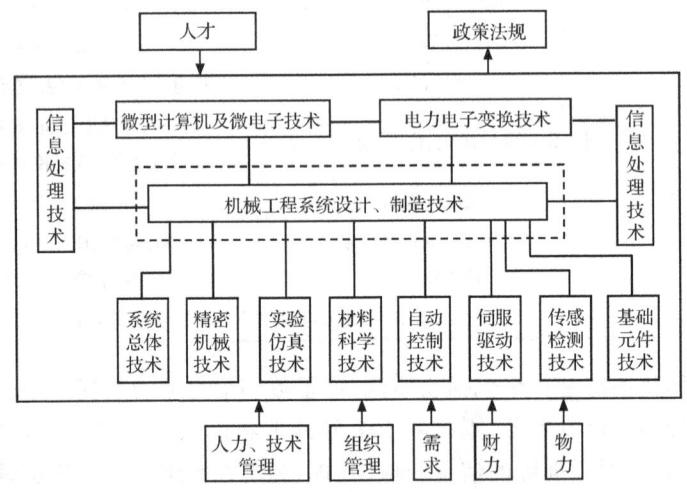

图1-10 机电一体化技术内部各种因素及外部条件的影响关系

发展机电一体化技术所面临的共性关键技术包括传感检测技术、信息处理技术、自动控制技术、伺服驱动技术、接口技术、精密机械技术及系统总体技术等。

1. 传感检测技术

在机电一体化产品中,工作过程的各种参数、工作状态以及与工作过程有关的相应信息都要通过传感器进行接收,并通过相应的信号检测装置进行测量,然后送入信息处理装置以及反馈给控制装置,以实现产品工作过程的自动控制。机电一体化产品要求传感器能快速和准确地获取信息并且不受外部工作条件和环境的影响,同时检测装置能不失真地对信息信号进行放大、输送和转换。

传感技术自身就是一门多学科、知识密集的应用技术。传感技术被列为六大核心技术(计算机、激光、通信、半导体、超导和传感)和现代信息技术的三大基础(传感技术、通信技术、计算机技术)之一。传感原理、传感材料及加工制造装配技术是传感器开发的三个重要方面。作为一个独立器件,传感器的发展正进入集成化、智能化研究阶段。将传感器件与信号处理电路集成在一个芯片上,就形成了信息型传感器;若再把微处理器集成到信息型传感器的芯片上,就是所谓的智能型传感器。

与计算机相比,传感器的发展显得比较缓慢,难以满足技术发展的要求。许多机电一体化装置不能达到满意的效果或无法实现设计的关键原因就在于没有合适的传感器,因此,大力开展传感器研究,对于机电一体化技术的发展具有十分重要的意义。

2. 信息处理技术

信息处理技术是指在机电一体化产品工作过程中,与工作过程各种参数和状态以及自动控制有关的信息输入、识别、变换、运算、存储、输出和决策分析等技术。信息处理得是否及时、准确,直接影响机电一体化系统或产品的质量和效率,因而也是机电一体化的关键技术。

在机电一体化产品中,实现信息处理技术的主要工具是计算机。计算机技术包括硬件和软件技术、网络与通信技术、数据处理技术和数据库技术等。在机电一体化产品中,计算机信息处理装置是产品的核心,它控制和指挥整个机电一体化产品的运行。信息处理是否正确、及时,直接影响到系统工作的质量和效率,因此计算机应用及信息处理技术已成为促进机电一体化技术发展和变革的最活跃的因素。

人工智能技术、专家系统技术、神经网络技术等都属于计算机信息处理技术。

3. 自动控制技术

自动控制就是在没有人直接参与的情况下,通过控制器使被控对象或过程自动地按照预定的规律运行。

自动控制技术的目的在于实现机电一体化系统的目标最佳化。自动控制所依据的理论是自动控制原理(包括经典控制理论、现代控制理论和智能控制),自动控制技术就是在此理论的指导下对具体控制装置或控制系统进行设计,之后进行系统仿真,现场调试,最后使研制的系统能够可靠地运行。控制对象的种类繁多,因此自动控制技术的内容极其丰富。机电一体化系统中的自动控制技术主要包括位置控制、速度控制、最优控制、自适应控制和智能控制等。

近年来,由于计算机技术和现代应用数学研究的快速发展,现代控制技术在系统工程和模仿人类活动的智能控制等领域也取得了重大进展。

4. 伺服驱动技术

伺服驱动技术主要是指机电一体化产品中的执行元件和驱动装置设计中的技

术问题,是关于设备执行操作的技术,对所加工产品的质量及性能具有直接的影响。

机电一体化产品中的执行元件一方面通过接口电路与计算机相连,接收控制系统的指令;另一方面通过机械接口与机械传动和执行机构相连,以实现规定的动作。执行元件共有三大类:利用电能的电动机(包括直流电动机、交流电动机、步进电动机和直线电动机等)、利用液压能量及气压能量的液压驱动装置、气压驱动装置等。

随着电力电子技术的发展,驱动电动机的电力控制系统的体积越来越小,控制也越来越方便,对直流电动机和交流电动机都能够实现快速、高精度控制。驱动装置主要是各种电动机的驱动电源电路,目前多由电力电子器件及集成化的功能电路构成。液压执行装置常见于推土机中驱动动力铲的装置,在机器人的手臂驱动装置中也经常采用。液压执行装置虽然需要液压站系统,但可以由简单结构实现大功率的驱动。气动执行装置是一种利用工厂的气源、结构简单且使用方便的执行装置,适用于对较轻的物体进行推拉等简单操作,但用这种执行装置实现高精度控制比较困难。

伺服驱动技术直接影响机电一体化产品的功能执行和操作,它对产品的动态性能、稳定性、操作精度和控制质量等具有决定性的影响。

5. 接口技术

机电一体化系统是机械、电子和信息等性能各异的技术融为一体的综合系统,其构成要素和子系统之间的接口极其重要。从系统外部看,输入/输出是系统与人、环境或其他系统之间的接口;从系统内部看,机电一体化系统是通过许多接口将各组成要素的输入/输出装置联系成一体的系统。因此,各要素及各子系统之间的接口性能就成为整体系统性能好坏的决定性因素。机电一体化系统最重要的设计任务之一就是接口设计。

6. 精密机械技术

机械技术是关于机械机构及利用其机构传递运动的技术,机电一体化产品的主功能和构造功能大都以机械技术为主来实现,因此它是机电一体化的基础技术。如图1-11所示,多关节机器人的手臂就是要实现与人类手臂同样的功能,机器人就是将实现人类的腰、肩、大臂、小臂、手腕、肘部、手及手指运动的机械组合起来,构造成能够传递像人类一样运动的机械。

随着高新技术引入机械行业,机械技术面临着挑战和变革。在机电一体化产品中,它不仅完成系统间的连接,而且在系统结构、重量、体积、刚性与耐用性等方面对机电一体化系统有着重要的影响。机电一体化产品对机械部分零部件的静、动态刚度及热变形等机械性能有更高的要求。特别是关键零部件,如导轨、滚珠丝

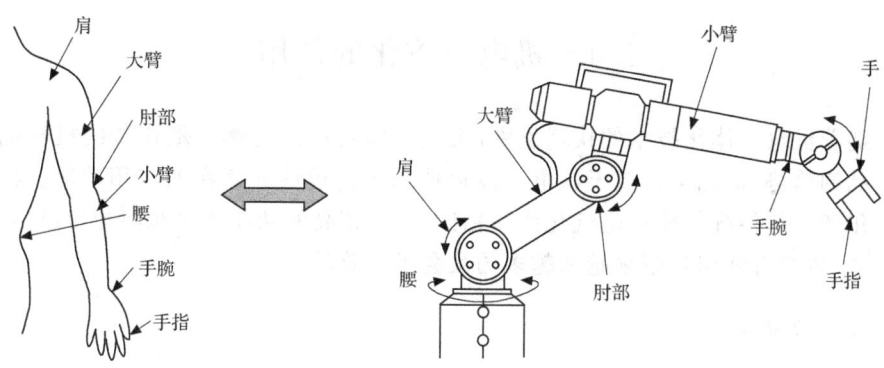

图 1-11 人的胳膊与多关节机器人构造对比

杠、轴承和传动等部件的材料、精度对机电一体化产品的性能、控制精度影响极大。机械技术的着眼点在于如何与机电一体化的技术相适应,实现从结构、材料、性能上的优化设计,满足减轻重量、缩小体积、提高精度、提高刚度和改善性能的要求。

在制造过程的机电一体化系统中,经典的机械理论与工艺应借助于计算机辅助技术,同时采用人工智能与专家系统等,形成新一代的机械制造技术。这里原有的机械技术以知识和技能的形式存在,是任何其他技术代替不了的。例如,计算机辅助工艺规划(CAPP)是当前 CAD/CAM 系统研究的"瓶颈",其关键问题在于如何将广泛存在于各行业、企业和技术人员中的标准、习惯和经验进行表达和陈述,从而实现计算机的自动工艺设计与管理。

7. 系统总体技术

系统总体技术是以整体的概念来组织应用各种相关技术的应用技术的。即从全局的角度和系统的目标出发,将系统分解为若干个子系统,从实现整个系统技术协调的观点来考虑每个子系统的技术方案,对于子系统间的矛盾或子系统和系统整体之间的矛盾都要从总体协调的需要来选择解决方案。机电一体化系统是一个技术综合体,它利用系统总体技术将各有关技术协调配合、综合运用,从而达到整体系统的最佳化。

在机电一体化产品中,机械、电气和电子是性能、规律截然不同的物理模型,因而存在匹配上的困难;电气、电子又有强电与弱电、模拟与数字之分,必然遇到相互干扰与耦合的问题;系统的复杂性带来的可靠性问题;产品的小型化增加了状态监测与维修的困难;多功能化造成诊断技术的多样性等,因此需要考虑产品整个寿命周期的总体综合技术。

为了开发出具有较强竞争能力的机电一体化产品,系统总体设计除考虑优化设计外,还包括可靠性设计、标准化设计、系列化设计及造型设计等。

1.4 机电一体化的作用

随着机电一体化技术的快速发展,机电一体化产品有逐步取代传统机械电气化产品的趋势,这完全得益于机电一体化技术的优越性和潜在的应用性能。机电一体化产品与传统的机械电气化产品相比,具有较高的功能水平和附加价值,它为开发者、生产者和用户带来越来越多的社会经济效益。

1. 精度提高

机电一体化技术使机械传动部件减少,所以使因机械磨损、配合间隙及受力变形等因素所引起的误差大大减小。同时由于采用电子技术实现自动检测、自动控制,并能自动补偿和校正因各种干扰因素造成的动态误差,从而可以达到单纯机械装备所难以达到的工作精度。例如,采用微型计算机误差分离技术的电子化圆度仪,其测量精度可由原来的 $0.025\mu m$ 提高到 $0.01\mu m$;大型镗铣床装感应同步器数显装置可将加工精度由 0.006mm 提高到 0.002mm。

2. 生产能力和工作质量提高

机电一体化产品大都具有自动控制和信息的自动处理功能,其控制和检测的灵敏度、精度及范围都有很大程度的提高,通过自动控制系统可精确地保证执行机构按照设计的要求完成预定的动作,使之不受操作者主观因素的影响,从而实现最佳操作,保证最佳的工作质量和较高的产品合格率。同时,机电一体化产品实现了工作的自动化,使得生产能力大大提高。例如,数控机床对工件的加工稳定性大大提高,生产效率比普通机床提高 5~6 倍,柔性制造系统的生产设备利用率可提高 1.5~3.5 倍,机床数量可减少约 50%,节省操作人员数量约 50%,缩短生产周期 40%,使加工成本降低 50% 左右。此外,由于机电一体化的工作方式具有可通过调整软件来适应需求的良好柔性,特别适合于多品种小批量产品的生产,是缩短产品开发周期和加速更新换代的重要途径。

3. 使用安全性和可靠性提高

机电一体化产品一般都具有自动监视、报警、自动诊断、自动保护等功能。在工作过程中,遇到过载、过压、过流、短路等电力故障时,能自动采取保护措施,避免和减少人身伤害与设备故障,显著提高设备的使用安全性。机电一体化产品由于采用了电子元器件,减少了机械产品中的可动构件和磨损部件,从而使其具有较高的灵敏度和可靠性,产品的故障率低,寿命得到延长。

4. 调整和维护方便,使用性能改善

机电一体化产品在安装调试时,可通过改变控制程序来实现工作方式的改变,以适应不同用户对象的需要以及现场参数变化的需要。这些控制程序可通过多种手段输入到产品的控制系统中,而不需要改变产品中的任何部件或零件。对于具有存储功能的机电一体化产品,可以事先存入若干套不同的执行程序,然后根据不同的工作对象,只需给定一个代码信号输入,即可按指定的预定程序进行自动工作。机电一体化产品的自动化检验和自动监视功能可对工作过程中出现的故障自动采取措施,并使工作恢复正常。机电一体化产品普遍采用程序控制和数字显示,操作按钮和手柄数量显著减少,使得操作大大简化并且方便、简单。机电一体化产品的工作过程根据预设的程序逐步由电子控制系统指挥实现,系统可重复实现全部动作。高级的机电一体化产品可通过被控对象的数学模型及外界参数的变化随机自寻最佳工作程序,实现自动最优化操作。

5. 具有复合功能,适用面广

机电一体化产品具有复合技术和复合功能,使产品的功能水平和自动化程度大大提高。机电一体化产品一般具有自动化控制、自动补偿、自动校验、自动调节、自动保护和智能化等多种功能,能应用于不同场合和不同领域,满足用户需求的应变能力较强。例如,电子式空气断路器具有保护特性可调、选择性脱扣、正常通过电流与脱扣时电流的测量、显示和故障自动诊断等功能,使其应用范围显著增大。

6. 改善劳动条件,有利于自动化生产

机电一体化产品自动化程度高,是知识密集型和技术密集型产品,是将人们从繁重体力劳动中解放出来的重要途径,可以加速实现工厂自动化、办公自动化、农业自动化、交通自动化甚至是家庭自动化,从而可促进我国四个现代化的实现。

7. 节约能源,减少耗材

节约一次和二次能源是国家的战略目标,也是用户十分关心的问题。机电一体化产品通过采用低能耗驱动机构和最佳的调节控制,提高设备的能源利用率,可达到明显的节能效果。同时,由于多种学科的交叉融合,机电一体化系统的许多功能一方面从机械系统转移到微电子、计算机等系统,另一方面从硬件系统转移到软件系统,从而使得机电一体化系统朝着轻小型方向发展,减少材料消耗。

8. 增强柔性

机电一体化系统可以根据使用要求的变化,对产品的功能和工作过程进行调整和修改,满足用户多样化的使用要求。例如,工业机器人具有较多的运动自由度,手爪部分可以换用不同工具,通过修改程序、改变运动轨迹和运动姿态可以适应不同的作业过程和工作内容。利用数控加工中心或柔性制造系统,可以通过调整系统运行程序,产生适应不同零件的加工工艺。机械工业中约有75%的产品属中小批量,利用柔性生产系统,能够经济、迅速地解决中小批量、多品种产品的自动化生产,对机械工业的发展具有划时代的意义。通过编制用户程序,实现工作方式的改变,可以适应各种用户对象及现场参数变化的需要,机电一体化的这种柔性应用功能,构成了机械控制"软件化"和"智能化"的特征。

因此,无论是对于生产部门还是使用单位,机电一体化的技术和产品都会为其带来显著的社会和经济效益。正因为如此,世界各国,首先是日本、美国、欧洲各国或地区,都在大力发展和推广机电一体化技术。

下面以汽车工业为例,分析微电子技术和微型计算机技术对汽车及汽车生产系统带来的巨大影响。

20世纪60年代人们开始尝试在汽车产品中应用电子技术,70年代前后实现了充电电压调整器和点火装置的电路集成化,并研制成功了燃油喷射的电子控制装置,70年代后期,由于微型计算机的发展,汽车产品的机电一体化进入实用阶段。1977年和1979年,美国GM公司和日本日产公司先后开发了MISAR和ECCS发动机控制系统。该系统由汽车发动机运行状态传感器、电子点火器和微处理器等基本部分组成,微处理器接收各功能传感器发出的曲轴位置、气缸负压、冷却水温度和发动机转速、吸入空气量、排气中氧浓度及基准时间设置等运行状态信息,计算最佳点火时间,控制执行器的点火动作。汽车发动机的微处理器控制系统大大提高了汽车的性能,成为汽车系统控制技术微电子化的开端。80年代以来,为进一步解决节能、排气防污、完善功能及安全和维修等问题,相继开发了电子控制化油器、交流发动机IC调节器、发动机旋转检测装置、电子控制自动变速器、电子刹车控制装置、防滑装置、自动稳速控制装置、电子自动刮水器、排气污染的电子控制器、发动机诊断系统等。为行车舒适而开发出了汽车空气净化及调节装置、音响和钟表及调光照明系统等。

另外,汽车防抱死制动系统(anti-lock brake system,ABS)也是一个典型的应用。它主要由轮速传感器、电子控制单元(electrical control unit,ECU)和ABS执行器等组成(见图1-12)。其中,轮速传感器安装在汽车驱动轮上,可连续不断地测取车轮的转速,并将这些信号传递给ABS的ECU,ECU将检测到的转速信号处理后与预先存储在 ECU 中的参考值进行比较,如果车轮的角减速度急剧增大,表明该车轮即将抱死,ABS 的 ECU 指示执行器降低该车轮制动轮缸的制动液压,车轮开始转动,当传感器的信号表明车轮又正常转动时,ABS 的 ECU 又发出指令升高车轮制动轮缸的制动液压,而执行器则根据电子控制单元的指令"降低"、"增大"或"保持"各车轮制动轮缸的制动液压,从而以脉冲形式(4～10 次/s)进行制动压力的调节,将车轮的滑移率始终控制在最佳滑移率范围内,从而保证在制动过程中车轮与路面之间的地面制动力和侧向力最大,缩短制动距离,最大限度地保证制动时车轮的稳定性,提高安全性。

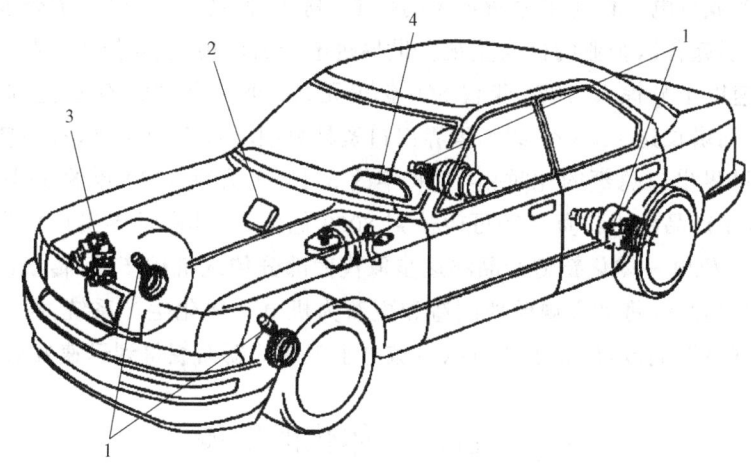

图 1-12 ABS 示意图

1-轮速传感器;2-ECU;3-ABS 执行器;4-ABS 信号灯

微电子技术和微处理机技术彻底改变了汽车产品的面貌,"汽车电子化"被称为汽车技术的又一次革命性飞跃。

机电一体化的现代新型汽车在操作性、可靠性、高速度、安全性、低油耗、减少排气污染和维修性、舒适性等各方面性能大幅度提高,汽车电子化程度成为汽车产品市场竞争的极重要因素,汽车电子也逐渐发展成为一个新兴产业。

汽车工业的变革,一方面是汽车产品的机电一体化革命,另一方面,汽车的生产制造系统也发生了巨大的变化。

在现代汽车生产中,多数应用计算机进行经营和生产管理,利用 CAD 进行产品设计,使用数控机床和柔性生产线进行零部件加工,使用机器人从事喷漆、焊接、组装、搬运等工作。汽车车身通常需要进行 3000～4000 次点焊,其中 90% 以上的焊点可由工业机器人完成。意大利菲亚特汽车公司的两条汽车装配线,每条线上都分布有 50 多个机器人,可在平均 1min 内完成一部汽车的焊接工作。数控自动化生产能够节约原材料、动力及其他工厂辅助设备，降低废品率，减轻工人的劳动强度，并使劳动生产率提高约 300 倍。现代机电一体化生产系统使得汽车生产的质量和产量迅速大幅度提高，同时整个生产系统可以通过改变程序适应不同型号汽车的制造，缩短新产品设计生产周期，尽快适应市场需求的变化。

从 20 世纪 70 年代开始，日本注重汽车生产系统的机电一体化改造和更新，1980 年日本汽车产量超过了传统的汽车王国——美国。日本每个汽车工人平均年生产 70 辆车，法国仅为 8 辆。日本每辆车成本比美国低 1000～2000 美元，这正是日本汽车在国际市场上具有强大竞争能力的重要原因之一。

传统产业机电一体化革命所带来的优质、高效、低耗、柔性增强了企业的经济竞争能力，引起各国企业的极大重视。世界机电产品市场上，高技术产品出口贸易总额增长速度十分惊人，1976 年仅 500 亿美元，14 年后的 1990 年已达到 3500 亿美元，年平均增长达 14.8%，约为世界出口贸易总额增长率的 4 倍，从而使高新技术出口占世界出口总额的比重由 1976 年的 5.1% 上升到 1990 年的 11%。21 世纪初，高技术产品的出口贸易额可望达到 8000 亿美元，其占世界出口贸易的比重可达 16%。机电一体化新型产品将逐步取代大部分传统机械产品，传统的机械装备和生产管理系统将被大规模地改造和更新为机电一体化生产系统，机电一体化产业将占据主导地位，机械工业将以机械电子工业的新面貌得到迅速发展。

1.5 机电一体化的发展

1.5.1 机电一体化的发展状况

表 1-4 所示为机电一体化及其周边技术的发展。表中以下列技术为例，即作为机械技术代表的机械系统、作为电子技术代表的半导体技术、作为通信技术代表的网络技术、作为工程设计代表的 CAD(computer aided design)技术、作为生产制造技术代表的 CAM(computer aided manufacturing)技术等，分别列举了这些技术近 50 年的发展概况：从 20 世纪 50 年代的基于晶体管技术的 NC 技术；到 60 年代的基于 IC 技术的机器人技术；以及 70 年代的 LSI(large scale integrated)技术，特别是基于微型计算机技术的 FMS(flexible manufacturing system)技术；80 年代的基于 VLSI(very large scale integrated circuit)技术的伴随着 16 位个人计算机普及化的 FA(factory automation)技术；90 年代的基于 32～64 位 CPU 的 CIM (computer integrated manufacturing)技术，随着机械制造技术和电子技术的不断进步，21 世纪已经全面进入了 IT(information technology)时代。

表 1-4 机电一体化及其周边技术的发展

	20世纪50年代	20世纪60年代	20世纪70年代	20世纪80年代	20世纪90年代	21世纪
	NC 的出现	机器人的出现	FMS 的出现	FA 的出现	CIM 的出现	IT 的出现
机械系统	机器人诞生 NC 诞生 (用 MIT 作 3D 轮廓加工)	反演机器人	CNC 化 DNC 化 APT 化 PC(程序控制器) 工业机器人普及	自动搬送机器人 传感器反馈机器人 自动仓库 复合加工机	人工智能 智能机器人 MAP/TOP CAD/CAM	2 足步行机器人 BPR,ERP, SCM Remote 控制
半导体	晶体管诞生	IC 诞生	LSI 微型计算机诞生 (4~16 位) 1KB DRAM (存储器)	VLSI 个人计算机 16 位微型计算机成为主流 64KB DRAM	V2LSI WS,EWS 32~64 位 4MB DRAM	V4LSI 1GB 个人计算机 128 位 256MB DRAM
网络	利用形态 关联技术 无线通信	集中批处理 大型通用计算机 控制计算机	集中阶层联机 构造型数据库实时处理	TSS,分散处理 TSS(分时系统) UNIXS,LAN	综合网络 复合 PBX,OSI Ethernet,ISDN Windows Netscape	大容量网络 光纤通信 IPV6,便携 LINUX
CAD	自动化初期 CAD 投影仪 (MIT) SKETCHPAD	DAC-1(GM) Coons 理论 (MIT) CADAM (lookhead)	3DSolid Modeling 的提案(TLPS,BUILD) GKS 提案(德国)	IGES 提案 CAD/CAM 的统一化 Product Model	Database 的一元化 CAD/CAE/CAM/CAT 的统一化	Feature 识别 PDM 统合
CAM	APT1,APT2 (MIT)	APT3(AIA) FAPT (富士通)	APT4(ALRP) EXAPT	Bezier 普及 同时进行 5 轴控制加工	NURBS 补偿 128 步 先读控制 高速加工	Feature 识别 自动工程识别

机电一体化之所以得到快速发展,是由于半导体技术的快速发展为机电一体化技术的发展奠定了基础。计算机的性能随着半导体技术的进步而提高,CPU 的性能每隔 1.8~2 年提高 1 倍。半导体制造技术从量的扩大时代向着质的革新时

代的转变,要求开发与半导体的微细化和高速、高密度化相适应的半导体制造装置。随着半导体技术的快速发展,过去只有借助于齿轮、连杆或凸轮等机械机构才能进行的作业,现在已经可以用 LSI、IC 或其组合的微型计算机来代替;同时也加速了家用电器、精密机器等技术领域的机电一体化进程。其中具有代表性的产品有数字钟表、数码照相机等。具有微米精度的精密机械加工技术也已经实现了自动化或系统化,如 CNC 机床及加工中心等。随着用户需求的多样化,与产品多品种化相对应的、专门适应多品种小批量生产的 FMS 于 20 世纪 70 年代出现在生产现场。到了 80 年代,工厂和企业开始采用计算机管理,从而进入了工厂自动化(即 FA 化)时代。

图 1-13 所示为组合成 FMS 的机械 FA 化实例,系统可根据来自 FA 系统中枢的主计算机的指令,统一管理自动调整区、加工区、产品检查线及自动仓库等各个部门。例如,在加工区对各种 CNC 机床、MC(machining center)和机器人等进行控制,使产品的零部件加工自动进行。图 1-13 中的装卸机器人、CNC 机床及小车转换等组合成为一个机械单元。FMS 可认为是几个机械单元的组合。FA 是由多个 FMS 组合而成的并采用计算机进行控制、管理和运营整个工厂的系统。当 FMS 和 FA 正常运行时,活跃着在焊接、热处理、化学处理、涂装、装配等各种工序下工作的机器人。20 世纪 90 年代的计算机集成制造(CIM)则是这种 FA 工厂与企业的企划、运营、销售及售后服务等各部门的协同统合,在进行企业活动时,这是一种实现了具有必要的统一信息管理的规模更大的系统。1995 年,随着作为个人计算机操作系统的 Windows95 的大量销售,个人计算机迅速普及。与此同时,由于 Internet 的软件 Netscape 的发行,随着世界的网络化和全球的信息化,2000 年,

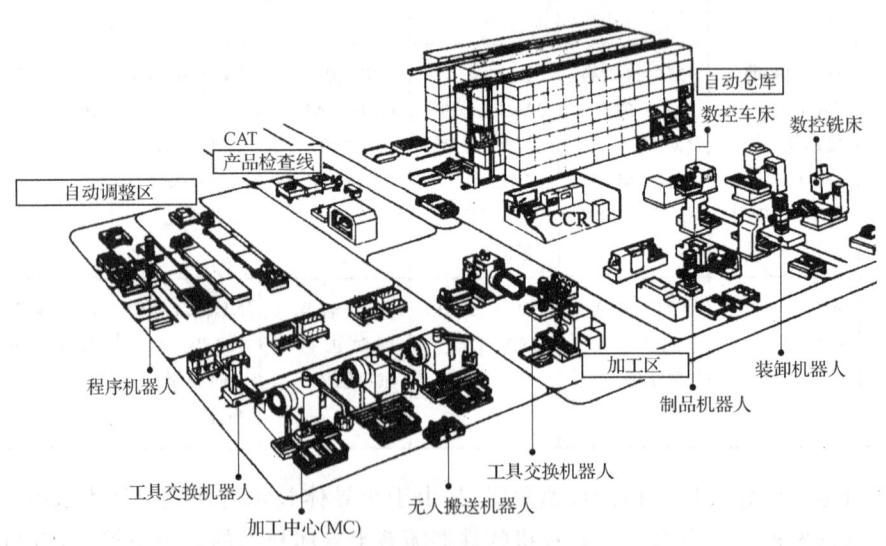

图 1-13 组合成 FMS 的机械 FA 化实例

IT技术波及全世界,不仅涉及人民生活、经济、金融等领域,而且渗透到物流、制造等领域,人类已经进入信息时代。

进入21世纪后,机电一体化技术涉及环境、信息、生命和纳米等技术领域,其中纳米技术不仅是涉及信息通信、医疗、环境、能源等领域发展的基础技术,而且还涉及高分子、碳、金属、陶瓷等几乎所有材料的领域。机电一体化技术将全面进入纳米技术领域的控制技术、传感器技术及传动技术等各个方面。

1.5.2 机电一体化的发展趋势

机电一体化集机械、电子、光学、控制、计算机和信息等多学科的交叉融合于一体,其发展和进步依赖并促进相关技术的发展和进步。因此,机电一体化的主要发展方向如下。

1. 智能化

高智能化处理就是像人的大脑一样,能够在一些基本知识的基础上对其进行合理的组合和判断。能够进行这种处理的软件称为人工智能软件。智能化处理过程就是将基本知识以知识库的形式存储在计算机的存储器中,自动提取与某一知识相关联的知识数据,再将这些知识进行合理的推理组合。

智能化是21世纪机电一体化技术发展的一个重要发展方向。这里所说的"智能化"是对机器行为的描述,是在控制理论的基础上,吸收人工智能、运筹学、计算机科学、模糊数学、心理学、生理学和混沌动力学等新思想、新方法,模拟人类智能,使它具有判断推理、逻辑思维、自主决策等能力,以求得到更高的控制目标。诚然,使机电一体化产品具有与人完全相同的智能是不可能的,对所有情况也并不都是必要的。但是,高性能、高速度微处理器使机电一体化产品赋有低级智能或人的部分智能,则是完全可能而必要的。

2. 模块化

模块化是一项重要而又艰巨的工程。由于机电一体化产品种类和生产厂家繁多,研制和开发具有标准机械接口、电气接口、动力接口、环境接口的机电一体化产品单元是一项十分复杂但又非常重要的事。例如,研制集减速、智能调速和电动机于一体的动力单元,具有视觉、图像处理、识别和测距等功能的控制单元以及各种能完成典型操作的机械装置。这样,可利用标准单元迅速开发出新的产品,同时也可扩大生产规模。这需要制定各项标准,以便各部件、单元的匹配和接口。由于利益冲突,近期很难制定国际或国内这方面的标准,但可以通过组建一些大企业来逐渐形成。显然,电气产品的标准化、系列化带来的好处可以肯定,无论是对生产标准机电一体化单元的企业还是对生产机电一体化产品的企业,模块化将为机电一体化企业带来美好的前程。

3. 网络化

20世纪90年代计算机技术的突出成就是网络技术。网络技术的兴起和飞速发展为科学技术、工业生产、政治、军事、教育及人们日常生活带来了巨大的变革。各种网络将全球经济、生产连成一片,企业间的竞争也全球化。机电一体化新产品一旦研制出来,只要其功能独到,质量可靠,很快就会畅销全球。由于网络的普及,基于网络的各种远程控制和监视技术方兴未艾,而远程控制的终端设备本身就是机电一体化产品。现场总线和局域网技术使家用电器网络化成为趋势,利用家庭网络(home net)将各种家用电器连接成以计算机为中心的计算机集成家电系统(computer integrated appliance system,CIAS),使人们可以在家里充分享受各种高技术带来的便利和快乐。因此,机电一体化产品无疑朝着网络化方向发展。

4. 微型化

微型化兴起于20世纪80年代末,指的是机电一体化向微型机器和微观领域发展的趋势。国外将其称为微电子机械系统(micro electro mechanical system,MEMS)或微机电一体化系统,泛指几何尺寸不超过 $1cm^3$ 的机电一体化产品,并向微米、纳米级发展。微机电一体化产品体积小,耗能少,运动灵活,在生物医疗、军事、信息等方面具有不可比拟的优越性。微机电一体化发展的"瓶颈"在于微机械技术。随着微细加工技术的发展,也出现了超小型的机械结构,如 $1\mu m$ 大小的电动机。在必须进行微小运动的机械中,就需要利用这种超小型机械来开发机电一体化系统。

5. 绿色化

工业的发达给人们生活带来了巨大变化。一方面,物质丰富,生活舒适;另一方面,资源减少,生态环境受到严重污染。于是,人们呼吁保护环境资源,回归自然。绿色产品概念在这种呼声下应运而生,绿色化是时代的趋势。绿色产品在其设计、制造、使用和销毁的生命过程中,符合特定的环境保护和人类健康的要求,对生态环境无害或危害极少,资源利用率最高。设计绿色的机电一体化产品具有远大的发展前途。机电一体化产品的绿色化主要是指使用时不污染生态环境,报废时不成为机电垃圾,能回收利用。

6. 人格化

未来的机电一体化更加注重产品与人的关系。机电一体化的人格化有两层含义,一层是机电一体化产品的最终使用对象是人,如何赋予机电一体化产品人的智能、情感、人性显得越来越重要,特别是对家用机器人,其高层境界就是人机一体化;另一层是模仿生物机理,研制各种机电一体化产品。事实上,许多机电一体化产品都是受动物的启发研制出来的。

7. 自适应化

机械在起动以后,不需要人的干预,就能够自动地完成指定的各项任务,并且在整个过程中能够自动适应所处状态和环境的变化。机械一边适应各种变化一边作出新的判断,以决定下一步的动作。例如,自适应移动机器人能够通过自己的眼睛来观察所处的状态和环境,自动寻找目标路线,并沿着路线移动。

思考题与习题

1-1 试说明机电一体化的含义。
1-2 机电一体化系统的主要组成、作用及其特点是什么?
1-3 工业三大要素是什么?
1-4 传统机电产品与机电一体化产品的主要区别是什么?
1-5 试举几个日常生活中的机电一体化产品。
1-6 应用机电一体化技术的突出特点是什么?
1-7 机电一体化的主要支撑技术有哪些,它们的作用如何?
1-8 试论述机电一体化的发展趋势。

第 2 章 机电一体化的单元技术

2.1 概 述

机电一体化是一门发展中的交叉学科,是根据生产实际需要,在传统技术的基础上,与一些新技术相结合而发展起来的多学科领域综合交叉的技术密集型学科。在机电一体化技术所涉及的关键技术中,除系统总体技术外,其他技术(在本书中称其为单元技术)已发展成为相对独立的学科领域,并具有各自的知识体系。本章从机电一体化系统设计的角度,对精密机械技术、传感检测技术、伺服驱动技术等的主要概念、原理、设计原则和选用方法进行纲要性的介绍,以便对系统的设计工作起到指导性的作用。有关各单元技术的详细内容可参阅相关教材和论著。

2.2 精密机械技术

2.2.1 机械系统概述

传统的机械系统和机电一体化系统的主要功能都是完成一系列的机械运动,但由于二者的组成不同,导致其各自实现运动的方式也不同。传统机械系统一般是由动力件、传动件和执行件三部分加上电气、液压和机械控制等部分组成的;而机电一体化系统中的机械系统则是由计算机协调与控制的,用于完成包括机械力、运动和能量流等动力学任务且机电部件信息流相互联系的系统。其核心是由计算机控制的,包括机、电、液、光、磁等技术的伺服系统。在机电一体化系统中,计算机强大的控制功能使传统机械中作为动力源的电动机转换为具有动力、变速与执行等多种功能的伺服电动机。其伺服变速功能又在很大程度上代替了机械传动中对传动比有严格要求的变速机构。伺服电动机的使用,缩短了系统的传动链,减少了机械系统中传动部件的数量,使得系统的机构得到简化,并使动力件、传动件与执行件逐步朝着合为一体的最小系统发展。

1. 机械系统的组成

一个典型的机电一体化系统的机械系统主要由传动机构、导向机构、执行机构、轴系、机座或机架五大部分组成,如图 2-1 所示。

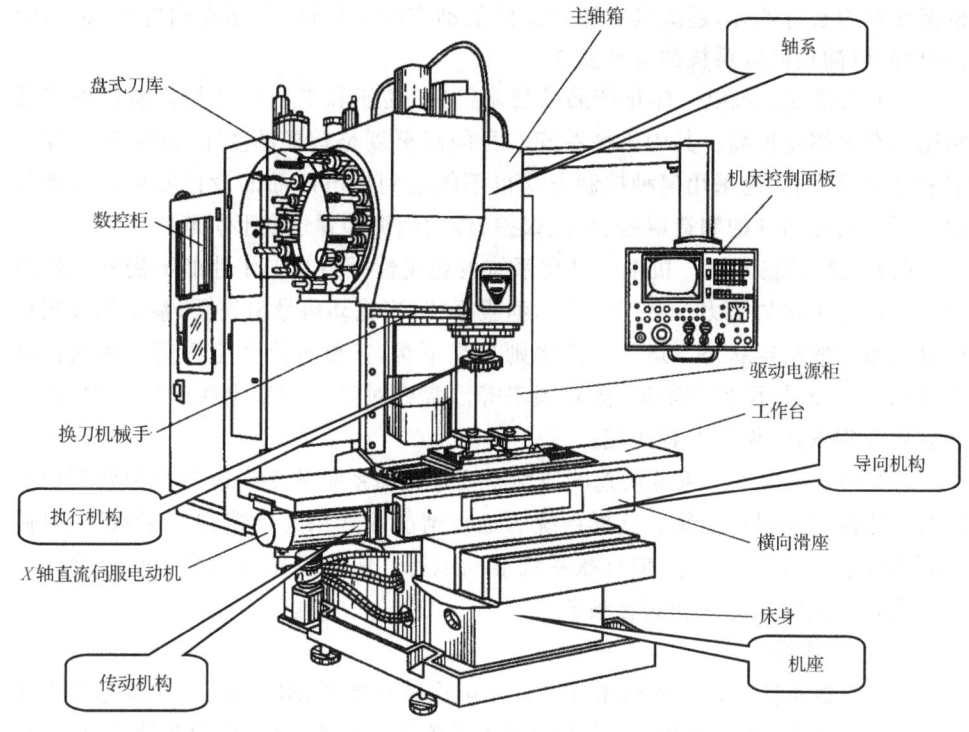

图 2-1 机械系统的构成——JCS-018A 立式加工中心外观图

(1) 传动机构。机电一体化机械系统中传动机构的主要功能是传递转矩和转速,因此,它实际上是一种转矩、转速变换器。机械传动部件对伺服系统的伺服特性有很大影响,特别是其传动类型、传动方式、传动刚性及传动的可靠性对系统的精度、稳定性和快速性有重大影响。

(2) 导向机构。导向机构的作用是支承和限制运动部件按给定的运动要求和给定的运动方向运动,为机械系统中各运动装置能安全、准确地完成其特定方向的运动提供保障。

(3) 执行机构。执行机构根据操作指令的要求在动力源的带动下完成预定的操作。一般要求它具有较高的灵敏度、精确度,良好的重复性和可靠性等。

(4) 轴系。轴系由轴、轴承及安装在轴上的齿轮、带轮等传动部件组成。轴系的主要作用是传递转矩及精确的回转运动,它直接承受外力(力矩)。

(5) 机座或机架。机座或机架是支承其他零部件的基础部件。它既承受其他零部件的重量和工作载荷,又起到保证各零部件相对位置的基准作用。

2. 机械系统设计的基本要求和内容

1) 机械系统设计要求

机电一体化系统的机械系统与一般的机械系统相比,除了要求具有较高的定位精度等静态特性外,还应具有特别良好的动态响应特性,即动作响应要快、稳定性要好,以满足伺服系统的设计要求。

(1) 高精度。机电一体化产品的技术性能、功能和工艺水平与普通机械产品相比均有大幅度提高。其中机械系统本身的高精度是首要的要求,如果其精度不能满足要求,则无论采用何种控制方式也不能达到机电产品的设计要求。传动精度主要是由传动件的制造误差、装配误差、传动间隙和弹性变形引起的。

(2) 良好的稳定性。机电一体化系统的稳定性是指其工作性能不受外界环境的影响和抗干扰的能力。对于稳定的伺服系统,当扰动信号消失后,系统能够很快恢复到原有的稳定状态下运行。反之则易受干扰,甚至可能产生振荡。机械传动部件的转动惯量、刚度和阻尼、固有频率等因素皆对系统的稳定性产生影响,这些参数要合理选择,做到互相匹配。

(3) 快速响应性。系统快速响应性是要求机械系统从接到运行指令到开始执行指令之间时间尽可能短。这样系统的运行情况才能快速反馈到控制系统,以便控制系统能及时下达命令,使机械系统准确运行。影响机械系统快速响应性的主要参数是系统的阻尼比和固有频率。

2) 设计内容

(1) 机械本体设计。机械本体设计一般由减速装置、蜗杆副、丝杠螺母副等各种线性传动部件,连杆机构、凸轮机构等非线性传动部件,挠性传动部件、间歇传动部件等特殊传动部件和导向支承部件,旋转支承部件以及机座等支承部件组成。为保证机械系统的传动精度和工作稳定性,在设计中应满足无间隙、低惯性、低振动、低噪声和适当阻尼比等要求。

(2) 机械传动设计。机械传动的主功能是完成机械运动。严格地说机械传动还应该包括液压传动、气动传动等其他形式的机械传动。一部机器必须完成相互协调的若干机械运动,每个机械运动可由单独的电动机驱动、液压驱动或气动驱动,也可以通过传动件和执行机构与它们相互协调实现驱动。在机电一体化产品中这些机械运动通常由计算机来协调与控制,这就要求在机械传动设计时要充分考虑到机械传动的控制问题。

2.2.2 机械传动机构

1. 机械传动机构概述

1) 机械传动机构的基本要求

机电一体化系统中常用的机械传动机构有螺旋传动、齿轮传动、同步带传动、高速带传动、各种非线性传动等。传动部件直接影响机电一体化系统的精度、稳定性和快速响应性,因此,应设计和选择满足传动间隙小、精度高、低摩擦、体积小、重量轻、运动平稳、响应速度快、传递转矩大、高谐振频率以及与伺服电动机等其他环节的动态性能相匹配等要求的传动部件。为此,主要从以下几方面采取措施:

(1) 系统传动部件的静摩擦力应尽可能小,动摩擦力应是尽可能小的正斜率,若为负斜率则易产生爬行,精度降低,寿命减少。因此,精度要求较高的机电一体化系统经常采用低摩擦阻力的传动部件和导向支承部件,如采用滚珠丝杠副、滚动导向支承、动(静)压导向支承等。

(2) 缩短传动链,提高传动与支承刚度,如用预紧的方法提高滚珠丝杠副和滚动导轨副的传动与支承刚度;采用大扭矩、宽调速的直流或交流伺服电动机直接与丝杠螺母副连接,以减少中间传动机构;丝杠的支承设计中采用两端轴向预紧或预拉伸支承结构等。

(3) 选用最佳传动比,以提高系统分辨率、减少等效到执行元件输出轴上的等效转动惯量,尽可能提高加速能力。

(4) 缩小反向死区误差,如采取消除传动间隙、减少支承变形等措施。

(5) 适当的阻尼比。

机电一体化系统中所用的传动机构及其传动功能见表 2-1,可以看出,一种传动机构可满足一项或同时满足几项功能要求。

表 2-1 传动机构及其传动功能

基本功能 传动机构	运动的变换				动力的变换	
	形 式	行 程	方 向	速 度	大 小	形 式
丝杠螺母					√	√
齿轮			√	√	√	
齿轮齿条	√					√
链轮链条	√					
带、带轮			√	√		
缆绳、绳轮	√		√	√	√	√
杠杆机构		√				
连杆机构		√		√		
凸轮机构	√	√	√			
摩擦轮				√	√	
万向节			√			
软轴			√			
蜗轮蜗杆			√	√	√	
间歇机构	√					

对工作机中的传动机构,既要求能实现运动的变换,又要求能实现动力的变换;对信息机中的传动机构,则主要要求具有运动的变换功能,只需要克服惯性力(或力矩)和各种摩擦阻力(力矩)及较小的负载即可。

2) 机械传动机构的发展

随着机电一体化技术的发展,要求传动机构不断适应新的技术要求。具体讲有以下三个方面:

(1) 精密化。对某种特定的机电一体化系统(或产品)来说,应根据其性能的需要提出适当精密度要求。虽然不是越精密越好,但由于要适应产品的高定位精度等性能的要求,对机械传动机构的精密度要求也越来越高。

(2) 高速化。产品工作效率的高低,直接与机械传动部件的运动速度相关,因此,机械传动机构应能适应高速运动的要求。

(3) 小型化、轻量化。随着机电一体化系统(或产品)精密化、高速化的发展,必然要求其传动机构的小型化、轻量化,以提高运动灵敏度(快速响应性)、减小冲击、降低能耗。为与微电子部件微型化相适应,也要尽可能做到使机械传动部件短小轻薄化。

3) 机械传动机构的设计内容

机械传动系统的设计任务包括系统设计和结构设计两个方面。其具体设计内容如下:

(1) 估算载荷。

(2) 选择总传动比,选择伺服电动机。

(3) 选择传动机构的形式。

(4) 确定传动级数,分配各级传动比。

(5) 配置传动链,估算传动链精度。

(6) 传动机构结构设计。

(7) 计算传动装置的刚度和结构固有频率。

(8) 做必要的工艺分析和经济分析。

2. 机械传动系统的特性

机电一体化的机械系统应具有良好的伺服性能,要求机械传动部件有足够的制造精度,满足转动惯量小、摩擦小、阻尼合理、刚度大、振动特性好及传动间隙小等要求,还应使机械传动部分的动态特性与执行元件的动态特性相匹配。机械传动系统的主要特性有转动惯量、阻尼、刚度和传动精度等。

1) 转动惯量

(1) 转动惯量的影响。

机械传动系统的转动惯量大致会产生以下不利影响:①使机械负载增加,功率消耗大;②系统响应速度变慢,灵敏度降低;③系统的固有频率下降,容易产生谐振;④电气驱动部件的谐振频率降低、阻尼增大等。因此,在不影响系统刚度的条件下,机械部分的质量和转动惯量应尽可能小。

图 2-2 表示机械传动部件的转动惯量对小惯量电动机驱动系统谐振频率的影响。图中横坐标为外载荷折算到电动机轴的当量负载转动惯量 J_e 与电动机转子转动惯量 J_m 之比,纵坐标为系统带有外载荷时折算到电动机轴的谐振频率 f_{oa} 与不带外载荷的谐振频率 f_{oa}^* 之比,其中电动机轴的转动惯量 J_m 与谐振频率 f_{oa}^* 可视为常数。从曲线变化趋势可看出,驱动系统实际谐振频率随惯性负载增大而降低。当折算的负载转动惯量等于电动机转子惯量时,固有频率下降为空载谐振频率的 50%,当折算惯量小于电动机转子惯量时,系统有较好的快速性。因此,在设计机械传动系统时,将传动系统的转动惯量作为选择电动机动力参数的依据。

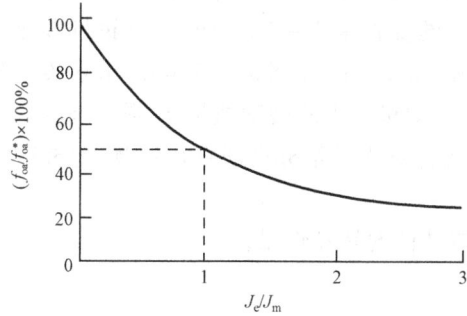

图 2-2 外载荷的转动惯量对谐振频率的影响

(2) 转动惯量的计算。

① 圆柱体的转动惯量。

在机械传动系统中,齿轮、丝杠等传动件可视为圆柱体来近似计算转动惯量。其计算公式为

$$J = \frac{1}{8}md^2 \tag{2-1}$$

式中,m 为质量(kg);d 为圆柱体直径(m)。

② 直线运动物体的转动惯量。

如图 2-3(a)所示,由导程为 L_0 的丝杠驱动总质量为 m_r 的工作台和工件,其折算到丝杠轴上的等效转动惯量为

$$J_{er} = m_r \left(\frac{L_0}{2\pi}\right)^2$$

图 2-3(b)所示为由齿轮齿条机构驱动总质量为 m_r 的工作台和工件,折算到节圆半径为 r_0 的小齿轮上的等效转动惯量为

$$J_{er} = m_r r_0^2$$

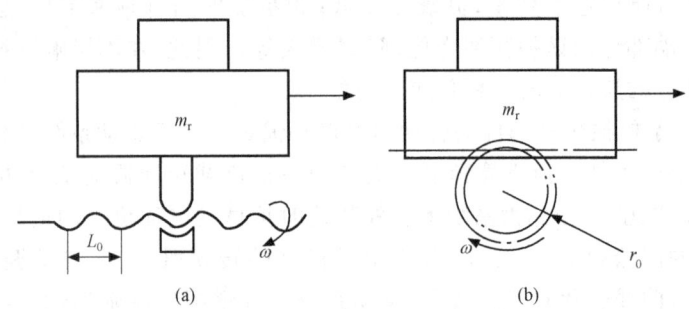

图 2-3 直线运动物体的转动惯量

例 2-1 某数控机床伺服进给系统的传动机构如图 2-4 所示,已知电动机轴的转动惯量 $J_m = 3.2 \times 10^{-3}$ kg·m², 工作台及刀架质量 $m = 600$ kg, 滚珠丝杠 $d = 50$ mm, 导程 $L_0 = 8$ mm, 丝杠长度 $L = 1840$ mm。齿轮齿数分别为 $z_1 = 20$, $z_2 = 40$, $z_3 = 20$, $z_4 = 48$, 模数 $m = 2.5$ mm, 齿宽 $b = 25$ mm。试求负载折算到电动机轴上的总等效转动惯量 J_e 及电动机轴上总转动惯量 J (提示:丝杠和齿轮的材料密度 $\rho = 7.8 \times 10^3$ kg/m³, 齿轮的计算直径按分度圆直径计算,丝杠的计算直径取丝杠中径 $\phi 48$ mm)。

解 (1) 计算各传动件的转动惯量。

由式(2-1)得

$$J = \frac{1}{8}md^2 = \frac{\pi \rho d^4 l}{32}$$

式中,l 为长度,对于齿轮,l 为齿宽 b;对于丝杠,l 为丝杠长度 L。

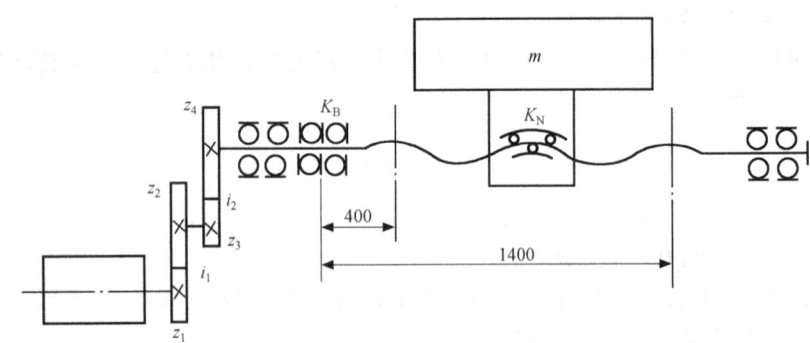

图 2-4 数控机床进给系统传动简图

齿轮 1、3 的转动惯量为

$$J_{z_1} = J_{z_3} = \frac{\pi \times 7.8 \times 10^3 \times 0.05^4 \times 0.025}{32} \text{kg} \cdot \text{m}^2 = 1.2 \times 10^{-4} \text{kg} \cdot \text{m}^2$$

齿轮 2 的转动惯量为

$$J_{z_2} = \frac{\pi \times 7.8 \times 10^3 \times 0.1^4 \times 0.025}{32} \text{kg} \cdot \text{m}^2 = 1.9 \times 10^{-3} \text{kg} \cdot \text{m}^2$$

齿轮 4 的转动惯量为

$$J_{z_4} = \frac{\pi \times 7.8 \times 10^3 \times 0.12^4 \times 0.025}{32} \text{kg} \cdot \text{m}^2 = 4.0 \times 10^{-3} \text{kg} \cdot \text{m}^2$$

丝杠的转动惯量为

$$J_s = \frac{\pi \times 7.8 \times 10^3 \times 0.048^4 \times 1.84}{32} \text{kg} \cdot \text{m}^2 = 7.5 \times 10^{-3} \text{kg} \cdot \text{m}^2$$

工作台折算到丝杠轴上的转动惯量为

$$J_G = m\left(\frac{L_0}{2\pi}\right)^2 = 600 \times \left(\frac{0.008}{2\pi}\right)^2 \text{kg} \cdot \text{m}^2 = 9.7 \times 10^{-4} \text{kg} \cdot \text{m}^2$$

(2) 计算负载的总等效转动惯量及电动机轴上的总转动惯量。

把以上传动件的转动惯量折算到电动机轴上,可得到总的等效转动惯量

$$J_e = J_{z_1} + \frac{1}{i_1^2}(J_{z_2} + J_{z_3}) + \frac{1}{(i_1 i_2)^2}(J_{z_4} + J_s + J_G)$$

$$= 1.2 \times 10^{-4} + \frac{1}{2^2}(1.9 \times 10^{-3} + 1.2 \times 10^{-4})$$

$$+ \frac{1}{4.8^2}(4.0 \times 10^{-3} + 7.5 \times 10^{-3} + 9.7 \times 10^{-4}) \text{kg} \cdot \text{m}^2$$

$$= 1.17 \times 10^{-3} \text{kg} \cdot \text{m}^2$$

电动机轴上的总转动惯量为

$$J = J_m + J_e = (3.2 \times 10^{-3} + 1.17 \times 10^{-3}) \text{kg} \cdot \text{m}^2$$

$$= 4.37 \times 10^{-3} \text{kg} \cdot \text{m}^2$$

2) 阻尼

由于机械部件具有惯性和摩擦特性,机械传动系统可视为带有阻尼的质量弹簧系统。

机械部件振动时,金属材料的内摩擦较小,一般情况下,摩擦阻尼都发生在运动副的构件之间,其中,对机械系统影响最大的是导轨副的摩擦阻尼。阻尼对机械系统的动态特性有多方面的影响:

(1) 机械部件产生振动时,系统中阻尼越大,最大振幅越小,且衰减越快,但大阻尼会使系统的失动量增大,稳态误差增大,精度降低,适当的阻尼可提高系统的稳定性。系统的静摩擦阻尼大,会使系统的回程误差增大,定位精度降低。低速运动的滑动力的摩擦特性若为负斜率,则易产生爬行,会降低机械的传动性能。而滚动导轨的摩擦力小,低速运动平稳性好,因而在当前的机电一体化伺服系统中得到广泛应用。

(2) 系统的黏性阻尼摩擦越大,系统的稳态误差就越大,精度降低。

(3) 系统的黏性阻尼摩擦会对系统的快速响应性产生不利影响。

(4) 如果机械系统刚度低而质量大,则系统的固有频率较低,此时应增大系统的黏性摩擦阻尼,以减小振幅和加快衰减进程。

机械传动部件若简化为二阶振动系统,其阻尼比为

$$\xi = \frac{B}{2\sqrt{mK_0}} \tag{2-2}$$

式中,B 为黏性阻尼系数($N \cdot s/m$);m 为系统质量(kg);K_0 为系统拉压刚度系数(N/m)。

机械系统的阻尼比 ξ 是一个无量纲数,它表示系统相对阻尼的大小。根据自动控制理论,当 $0<\xi<1$ 时,机械系统处于欠阻尼状态。阻尼比 ξ 越小,系统输出响应的速度越快,但振幅增大,振荡衰减慢;当 $\xi=1$ 时,机械系统为临界阻尼状态,系统的输出响应不发生振荡,且达到稳定状态的速度较快。

由式(2-2)知,阻尼比除了与机械系统的黏性阻尼系数 B 有关外,还与系统刚度 K_0 和质量 m 有关。因此,在机械结构设计时,应当通过对机械系统的刚度、质量和摩擦系数等参数的合理匹配,得到阻尼比 ξ 的适当值,以保证系统的良好动态特性。根据经验,阻尼比的最佳取值范围为 $0.4 \leqslant \xi \leqslant 0.7$。

3) 刚度

刚度是使弹性体产生单位变形量所需的作用力,包括构件产生各种基本变形时的刚度和两接触面的接触刚度。

(1) 机械系统的刚度对系统动态特性的主要影响。

① 失动量。齿轮传动的啮合间隙会造成一定的传动死区,即主动齿轮要转过一定间隙角后从动齿轮才会转动,传动死区也称为失动量。系统刚度越大,因静摩擦力的作用所产生的传动部件的弹性变形就越小,系统的失动量也越小。

② 固有频率。机械系统刚度越大,固有频率越高,可远离控制系统或驱动系统的频带区域,从而避免产生共振。

③ 稳定性。刚度对闭环系统的稳定性有很大影响,提高刚度可增加闭环系统的稳定性。

(2) 拉压刚度的计算。

丝杠螺母机构的拉压刚度由丝杠构件的拉压刚度 K_L、丝杠轴承的支承 K_B 及丝杠螺母间的接触刚度 K_N 三部分组成。丝杠的拉压刚度 K_L 与丝杠几何尺寸和轴向支承形式有关。

① 一端轴向支承的丝杠,其拉压刚度为

$$K_L = \frac{\pi d^2 E}{4l}$$

式中,d 为丝杠中径(m);E 为材料的拉压弹性模量(N/m^2);l 为受力点到支承端

的距离(m)。

在机械传动系统工作时,工作台位置的变化使丝杠受力部位也发生相应变化,当工作台位于距丝杠轴向支承端最远的位置时,丝杠全部工作长度 L 都将受力,此时丝杠的拉压刚度取最小值为

$$K_{Lmin} = \frac{\pi d^2 E}{4L}$$

② 两端轴向支承的丝杠,其拉压刚度为

$$K_L = \frac{\pi d^2 E}{4}\left(\frac{1}{l} + \frac{1}{L-l}\right)$$

当工作台位于两支承的中点位置时,即 $l = L/2$ 时,丝杠的拉压刚度为最小值 K_{Lmin},即

$$K_{Lmin} = \frac{\pi d^2 E}{L}$$

可见,丝杠采用两端轴向支承形式时,其最小拉压刚度是一端轴向支承的 4 倍。

丝杠轴承的支承刚度 K_B 与所采用的轴承类型、轴承结构有关。当轴承有预紧时,其支承刚度应为无预紧时的两倍。丝杠螺母的轴向接触刚度 K_N 与丝杠螺母副的尺寸和结构有关,丝杠螺母的预紧也可提高轴向接触刚度,以上两刚度数值均可从产品样本中查得。

丝杠螺母机构的总拉压刚度 K_0 可按下式计算:

$$\frac{1}{K_0} = \frac{1}{K_L} + \frac{1}{K_B'} + \frac{1}{K_N} \tag{2-3}$$

式中,K_B' 与丝杠轴向支承形式有关,一端轴向支承取 $K_B' = K_B$,两端轴向支承取 $K_B' = 2K_B$。

(3) 丝杠扭转刚度的计算。

$$K_T = \frac{\pi d^2 G}{32l} \tag{2-4}$$

式中,d 为丝杠中径(m);G 为材料的剪切弹性模量(N/m²);l 为扭矩在丝杠上的作用长度(m)。

例 2-2 在例题 2-1 的数控机床进给系统中,若预紧后丝杠支承轴向刚度 $K_B = 2.14 \times 10^9$ N/m,丝杠螺母间的接触刚度 $K_N = 1.72 \times 10^9$ N/m(取丝杠的最大工作长度 $L_{max} = 1.2$m,拉压弹性模量 $E = 2.1 \times 10^{11}$ N/m²,剪切弹性模量 $G = 8.1 \times 10^{10}$ N/m²)。

试求:(1) 丝杠螺母系统的最小拉压刚度 K_{0min} 和最小扭转刚度 K_{Tmin}。

(2) 丝杠工作台系统纵向振动和扭转振动的最小固有频率 ω_n。

解 (1) 计算丝杠螺母系统的刚度。丝杠的最小拉压刚度为

$$K_{Lmin} = \frac{\pi d^2 E}{4l_{max}} = \frac{\pi \times 0.048^2 \times 2.1 \times 10^{11}}{4 \times 1.2} \text{N/m} = 3.17 \times 10^8 \text{N/m}$$

由于丝杠为一端轴向支承,取 $K_B = K'_B = 2.14 \times 10^9 \text{N/m}$,由式(2-3)可计算最小拉压刚度 $K_{0\min}$。

$$\frac{1}{K_{0\min}} = \frac{1}{K_{L\min}} + \frac{1}{K'_B} + \frac{1}{K_N} = \left(\frac{1}{3.17 \times 10^8} + \frac{1}{2.14 \times 10^9} + \frac{1}{1.72 \times 10^9}\right) \text{m/N}$$

得

$$K_{0\min} = 2.38 \times 10^8 \text{N/m}$$

由式(2-4)可计算丝杠最小扭转刚度为

$$K_{T\min} = \frac{\pi d^2 G}{32 l_{\max}} = \frac{\pi \times 0.048^2 \times 8.1 \times 10^{10}}{32 \times 1.2} \text{N} \cdot \text{m/rad} = 3.52 \times 10^4 \text{N} \cdot \text{m/rad}$$

(2) 系统固有频率的计算,包括系统纵向振动和扭转振动的固有频率的两参数的计算。

① 忽略丝杠本身的质量,工作台纵向振动的最小固有频率为

$$\omega_n = \sqrt{\frac{K_{0\min}}{m}} = \sqrt{\frac{2.38 \times 10^8}{600}} \text{rad/s} = 630 \text{rad/s}$$

由例 2-1 知,电动机轴上的系统总转动惯量 $J = 4.37 \times 10^{-3} \text{kg} \cdot \text{m}^2$,折算到丝杠轴上的系统总转动惯量为

$$J_{es} = J i^2 = 4.37 \times 10^{-3} \times 4.8^2 \text{kg} \cdot \text{m}^2 = 0.1 \text{kg} \cdot \text{m}^2$$

② 忽略电动机轴和齿轮轴的扭转变形,系统扭转振动的最小固有频率为

$$\omega_{nt} = \sqrt{\frac{K_{T\min}}{J_{es}}} = \sqrt{\frac{3.52 \times 10^4}{0.1}} \text{rad/s} = 593 \text{rad/s}$$

4) 传动精度

(1) 传动系统的误差分析。

机械传动系统中,影响系统传动精度的误差可分为传动误差和回程误差两种。

① 传动误差。

传动误差是指输入轴单向回转时,输出轴转角的实际值相对于理论值的变动量。由于传动误差的存在,使输出轴的运动时而超前,时而滞后。若传动装置的各组成零部件(齿轮、轴、轴承或箱体)的制造和装配绝对准确,同时又忽略使用过程中的温度变形和弹性变形,则在传动过程中,输出轴转角 ϕ_o 与输入轴转角 ϕ_i 之间应符合如下关系:

$$\phi_o = \frac{\phi_i}{i_t}$$

式中,i_t 为传动装置的总传动比。此时,输入轴若均匀回转,输出轴亦均匀回转;输入轴若反向回转,输出轴亦无滞后地立即反向回转。当 $i_t = 1$ 时,理想状况下,ϕ_o 与 ϕ_i 之间的关系曲线如图 2-5(a)中直线 1 所示。

实际上,各组成零部件不可能制造和装配得绝对准确,而在使用过程中还会存在温度变形和弹性变形,因此,在传动过程中输出轴的转角总会存在误差。

图 2-5(b)中的曲线 2 表示单向回转时,由于存在传动误差 $\Delta \phi$ 时,输出轴转角 ϕ_o 与输入轴转角 ϕ_i 之间的关系。

② 回程误差。

回程误差是与传动误差既有联系又有区别的另一类误差。回程误差是当输入轴由正向回转变为反向回转时,输出轴在转角上的滞后量,也可把它理解成输入轴固定时,输出轴可任意转动的转角量。回程误差使输出轴不能立即随着输入轴反向回转,即当输入轴反向回转时,输出轴产生滞后运动。输入轴转角与输出轴转角的关系曲线与磁滞回线相似,如图 2-5(c)中的曲线 3 所示。

传动链的传动误差和回程误差对机电传动系统性能的影响,随其在系统中所处的位置不同而不同。

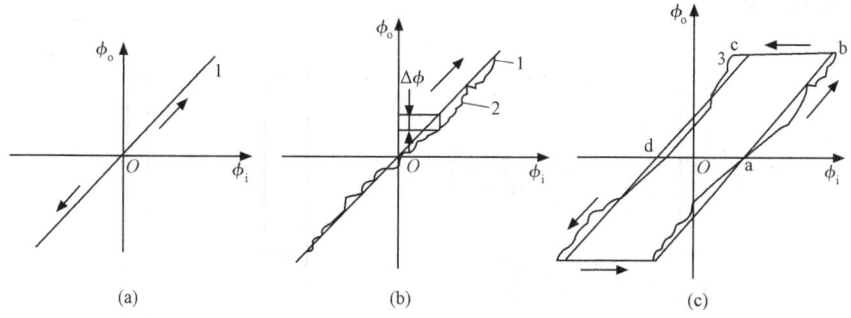

图 2-5　传动误差与回程误差
(a) 理想状态;(b) 传动误差;(c) 回程误差

(2) 减小传动误差的措施。

减小传动误差、提高传动精度的结构措施有:适当提高零部件本身的精度;合理设计传动链,减少零部件制造、装配误差对传动精度的影响;采用消隙机构,以减少或消除回程误差。

① 提高零部件本身精度。

提高零部件本身精度即提高各传动零部件本身的制造、装配精度。传动装置的输出轴与负载轴之间的联轴器本身制造、装配的精度,对传动精度的影响也很显著,应予以足够的重视。

② 合理设计传动链。

A. 合理选择传动形式。

在传动链的设计中,各种不同形式的传动能达到的精度是不同的。一般说来,圆柱直齿轮与斜齿轮机构的精度较高,蜗轮蜗杆机构次之,而圆锥齿轮较差。在行星齿轮机构中,谐波齿轮精度最高,渐开线行星齿轮机构、少齿差行星齿轮机构次之,摆线针轮行星齿轮机构则较差。

B. 合理确定传动级数和分配各级传动比。

减少传动级数，就可减少零件数量，也就减少了产生误差的环节。因此，在满足使用要求的条件下，应尽可能减少传动级数。对减速传动链，各级传动比宜从高速级开始逐级递增，且在结构空间允许的前提下尽量提高末级传动比。一般来说，减速传动采用大的传动比，可使从动轮半径增大，从而提高转角精度值。详见本节精密齿轮传动部分内容。

C. 合理布置传动链。

在减速传动中，精度较低的传动机构（如圆锥齿轮机构、蜗轮蜗杆机构）应布置在高速轴上，这样可减小低速轴上的误差。图2-6是齿轮和蜗轮蜗杆两个传动链布置方案的比较。在(a)方案中，A为主动轮，D为从动轮；在(b)方案中C为主动轮，B为从动轮。

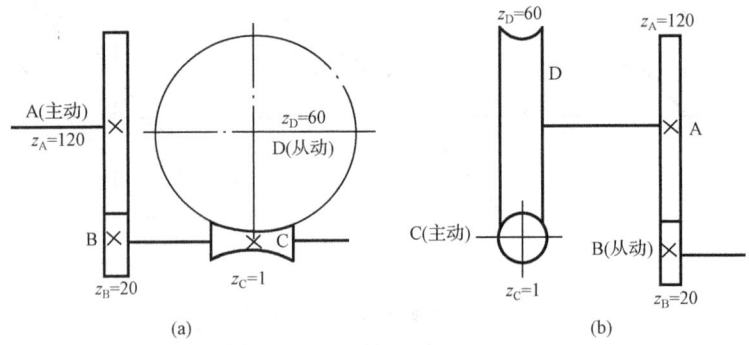

图2-6 传动链布置方案
(a) 合理分配；(b) 不合理分配

设齿轮副在小齿轮轴上的角值误差为Δ_{AB}，齿轮副在蜗轮轴上的角值误差为Δ_{CD}，并令$\Delta_{AB}=\Delta_{CD}=\Delta$，则方案(a)中，从动轮轮D所在轴的误差为

$$\Delta_d = \Delta_{CD} + \frac{\Delta_{AB}}{i_{CD}} = \left(1 + \frac{1}{60}\right)\Delta = \frac{61}{60}\Delta$$

则方案(b)中，从动轮B所在轴的总误差为

$$\Delta_B = \Delta_{AB} + \frac{\Delta_{CD}}{i_{AB}} = \left(1 + \frac{1}{6}\right)\Delta = \frac{7}{6}\Delta$$

显然，(a)方案要比(b)方案好。一般来说，当要求减小由于传动零件的制造、装配误差所引起从动轴的角值误差时，应在从动轴之前选用减速链，因为这样可使各项误差对从动轮的影响，经过减速的作用而缩小。

③ 采用消除间隙机构。

机械传动系统中，各类传动零部件的传动间隙都会产生回程误差，增加轮廓误差，影响到系统的传动精度和运动平稳性。若在闭环系统中传动死区还可能使系统以 1~5 倍的频率产生低频振荡，为此应采用齿侧间隙小、精度较高的齿轮，或采用各种调整齿侧间隙的结构来减小或消除啮合间隙。常见的间隙类型有齿轮传动的齿侧间隙、丝杠螺母的传动间隙、丝杠轴承的轴向间隙和联轴器的扭转间隙等。在机电一体化机械系统中，传动机构的消隙方法有很多种类，常用的齿轮机构和螺旋机构的消隙方法详见本章齿轮传动和丝杠螺母传动部分内容。

3. 丝杠螺母传动

丝杠螺母机构又称螺旋传动机构。它主要用来将旋转运动变换为直线运动或将直线运动变换为旋转运动。有以传递能量为主的（如螺旋压力机、千斤顶等），也有以传递运动为主的（如机床工作台的进给丝杠），还有调整零件之间相对位置的螺旋传动机构等。

丝杠螺母机构有滑动摩擦机构和滚动摩擦机构之分。滑动丝杠螺母机构结构简单、加工方便、制造成本低、具有自锁功能，但其摩擦阻力矩大、传动效率低（30%～40%）。滚珠丝杠螺母机构虽然结构复杂、制造成本高，但其最大优点是摩擦阻力矩小、传动效率高（92%～98%），因此在机电一体化系统中得到广泛应用。

根据丝杠和螺母相对运动的组合情况，其基本传动形式有如图 2-7 所示的四种类型。

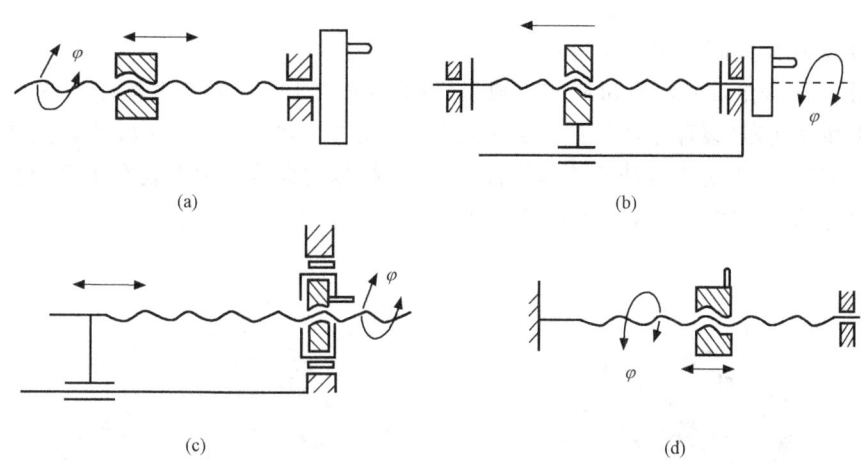

图 2-7　基本传动形式

(1) 螺母固定、丝杠转动并移动。如图 2-7(a)所示，该传动形式因螺母本身起着支承作用，消除了丝杠轴承可能产生的附加轴向窜动，结构较简单，可获得较高的传动精度。但其轴向尺寸不宜太长，刚性较差。因此只适用于行程较小的场合。

(2) 丝杠转动、螺母移动。如图 2-7(b)所示，该传动形式需要限制螺母的转动，故需导向装置。其特点是结构紧凑、丝杠刚性较好。适用于工作行程较大的场合。

(3) 螺母转动、丝杠移动。如图2-7(c)所示,该传动形式需要限制螺母移动和丝杠的转动,由于结构较复杂且占用轴向空间较大,故应用较少。

(4) 丝杠固定、螺母转动并移动。如图2-7(d)所示,该传动方式结构简单、紧凑,但在多数情况下使用极不方便,故很少应用。

此外,还有差动传动方式,其传动原理如图2-8所示。该方式的丝杠上有基本导程(或螺距)不同的(如 l_{01}、l_{02})两段螺纹,其旋向相同。当丝杠2转动时,可动螺母1的移动距离为 $S=n\times(l_{01}-l_{02})$,如果两基本导程的大小相差较少,则可获得较小的位移 S。因此,这种传动方式多用于各种微动机构中。

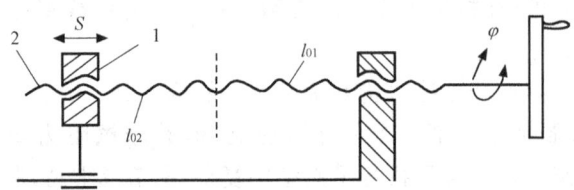

图2-8 差动传动方式原理

本节将主要介绍滚珠丝杠副(见图2-9)的组成、特点、间隙的调整和预紧及其选用。

1) 滚珠丝杠副的组成及特点

图2-10为滚珠丝杠螺母机构组成示意图,从图2-10可知,它由丝杠3、螺母2、滚珠4和反向器(滚珠循环反向装置)1四部分组成。当丝杠转动时,带动滚珠沿螺纹滚道滚动,为防止滚珠从滚道端面掉出,在螺母的螺旋槽两端设有滚珠回程引导装置构成滚珠的循环返回通道,从而形成滚珠流动的闭合通路。

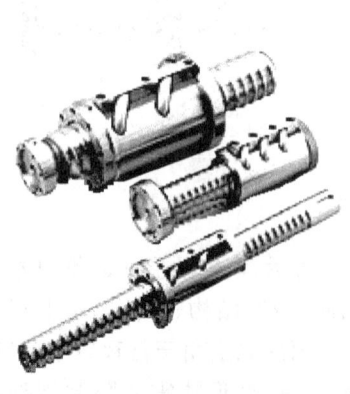

图2-9 滚珠丝杠副外观图

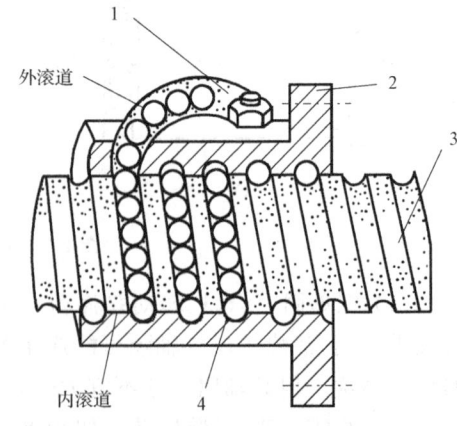

图2-10 滚珠丝杠螺母机构组成示意图

滚珠丝杠副与滑动丝杠副相比,除前面提到的优点外,还具有轴向刚度高(即通过适当预紧可消除丝杠与螺母之间的轴向间隙)、运动平稳、传动精度高、不易磨损、使用寿命长等优点。但由于不能自锁,具有传动的可逆性,在用作升降传动机构时,需要采取制动措施。

滚珠丝杠副的结构类型可从螺纹滚道的截面形状、滚珠的循环方式和消除轴向间隙的调整方法不同而进行分类。

2) 滚珠丝杠副的主要尺寸参数

如图 2-11 所示,滚珠丝杠副的主要尺寸参数如下:

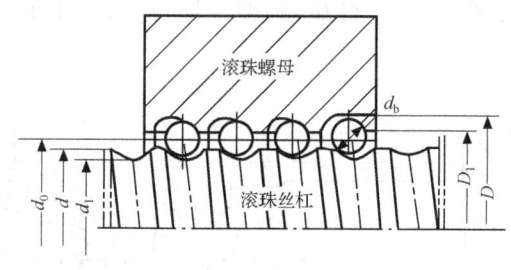

图 2-11 主要尺寸参数

(1) 公称直径 d_0。它指滚珠与螺纹滚道在理论接触角状态时包络滚珠球心的圆柱直径。它是滚珠丝杠副的特征(或名义)尺寸。

(2) 基本导程 l_0。它指丝杠相对于螺母旋转 2π rad 时,螺母上基准点的轴向位移。

(3) 行程 l。它指丝杠相对于螺母旋转任意弧度时,螺母上基准点的轴向位移。

此外还有丝杠螺纹大径 d、丝杠螺纹小径 d_1、滚珠直径 d_b、螺母螺纹大径 D、螺母螺纹小径 D_1、丝杠螺纹全长 l_s 等。

基本导程的大小应根据机电一体化产品(系统)的精度要求确定。精度要求高时应选取较小的基本导程。

滚珠的工作圈(或列)数和工作滚珠的数量 N 由试验可知:第一、第二和第三圈(或列)分别承受轴向载荷的 50%、30% 和 20% 左右。因此,工作圈(或列)数一般取 2.5(或 2)～3.5(或 3)。滚珠总数 N 一般不超过 150 个。

3) 滚珠丝杠副间隙的调整和预紧

滚珠丝杠副的设计除了要求其自身在轴向的传动精度外,为保证其反向传动精度,对其轴向间隙也有严格要求。滚珠丝杠副的轴向间隙是在承载时,由于滚珠与滚道型面接触时因弹性变形所引起的螺母轴向位移量和螺母副自身轴向间隙的总和。通常采用双螺母预紧和单螺母预紧(适于大滚珠、大导程)两种方法,并将弹性变形控制在最小限度内,以减小或消除轴向间隙,提高滚珠丝杠副的轴向刚度。

目前制造的单螺母式滚珠丝杠副的轴向间隙达 0.05mm，而双螺母丝杠副经加预紧力调整后基本上能消除轴向间隙。

(1) 双螺母预紧原理。

常用的双螺母消除轴向间隙的结构形式主要有三种：双螺母螺纹调隙预紧式、双螺母垫片调隙预紧式和双螺母齿差调隙预紧式。

① 双螺母螺纹调隙预紧式。如图 2-12 所示，双螺母中的一个外端有凸缘，另一个外端无凸缘，但制有螺纹，它伸出套筒外用两个螺母固定锁紧，并用键来防止两螺母相对转动。旋转圆螺母可调整消除间隙并产生预紧力，之后再用锁紧螺母锁紧。该种形式结构紧凑、工作可靠、调整方便，缺点是不能很精确地进行间隙调整。

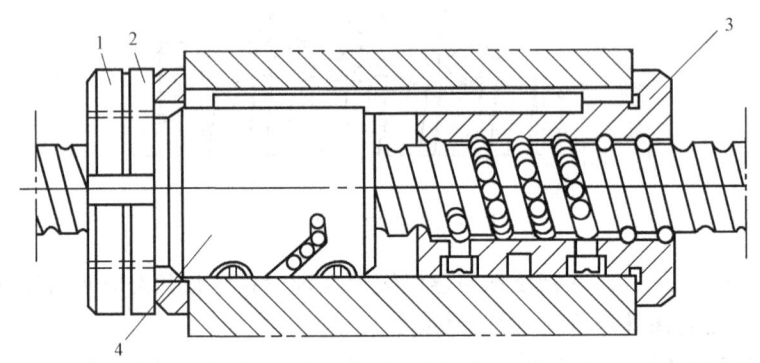

图 2-12 双螺母螺纹调隙预紧式

1-锁紧螺母；2-圆螺母；3-带凸缘螺母；4-无凸缘螺母

② 双螺母垫片调隙预紧式。该预紧方法是在两个螺母之间加垫片来消除丝杠和螺母之间的间隙。根据垫片厚度不同分成两种形式，当垫片厚度较厚时即产生"预拉应力"，如图 2-13 所示，而当垫片厚度较薄时即产生"预压应力"以消除轴向间隙。

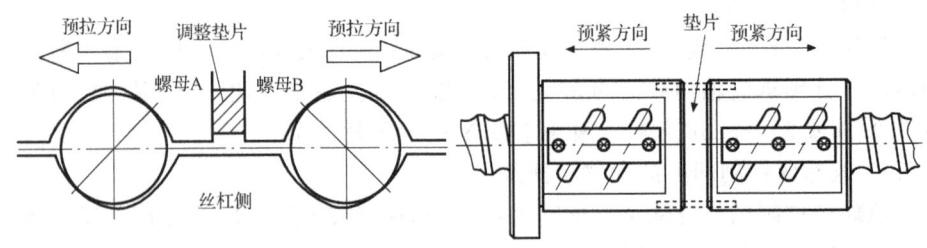

图 2-13 双螺母垫片调隙预紧式

③ 双螺母齿差调隙预紧式。如图 2-14 所示，在两个螺母的凸缘上各制有两个有齿数差的圆柱外齿轮，分别与内齿圈啮合，内齿圈用螺钉或定位销固定在套筒

上。调整时,先取下两端的内齿圈,使两螺母产生相对角位移,故相应地产生轴向的相对位移,从而使两螺母中的滚珠分别紧贴在螺旋滚道的两个相反的侧面上,然后将内齿圈复位固定,故而达到消除间隙、产生预紧力的目的。当两个螺母按同方向转过一个齿时,所产生的相对轴向位移为

$$\Delta s = \left(\frac{1}{z_1} - \frac{1}{z_2}\right)P = \frac{z_2 - z_1}{z_1 z_2}P = \frac{P}{z_1 z_2}$$

式中,P 为导程。若 $z_1=99, z_2=100, P=6\text{mm}$,则 $\Delta s=0.6\mu\text{m}$。可见,该种形式的丝杠副调整精度很高,工作可靠,但结构复杂,加工和装配工艺性能较差。

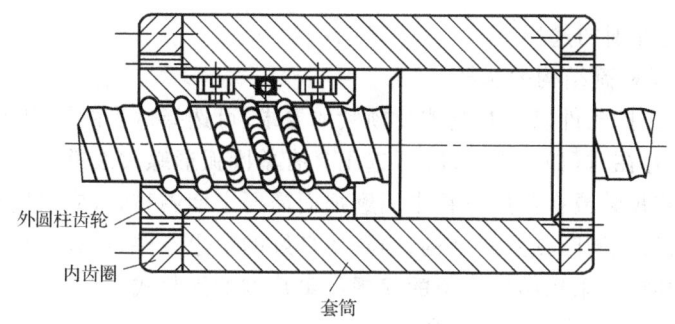

图 2-14 双螺母齿差调隙预紧式

(2) 单螺母预紧。

单螺母消隙常用增大滚珠直径法和偏置导程法两种预紧方法。

① 增大滚珠直径法。如图 2-15 所示,为了补偿滚道的间隙,设计时将滚珠的尺寸适当增大,使其 4 点接触,产生预紧力,为了提高工作性能,可在承载滚珠之间加入间隔钢球。

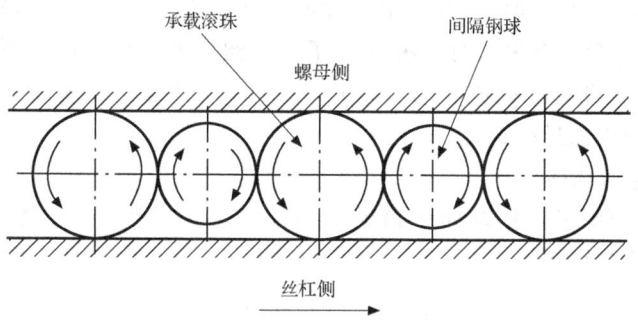

图 2-15 增大滚珠直径法

② 偏置导程法。偏置导程法原理如图 2-16 所示,仅仅在螺母中部将其导程增加一个预压量 Δ,以达到预紧的目的。

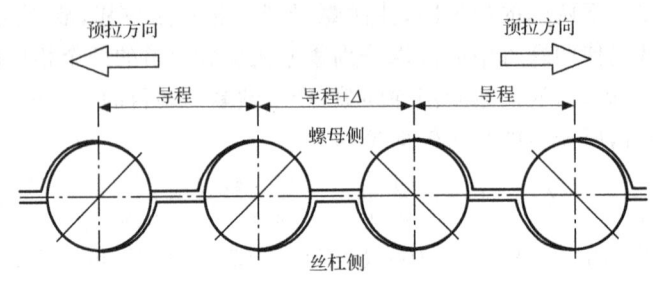

图 2-16 偏置导程法

4) 滚珠丝杠副的选择

(1) 滚珠丝杠副结构的选择。

根据防尘防护条件以及对调隙及预紧的要求,可选择适当的结构形式。例如,当允许有间隙存在时(如垂直运动)可选用具有单圆弧形螺纹滚道的单螺母滚珠丝杠副;当必须有预紧或在使用过程中因磨损而需要定期调整时,应采用双螺母螺纹调隙预紧式或齿差调隙预紧式结构;当具备良好的防尘条件,且只需在装配时调整间隙及预紧力时,可采用结构简单的双螺母垫片调隙预紧式结构。

(2) 滚珠丝杠副结构尺寸的选择。

选用滚珠丝杠副时通常主要选择丝杠的公称直径 d_0 和基本导程 l_0。公称直径 d_0 应根据轴向最大载荷按滚珠丝杠副尺寸系列选择。螺纹长度 l_s 在允许的情况下要尽量短,一般取 l_s/d_0 小于 30 为宜;基本导程 l_0 应按承载能力、传动精度及传动速度选取,l_0 大则承载能力也大,l_0 小则传动精度较高。要求传动速度快时,可选用大导程滚珠丝杠副。

(3) 滚珠丝杠副的选择步骤。

在选用滚珠丝杠副时,必须知道实际的工作条件:最大的工作载荷 F_{max}(或平均工作载荷 F_{cp})(N)作用下的使用寿命 T(h)、丝杠的工作长度(或螺母的有效行程)l(mm)、丝杠的转速 n(或平均转速 n_{cp})(r/min)、滚道的硬度 HRC 及丝杠的工况,然后按下列步骤进行选择。

① 承载能力选择。

首先计算作用于丝杠轴向的最大动载荷 F_Q,然后根据 F_Q 选择丝杠副的型号。F_Q 的计算公式为

$$F_Q = \sqrt[3]{L} f_H f_W F_{max}$$

式中,L 为滚珠丝杠寿命系数(单位为 1×10^6 r,如 1.5 则为 1.5×10^6 r),$L=60nT/10^6$(其中 T 为使用寿命时间(h),普通机械为 5000~10000h,数控机床及其他机电一体化设备及仪器装置为 15000h,航空机械为 1000h);f_W 为载荷系数(平稳或轻度冲击时为 1.0~1.2,中等冲击时为 1.2~1.5,较大冲击或振动时为 1.5~2.5);

f_H 为硬度系数(HRC 大于等于 58 时为 1.0,等于 55 时为 1.11,等于 52.5 时为 1.35,等于 50 时为 1.56,等于 45 时为 2.40)。

② 压杆稳定性核算。

实际承受载荷的能力 F_k 应不小于最大工作载荷 F_{max},即

$$F_k = f_k \pi^2 EI/(Kl_s^2) \geqslant F_{max}$$

式中,f_k 为压杆稳定的支承系数(双推-双推时为 4,单推-单推时为 1,双推-简支时为 2,双推-自由式时为 0.25);E 为钢的弹性模量,$E=2.1\times10^5$ MPa;I 为丝杠小径 d_1 的截面惯性矩($I=\pi d_1^4/64$);K 为压杆稳定安全系数,一般取为 2.5~4,垂直安装时取小值。

如果 $F_k < F_{max}$,会使丝杠失去稳定易发生翘曲。两端装止推轴承与向心轴承时,丝杠一般不会发生失稳现象。

对于低速运转($n<10$r/min)的滚珠丝杠,无需计算其最大动载荷 F_Q、而只考虑其最大静负载是否充分大于最大工作负载 F_{max}。这是因为若最大接触应力超过材料的弹性极限就要产生塑性变形,塑性变形超过一定限度就会破坏滚珠丝杠副的正常工作。一般允许其塑性变形量不超过滚珠直径 d_b 的 1/10000,产生该塑性变形的载荷称为最大静载荷。

③ 刚度的验算。

滚珠丝杠在轴向力的作用下将产生伸长或缩短,在扭矩的作用下将产生扭转变形而影响丝杠导程的变化,从而影响传动精度及定位精度,故应验算满载时的变形量。其验算公式如下:滚珠丝杠在工作负载 F 和扭矩 M 的共同作用下,所引起的每一导程的变形量为

$$\Delta L = \pm \frac{Fl_0}{ES} \pm \frac{Ml_0^2}{2\pi I_p G}$$

式中,S 为丝杠的最小截面积(cm²);M 为扭矩(N·cm);G 为钢的抗扭截面模量 $G=8.24\times10^4$ MPa;I_p 为截面对圆心的极惯性矩;ΔL 的单位为 cm。"+"用于拉伸时,"-"用于压缩时。

在丝杠副精度标准中一般规定每米弹性变形所允许的基本导程误差值。

4. 精密齿轮传动

齿轮传动部件是转矩、转速和转向的变换器。由于齿轮传动的瞬时传动比为常数,并具有结构紧凑、传动精确、强度大、能承受重载、摩擦小和效率高等优点,在机电一体化产品中得到广泛应用。

用于伺服系统的齿轮减速器是一个力矩变换器,其输入是电动机输出的高转速、低转矩,而输出则为低转速、高转矩。因此,齿轮传动系统传递转矩时,不但要

求应有足够的刚度,还要求其转动惯量尽量小,以便在获得同一加速度时所需转矩小,即在同一驱动功率时,其加速度响应为最大。此外,在闭环系统中,齿轮副的啮合间隙会造成传动死区,传动死区能使系统以 1~5 倍的间隙角产生低频振荡,为此,要采用消隙装置,以提高系统的传动精度和稳定性。

本节重点介绍齿轮传动系统中的传动比的最佳选择及其分配原则、齿轮机构的消隙措施和谐波齿轮传动机构。

1) 齿轮传动比的最佳选择及其分配原则

常用的齿轮减速装置有一级、二级、三级等传动形式,如图 2-17 所示,设计齿轮系统时,传动比应满足驱动部件与负载之间的位移及转矩、转速的匹配要求,为满足传动的快速响应性、提高传动精度和系统的稳定性,应选择出系统的最佳传动比并实现各级传动比的合理分配。

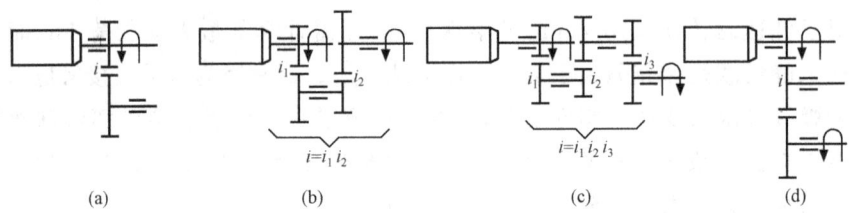

图 2-17 常用减速装置传动形式
(a) 一级传动(反向);(b) 二级传动;(c) 三级传动;(d) 一级传动(同向)

(1) 齿轮传动系统最佳总传动比的选择。

由于负载特性和工作条件不同,最佳传动比有多种选择方法,在伺服电动机驱动负载的传动系统中常采用使负载加速度最大的方法。首先把传动系统中的工作负载、惯性负载和摩擦负载综合为系统的总负载,即将各种负载等效到电动机轴上成为综合负载转矩;其次计算使等效负载转矩最小或负载加速度最大时的总传动比,即得出最佳总传动比。

如图 2-18 所示,直流伺服电动机 M 的额定转矩为 T_m、转子转动惯量为 J_m,通过减速比为 i 的齿轮系 G 克服负载力矩 T_{LF} 带动转动惯量为 J_L 的负载运动,最佳传动比的计算过程如下:

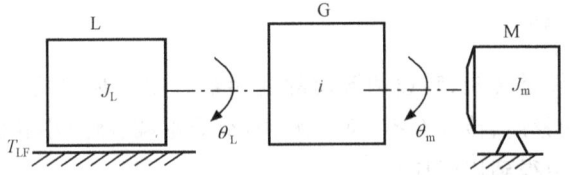

图 2-18 电动机驱动齿轮系统和负载的计算模型

其齿轮传动比为

$$i = \frac{\theta_m}{\theta_L} = \frac{\dot\theta_m}{\dot\theta_L} = \frac{\ddot\theta_m}{\ddot\theta_L} > 1$$

式中，θ_m、$\dot\theta_m$、$\ddot\theta_m$ 分别是电动机的角位移、角速度、角加速度；θ_L、$\dot\theta_L$、$\ddot\theta_L$ 分别是负载的角位移、角速度、角加速度。换算到电动机轴上的负载力矩为 $\frac{T_{LF}}{i}$，换算到电动机轴上的转动惯量为 $\frac{J_L}{i^2}$。设电动机轴上的加速度转矩为 T_a，则

$$T_a = T_m - \frac{T_{LF}}{i} = \left(J_m + \frac{J_L}{i^2}\right)\ddot\theta_m = \left(J_m + \frac{J_L}{i^2}\right)i\ddot\theta_L$$

故

$$\ddot\theta_L = \frac{T_m i - T_{LF}}{J_m i^2 + J_L} = \frac{T_a i}{J_m i^2 + J_L}$$

当 $\partial\ddot\theta_L/\partial i = 0$ 时，即可求得使负载加速度为最大时的传动比 i，即

$$i = \frac{T_{LF}}{T_m} + \sqrt{\left(\frac{T_{LF}}{T_m}\right)^2 + \frac{J_L}{J_m}}$$

若 $T_{LF} = 0$，则有

$$i = \sqrt{\frac{J_L}{J_m}}$$

上式表明，当负载换算到电动机轴上的惯量 J_L 恰好等于转子惯量 J_m 时，能达到惯性负载和驱动力矩的最佳匹配。实际上为提高力矩传动的抗干扰能力常选用较大的传动比。当选定执行元件为步进电动机时，其步距角 α、系统脉冲当量 δ 和丝杠基本导程 l_0 确定后，其减速比 i 应满足匹配关系 $i = \frac{\alpha l_0}{360°\delta}$。

(2) 各级传动比的分配原则。

齿轮系统的总传动比确定后，根据对传动链的技术要求，选择传动方案，使驱动部件和负载间的转矩、转速达到合理匹配。在总传动比较大时，若采用单级传动虽然可简化传动系统，但大齿轮的尺寸增大会使整个传动系统的轮廓尺寸变大。为了使减速系统结构紧凑，满足动态性能和提高传动精度的要求，可采用多级传动。首先应确定传动级数，然后对各级传动比进行合理分配。

① 等效转动惯量最小原则。

利用该原则所设计的齿轮传动系统，换算到电动机轴上的等效转动惯量为最小。

设有一小功率电动机驱动的二级齿轮减速系统如图 2-19 所示。设其总传动比为 $i = i_1 i_2$，若先假设各主动小齿轮具有相同的转动惯量，各齿轮均近似看成实心圆柱体，齿宽

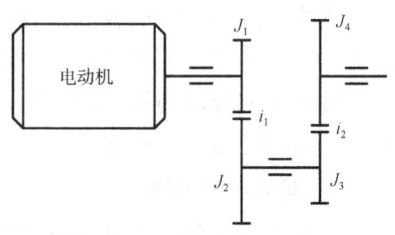

图 2-19 二级减速传动

B、比重 γ 均相同,其转动惯量为 $J = \dfrac{\pi B \gamma}{32g} d^4$,如不计轴和轴承的转动惯量,则根据系统动能不变的原则,等效到电动机轴上的等效转动惯量为

$$J_{me} = J_1 + \frac{J_2 + J_3}{i_1^2} + \frac{J_4}{i_1^2 i_2^2}$$

因为

$$J_1 = J_3 = \frac{\pi B \gamma}{32g} d_1^4, \quad J_2 = \frac{\pi B \gamma}{32g} d_2^4, \quad J_4 = \frac{\pi B \gamma}{32g} d_4^4$$

所以

$$\frac{J_2}{J_1} = \left(\frac{d_2}{d_1}\right)^4 = i_1^4, \quad \frac{J_4}{J_3} = \frac{J_4}{J_1} = \left(\frac{d_4}{d_1}\right)^4 = \left(\frac{d_4}{d_3}\right)^4 = i_2^4 = \left(\frac{i}{i_1}\right)^4$$

即

$$J_2 = J_1 i_1^4, \quad J_4 = J_1 i_2^4 = J_1 \left(\frac{i}{i_1}\right)^4$$

$$J_{me} = J_1 \left(1 + i_1^2 + \frac{1}{i_1^2} + \frac{i^2}{i_1^4}\right)$$

令 $\dfrac{\partial J_{me}}{\partial i_1} = 0$,则

$$i_1^2 (i_1^4 - 1 - 2 i_2^2) = 0$$

得到

$$i_2 = \sqrt{\frac{i_1^4 - 1}{2}}$$

当 $i_1^4 \gg 1$ 时

$$i_2 \approx \frac{i_1^2}{\sqrt{2}}, \quad i_1 \approx (\sqrt{2} i_2)^{\frac{1}{2}} = (\sqrt{2} i)^{\frac{1}{3}} = (2i^2)^{\frac{1}{6}}$$

对于 n 级齿轮传动系作同类分析可得

$$i_1 = 2^{\frac{2^n - n - 1}{2(2^n - 1)}} i^{\frac{1}{2^n - 1}}, \quad i_k = \sqrt{2} \left(\frac{i}{2^{\frac{n}{2}}}\right)^{\frac{2^{k-1}}{2^n - 1}}$$

其中,$k = 2, 3, 4, \cdots, n$。

故按此原则计算的各级传动比是按"先小后大"次序分配,可使其结构紧凑。大功率传动装置传递的转矩大,各级齿轮副的模数、齿宽和直径等参数逐级增加。这时大功率的传动的假定不适用,其计算公式不能通用。但其分配次序则仍应符合"由小到大"的分配次序。

② 重量最轻原则。

对于小功率传动系统,通过计算使各级传动比 $i_1 = i_2 = i_3 = \cdots = \sqrt[n]{i}$,即可使传动装置的重量最轻。由于这个结论是在假定各主动小齿轮模数、齿数均相同的

条件下导出的,故所有大齿轮的齿数、模数也相同,每级齿轮副的中心距也相同。上述结论对于大功率传动系统是不适用的,因其传递扭矩大,故要考虑齿轮模数、齿轮齿宽等参数要逐级增加的情况,此时应根据经验、类比方法以及结构紧凑之要求进行综合考虑,各级传动比一般应以"先大后小"原则处理。

③ 输出轴转角误差最小原则。

设齿轮传动系统中各级齿轮的转角误差换算到末级输出轴上的总转角误差为 $\Delta\phi_{max}$,则

$$\Delta\phi_{max} = \sum_{k=1}^{n}\left(\frac{\Delta\phi_k}{i_{kn}}\right)$$

式中,$\Delta\phi_k$ 为第 k 个齿轮所具有的转角误差;i_{kn} 为第 k 个齿轮的转轴至第 n 级输出轴的传动比。例如,对于一个四级齿轮传动系统,设各齿轮的传动误差分别为 $\Delta\phi_1,\Delta\phi_2,\cdots,\Delta\phi_8$,则换算到末级输出轴上的总转角误差为

$$\Delta\phi_{max} = \frac{\Delta\phi_1}{i} + \frac{\Delta\phi_2+\Delta\phi_3}{i_2 i_3 i_4} + \frac{\Delta\phi_4+\Delta\phi_5}{i_3 i_4} + \frac{\Delta\phi_6+\Delta\phi_7}{i_4} + \Delta\phi_8$$

上述计算对小功率传动比较符合实际,而对于大功率传动,由于转矩较大,需要按其他法则进行计算。为提高机电一体化系统中齿轮传动系统传递运动的精度,各级传动比应按"先小后大"原则分配,以便降低齿轮的加工误差、安装误差以及回转误差对输出转角精度的影响。由此可知总转角误差主要取决于最末一级齿轮的转角误差和传动比的大小。在设计中最末两级的传动比应取大一些,并尽量提高最末一级齿轮副的加工精度。

综上所述,在设计中应根据上述原则并结合实际情况的可行性和经济性对转动惯量、结构尺寸和传动精度提出适当要求。① 对于要求体积小、重量轻的齿轮传动系统可用重量最轻原则;② 对于要求运动平稳、起停频繁和动态性能好的伺服系统的减速齿轮系,可按最小等效转动惯量和总转角误差最小的原则来处理;③ 对于提高传动精度和减小回程误差为主的传动齿轮系,可按总转角误差最小原则;④ 对于以较大传动比传动的齿轮系,往往需要将定轴轮系和行星轮系巧妙结合为混合轮系。对于相当大的传动比,并且要求传动精度与传动效率高、传动平稳、体积小、重量轻时,可选用谐波齿轮传动。

2) 齿轮传动的消隙机构

齿轮传动中的齿侧间隙的存在,不仅会影响机电一体化系统的传动精度,还会在电动机驱动系统中引起严重的噪声。因此,对于机电一体化的齿轮传动,一般要求采取措施消除齿侧间隙。圆柱齿轮传动侧隙的调整有偏心轴套调整、双片薄齿轮错齿调整和垫片调整等多种方法。各种侧隙调整方法各有优缺点,应根据设计需要合理选用。

(1) 偏心套(轴)调整法。如图 2-20 所示,将相互啮合的一对齿轮中的一个齿

轮4装在电动机输出轴上,并将电动机2安装在偏心套1(或偏心轴)上,通过转动偏心套(偏心轴)的转角,就可调节两啮合齿轮的中心距,从而消除圆柱齿轮正、反转时的齿侧间隙。该法的特点是结构简单,但其侧隙不能自动补偿。

(2) 轴向垫片调整法。如图2-21所示,齿轮1和2相啮合,其分度圆弧齿厚沿轴线方向略有锥度,这样就可以用轴向垫片3使齿轮2沿轴向移动,从而消除两齿轮的齿侧间隙。装配时轴向垫片3的厚度应使得齿轮1和2之间既齿侧间隙小,又运转灵活。特点同偏心套(轴)调整法。

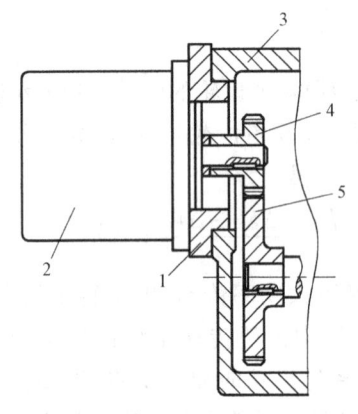
图2-20 偏心套式调隙机构
1-偏心套;2-电动机;3-减速箱;4、5-减速齿轮

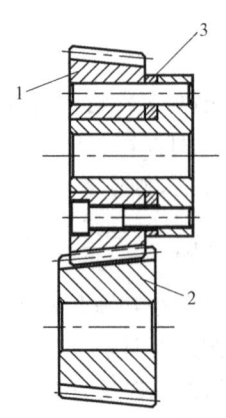
图2-21 圆柱齿轮轴向垫片调隙机构
1、2-齿轮;3-垫片

(3) 双片薄齿轮错齿调整法。这种消除齿侧间隙的方法是将其中一个齿轮做成宽齿轮,另一个齿轮用两片薄齿轮组成。采取措施使一个薄齿轮的左齿侧和另一个薄齿轮的右齿侧分别紧贴在宽齿轮齿槽的左、右两侧,以消除齿侧间隙,反向转动时不会出现死区,具体调整措施如下:

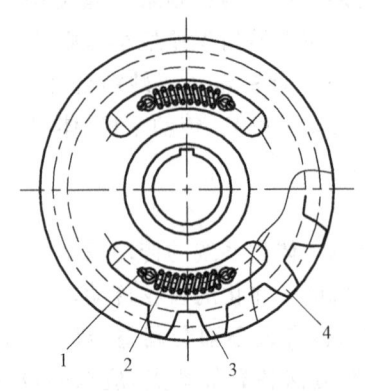
图2-22 薄片齿轮周向拉簧错齿调隙机构

周向弹簧式(见图2-22)在两个薄片齿轮3和4上各开了几条周向圆弧槽,并在齿轮3和4的端面上有安装弹簧2的短柱1。在弹簧2的作用下使薄片齿轮3和4错位而消除齿侧间隙。这种结构形式中的弹簧2的拉力必须足以克服驱动转矩才能起作用。但该方法受到周向圆弧槽及弹簧尺寸限制,故仅适用于读数装置而不适用于驱动装置。

为使弹簧拉力可调,可采用可调拉簧式(见图2-23),在两个薄片齿轮1上装有凸耳3,齿轮2上装有螺钉7,弹簧的一端钩在凸耳3上,另

一端钩在螺钉 7 上。弹簧 4 的拉力大小可用螺母 5 通过调节螺钉 7 的伸出长度而实现齿侧间隙的消除,调整好后再用螺母 6 锁紧。

各种侧隙调整方法各有优缺点,应根据设计需要合理选用。

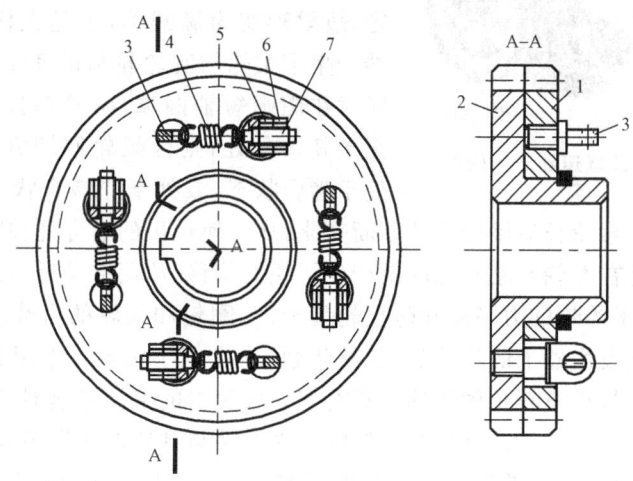

图 2-23 可调拉簧式调隙机构

3) 谐波齿轮传动

谐波齿轮传动具有结构简单、传动比范围大(几十至几百)、传动精度高、回程误差小、噪声低、传动平稳、承载能力强和效率高等一系列优点,故在工业机器人、航空航天等领域机电一体化系统中得到广泛应用。

图 2-24 为小型谐波齿轮减速器结构图,其传动啮合原理如图 2-25 所示,主要由三个主要构件组成(见图 2-26),即具有内齿的刚轮、具有外齿的柔轮和波发生器。这三个构件和少齿差行星传动中的中心内齿轮、行星轮和系杆相当。通常波

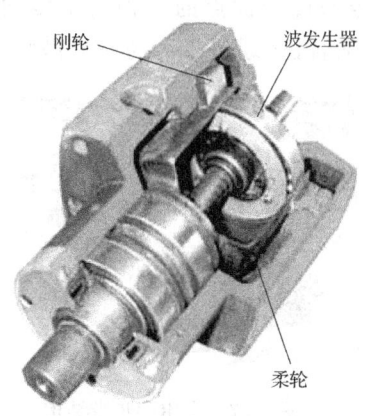

图 2-24 谐波减速器结构

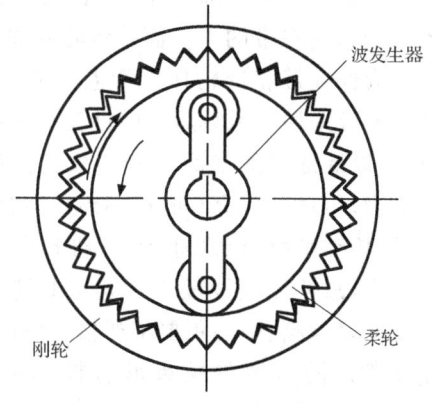

图 2-25 谐波齿轮啮合原理

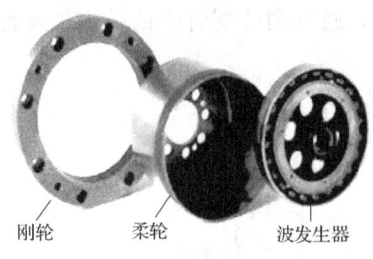

图 2-26 谐波减速器三大构件

发生器为主动件,而刚轮和柔轮之一为从动件,另一个为固定件。当波发生器装入柔轮内孔时,由于前者的总长度略大于后者的内孔直径,故柔轮变为椭圆形,于是在椭圆的长轴两端产生了柔轮与刚轮轮齿的两个局部啮合区;同时在椭圆短轴两端,两轮轮齿则完全脱开。至于其余各处,则因柔轮回转方向的不同,或处于啮合状态,或处于非啮合状态。当波发生器连续转动时,柔轮长短轴的位置不断变化,从而使轮齿的啮合处和脱开处也随之不断变化,于是在柔轮与刚轮之间就产生了相对位移,从而传递运动。

为了有利于柔轮的力平衡和防止轮齿干涉,刚轮和柔轮的齿数差应等于波发生器波数(即波发生器上的滚轮数)的整倍数,通常等于波数。常用有两个触头的即为双波发生器,也有三个触头的。具有双波发生器的谐波减速器,其刚轮和柔轮的齿数之差为 $z_g - z_r = 2$。其椭圆长轴的两端柔轮与刚轮的牙齿相啮合,在短轴方向的牙齿完全分离。当波形发生器逆时针转一圈时,两轮相对位移为两个齿距。当刚轮固定时,则柔轮的回转方向与波形发生器的回转方向相反。

由于在谐波齿轮传动过程中,柔轮与刚轮的啮合过程与行星齿轮传动类似,故其传动比可按周转轮系的计算方法求得。

5. 挠性传动

除滚珠丝杠副、齿轮副等传动部件之外,机电一体化系统中还大量使用同步齿形带、钢带、链条、钢丝绳及尼龙绳等挠性传动部件。

1) 同步带传动

同步带传动是综合了普通带传动和链轮链条传动优点的一种新型传动(见图 2-27),它在带的工作面及带轮外周上均制有啮合齿,通过带齿与轮齿做啮合传动。为保证带和带轮作无滑差的同步传动,其齿形带采用了承载后无弹性变形的高强力材料,以保证带的节距不变。故它具有传动比准确、传动效率高(可达 98%)、能吸振、噪声低、传动平稳、能高速传动、维护保养方便等优点,故使用范围较广。其主要缺点是安装精度要求高、中心距要求严格,具有一定的蠕变性。同步带带轮齿形有梯形齿形(见图 2-28)和圆弧齿形。

图 2-27 常用同步带结构

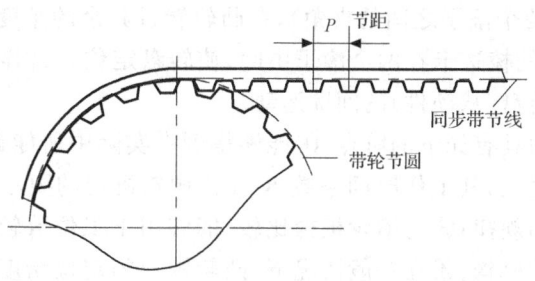

图 2-28 梯形齿同步带传动

2) 钢带传动

钢带传动的特点是钢带与带轮间接触面积大、无间隙、摩擦阻力大、无滑动、结构简单紧凑、运行可靠、噪声低、驱动力大、寿命长、钢带无蠕变。

3) 绳轮传动

绳轮传动具有结构简单、传动刚度大、结构柔软、成本较低、噪声低等优点。其缺点是带轮较大、安装面积大,加速度不易太高。

6. 间歇传动

机电一体化系统中常用的间歇传动有棘轮传动、槽轮传动、蜗形凸轮传动等部件。这些传动部件可将输入的连续运动转换为间歇运动。其基本要求是移位迅速、移位过程中运动无冲击、停位准确可靠。

图 2-29 所示为蜗形凸轮传动机构。它由转盘 1 和安装在转盘上的滚子 2 和蜗形凸轮 3 组成。蜗形凸轮 3 以角速度 ω 连续旋转,当凸轮转过 θ(中心角)时,转

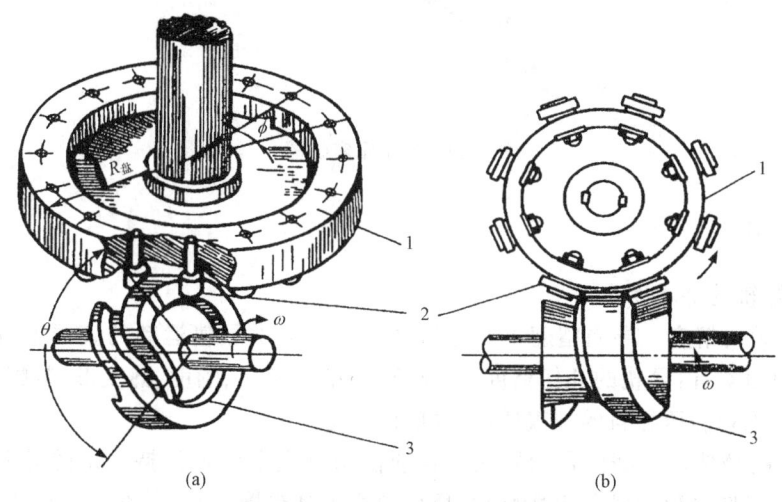

图 2-29 蜗形凸轮传动机构

1-转盘;2-滚子;3-蜗形凸轮

盘就转过 φ（相邻两个滚子之间的夹角），在凸轮转过其余的角度 $2\pi-\theta$ 时,转盘停止不动,并靠凸轮的棱边卡在两个滚子中间,使转盘定位。这样,凸轮（主动件）的连续运动就变成转盘（从动件）的间歇运动。

蜗形凸轮机构具有如下的特点：①能够得到在实际中所能遇到的任意的转位时间与静止时间之比,其工作时间系数 $K_{工作}$ 比槽轮机构的要小；②能够实现转盘所要求的各种运动规律；③与槽轮机构比较,能够用于工位数较多的设备上,而不需加入其他的传动机构；④在一般情况下,凸轮棱边的定位精度已能满足要求,而不需其他定位装置；⑤有足够高的刚度；⑥装配方便；⑦不足之处是它的加工工作量特别大,因而成本较高。

2.2.3 机械导向机构

机电一体化系统要求其机械系统的各运动机构需得到可靠的支承,并能准确地完成其特定方向的运动,该任务由导向机构来完成。机电一体化系统的导向机构是导轨副（见图 2-30）,简称导轨,其作用是支承和导向。一副导轨主要由两部分组成,在工作时一部分固定不动,称为支承导轨（或导轨）,另一部分相对支承导轨做直线或回转运动,称为动导轨（或滑座）。

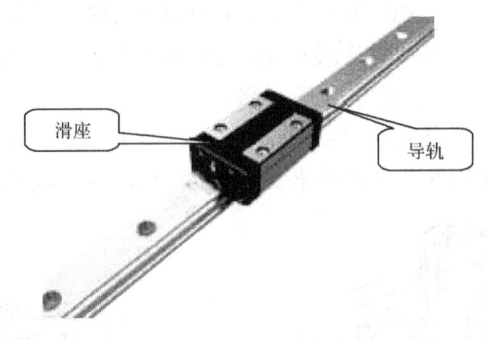

图 2-30 导轨副实物图

1. 概述

1) 导轨的基本要求

（1）导向精度。导向精度主要是指动导轨沿支承导轨运动的直线度或圆度。影响它的因素有：导轨的几何精度、接触精度、结构形式、刚度、热变形、装配质量以及液体动压和静压导轨的油膜厚度、油膜刚度等。

（2）耐磨性。耐磨性是指导轨在长期使用过程中能否保持一定的导向精度。因导轨在工作过程中难免有所磨损,所以应力求减少磨损量,并在磨损后能自动补偿或便于调整。

(3) 疲劳和压溃。导轨面由于过载或接触应力不均匀而使导轨表面产生弹性变形,反复运行多次后就会形成疲劳点,呈塑性变形,表面形成龟裂、剥落而出现凹坑,这种现象就是压溃。疲劳和压溃是滚动导轨失效的主要原因,为此应控制滚动导轨承受的最大载荷和受载的均匀性。

(4) 刚度。导轨受力变形会影响导轨的导向精度及部件之间的相对位置,因此要求导轨应有足够的刚度。为减轻或平衡外力的影响,可采用加大导轨尺寸或添加辅助导轨的方法提高刚度。

(5) 低速运动平稳性。低速运动时,作为运动部件的动导轨易产生爬行现象。低速运动的平稳性与导轨的结构和润滑,动、静摩擦系数的差值以及导轨的刚度等有关。

(6) 结构工艺性。设计导轨时,要注意到制造、调整和维修方便,力求结构简单,工艺性及经济性好。

(7) 对温度的敏感性。导轨在环境温度变化的情况下应能正常工作,既不"卡死",亦不影响系统的运动精度。导轨对温度变化的敏感性,主要取决于导轨材料和导轨配合间隙的选择。

2) 导轨的分类和特点

常用的导轨种类很多,按其接触面的摩擦性质可分为滑动导轨、滚动导轨、流体介质摩擦导轨等。按其结构特点可分为开式(借助重力或弹簧弹力保证运动件与承导面之间的接触)导轨和闭式(只靠导轨本身的结构形状保证运动件与承导面之间的接触)导轨。

(1) 滑动导轨。两导轨工作面的摩擦性质为滑动摩擦。滑动导轨结构简单,制造方便,刚度好,抗振性高,是机械产品中最广泛使用的导轨形式。为减小磨损,提高定位精度,改善摩擦特性,通常选用合适的导轨材料,采用适当的热处理和加工方法,如采用优质铸铁、合金耐磨铸铁或镶淬火钢导轨,采用导轨表面滚轧强化,表面淬硬、涂铬、涂钼等方法提高导轨的耐磨性。另外采用新型工程塑料可满足导轨低摩擦、耐磨、无爬行的要求。

(2) 滚动导轨。两导轨表面之间为滚动摩擦,导向面之间放置滚珠、滚柱或滚针等滚动体来实现两导轨无滑动地相对运动。这种导轨磨损小,寿命长,定位精度高,灵敏度高,运动平稳可靠,但结构复杂,几何精度要求高,抗振性较差,防护要求高,制造困难,成本高。它适用于工作部件要求移动均匀、动作灵敏以及定位精度高的场合,因此在高精密的机电一体化产品中广泛应用。

3) 导轨副的设计要点

设计导轨应包括下列几方面内容:

(1) 根据工作条件,选择合适的导轨类型;

(2) 选择导轨的截面形状,以保证导向精度;

(3) 选择适当的导轨结构及尺寸,使其在给定的载荷及工作温度范围内,有足够的刚度、良好的耐磨性以及运动轻便和低速平稳性;

(4) 选择导轨的补偿及调整装置,经长期使用后,通过调整能保持所需要的导向精度;

(5) 选择合理的耐磨涂料、润滑方法和防护装置,使导轨有良好的工作条件,以减少摩擦和磨损;

(6) 制订保证导轨所必需的技术条件,如选择适当的材料以及热处理、精加工和测量方法等。

2. 滚动直线导轨

目前各种滚动导轨基本已实现生产的系列化,因此本节重点介绍滚动直线导轨的选用方法和有关计算。

1) 滚动直线导轨的特点

(1) 承载能力大。其滚道采用圆弧形式,增大了滚动体与圆弧滚道接触面积,从而大大提高了导轨的承载能力,可达到平面滚道形式的13倍。

(2) 刚性强。在该导轨制作时,常需要预加载荷,这使导轨系统刚度得以提高。所以滚动直线导轨在工作时能承受较大的冲击和振动。

(3) 寿命长。由于是纯滚动,摩擦系数为滑动导轨的1/50左右,磨损小,因而寿命长,功耗低,便于机械小型化。

(4) 传动平稳可靠。由于摩擦力小,动作轻便,因而定位精度高,微量移动灵活准确。

(5) 具有结构自调整能力。装配调整容易,因此降低了对配件加工精度要求。

2) 滚动直线导轨的分类

(1) 按滚动体的形状分为钢珠式和滚柱式,如图2-31(a)、(b)所示。由于滚柱式导轨为线接触,故其有较高的承载能力,但摩擦力也较高,同时加工装配也相对复杂。目前使用较多的是钢珠式。

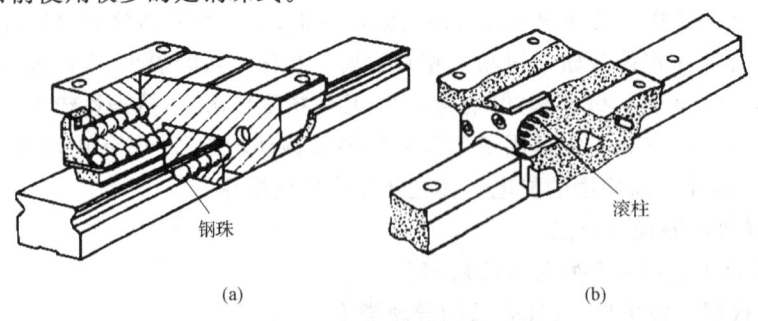

图 2-31 滚动直线导轨滚动体形式

(2) 按导轨截面形状分为矩形和梯形。导轨截面为矩形,承载时各方向受力大小相等。梯形截面导轨能承受较大的垂直载荷,而其他方向的承载能力较低,但对于安装基准的误差调节能力较强。

(3) 按滚道沟槽形状分为单圆弧和双圆弧。单圆弧沟槽为两点接触,双圆弧沟槽为四点接触。前者的运动摩擦和对安装基准的误差平均作用比后者要小,但其静刚度比后者稍差。

3) 滚动直线导轨的选择程序

在设计选用滚动直线导轨时,除应对其使用条件,包括工作载荷、精度要求、速度、工作行程、预期工作寿命进行研究外,还须对其刚度、摩擦特性及误差平均作用、阻尼特征等综合考虑,从而实现正确合理的选用,以满足主机技术性能的要求。

滚动直线导轨的选择程序如图 2-32 所示。

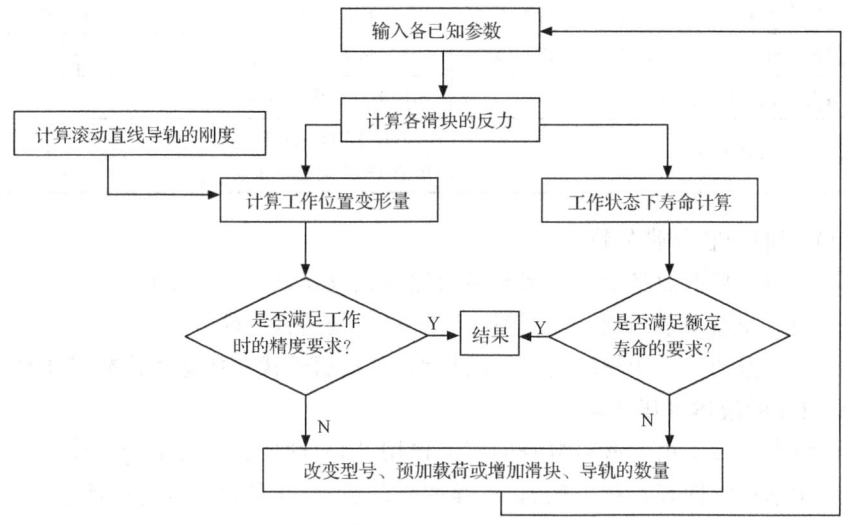

图 2-32 滚动直线导轨的选择程序

3. 塑料导轨

近年来由于新型工程材料的出现,导轨的选材已不仅仅局限于金属材料及对金属材料的加工上。现在各种塑料导轨制品纷纷涌现,并形成各种系列,这不仅降低了导轨的生产成本,而且提高了导轨的抗振性、耐磨性、低速运动平稳性。下面介绍几种在国内外应用广泛的塑料导轨及其使用方法。

1) 塑料导轨软带

这种导轨软带的材料以聚四氟乙烯为基体,加入青铜粉、二硫化钼和石墨等填充剂混合烧结,并做成软带状。目前同类产品常用的有美国的 Shamban 公司的

Turcite-B 和我国广州的 TSF 等。各类产品的性能指标见表 2-2。

表 2-2　导轨软带主要技术性能表

技术性能	Turcite-B	TSF	国内外其他产品
摩擦系数	0.065	0.025	0.018～0.04
压缩永久变形率/%	1.0(3MPa)	0.5(3MPa)	<1.0(10MPa)
磨损系数/[$cm^3 \cdot min(MPa \cdot m \cdot h)^{-1}$]	6.8×10^{-10}	5.6×10^{-10}	<0.003mm/60km (1.2MPa×10m/min)
极限 pv 值/(MPa·m·min^{-1})	23	30	30～39
抗拉强度/MPa	14.1	14.1	13～32
硬度(HBS)	9.27	9.27	6～10
相对密度	3	2.9	2.1～3.1
膨胀系数/[$cm(cm \cdot ℃)^{-1}$]	11×10^{-5}	9.8×10^{-5}	<9.8×10^{-5}
比磨损率/[$mm^3(MPa \cdot km)^{-1}$]	11×10^{-6}	9.4×10^{-6}	—
老化后抗拉强度/MPa	—	13.9(露天老化 3 年)	—
工作温度/℃	—	18.5(L-AN46 全损耗系统用油 130℃老化一星期)	-218～+260℃

(1) 塑料导轨软带的特点。

① 摩擦系数低而稳定。其摩擦系数比铸铁导轨低一个数量级。

② 动静摩擦系数相近。其低速运动平稳性较铸铁导轨好。

③ 吸收振动。由于材料良好的阻尼性,其抗振性优于接触附度较低的滚动导轨和易漂浮的液体静压导轨。

④ 耐磨性好。由于材料自身的润滑作用,因而即使无润滑也能工作。

⑤ 化学稳定性好。耐高低温,耐强酸强碱、强氧化剂及各种有机溶剂。

⑥ 维护修理方便。导轨软带使用方便,磨损后更换容易。

⑦ 经济性好。结构简单、成本低,约为滚动导轨成本的 1/20、三层复合材料 DU 导轨板成本的 1/4。

(2) 塑料导轨软带的使用。

塑料导轨软带的粘接方法简单,通常采用粘接材料将其贴在所需处作为导轨表面,如图 2-33 所示。软带的粘接操作如下:

① 切制软带。按导轨面的几何尺寸放出适当余量切制。

② 清洗软带。用汽油或丙酮等清洁剂将软带清洗干净。

③ 软带表面处理。软带材料一般具有不可粘性,要用生产厂指定的表面处理剂配成溶液浸泡软带使其表面产生可粘性,然后再清洗、干燥。

④ 被粘表面的准备。把被粘的金属表面粗糙度加工到 R_a 为 3.2～1.6μm 和

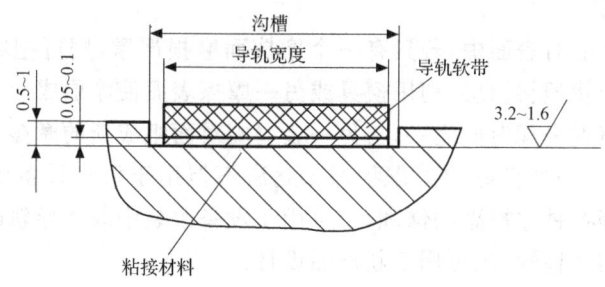

图 2-33 塑料导轨软带的粘接

相应的表面精度,且清洗干净。

⑤ 软带粘贴。用生产厂指定的配套胶粘剂以一定厚度均匀涂布在软带和被粘表面,然后将软带粘上,并要求胶层与软带间无气泡。

⑥ 加压固化。在压力 0.1~0.15MPa,温度 10~30℃下经 24h 固化。

⑦ 检查粘接质量。观察表面是否合乎要求。用小木锤轻敲整个软带表面,若敲打的声响音调一致,表明粘接质量良好。

⑧ 配合表面加工至配合精度要求,开油槽。

2) 金属塑料复合导轨板

如图 2-34 所示,该导轨板分为三层,内层钢背保证导轨板的机械强度和承载能力。钢背上镀铜烧结球形青铜粉或者铜丝网形成多孔中间层,以提高导轨板的导热性,然后用真空浸渍的方法,使塑料进入孔或网中。当青铜与配合面摩擦发热时,由于塑料的热胀系数远大于金属,因而塑料将从多孔层的孔隙中挤出,向摩擦表面转移补充,形成厚 0.01~0.05mm 的表面自润滑塑料层——外层。

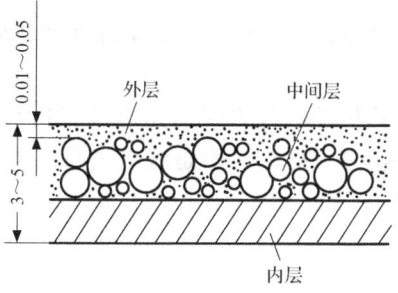

图 2-34 金属塑料复合导轨板

这种复合导轨板以英国 Glacier 公司的 DU 和 DX 最有代表性。我国北京机床研究所研制的 FQ-1 复合导轨板及江苏、浙江、辽宁生产的导轨板与国外产品性能类似。金属塑料导轨板的特点是摩擦特性优良、耐磨损。

3) 塑料涂层

摩擦副的两配对表面中,若只有一个摩擦面磨损严重,则可把磨损部分切除,涂敷配制好的胶状塑料涂层,利用模具或另一摩擦表面使涂层成形,固化后的塑料涂层即成为摩擦副中配对面之一,与另一金属配对面组成新的摩擦副,利用高分子材料的性能特点,得到良好的工作状态。此法不但用于机械设备中导轨、滑动轴承、蜗杆、齿条等各种摩擦副的修理,也可用于设备改装中改善导轨的运动特性,特别是低速运动的平稳性,还可用于新产品设计。

2.2.4 机械执行机构

1. 机械执行机构的基本要求

1) 惯量小、动力大

表征执行机构惯量的性能指标:对直线运动为质量 m,对回转运动为转动惯量 J。表征输出动力的性能指标为推力 F、转矩 T 或功率 P。对直线运动来说,设加速度为 a,则推力 $F=ma$, $a=F/m$。对回转运动来说,设角速度为 ω,角加速度为 ε,则 $P=\omega T$, $\varepsilon=T/J$, $T=J\varepsilon$。a 与 ε 表征了执行机构的加速性能。

另一种表征动力大小的综合性能指标称为比功率。它包含了功率、加速性能与转速三种因素,即比功率 $=P\varepsilon/\omega=\omega TT/J\omega=T^2/J$。

2) 体积小、重量轻

既要缩小执行机构的体积、减小重量,同时又要增大其动力,故通常用执行机构的单位重量所能达到的输出功率或比功率,即用功率密度或比功率密度来评价这项指标。设执行机构的重量为 G,则功率密度 $=P/G$,比功率密度 $=(T^2/J)/G$。

3) 便于维修、安装

执行机构最好不需要维修。无刷 DC 及 AC 伺服电动机就是走向无维修的一例。

4) 易于计算机控制

根据这个要求,用计算机控制最方便的是电气式执行机构。因此机电一体化系统所用执行机构的主流是电气式,其次是液压式和气压式(在驱动接口中需要增加电-液或电-气变换环节)。

2. 微动执行机构

1) 热变形式

热变形式执行机构属于微动机构,该类机构利用电热元件作为动力源,电热元件通电后产生的热变形实现微小位移,其工作原理如图 2-35 所示。传动杆 1 的一端固定在机座上,另一端固定在沿导轨移动的运动件 3 上。电阻丝 2 通电加热时,传动杆 1 受热伸长,其伸长量为

$$\Delta L = \alpha L(t_1 - t_0) = \alpha L \Delta t$$

式中,α 为传动杆 1 材料的线性膨胀系数(m/℃);L 为传动杆长度(mm);t_1 为加热后的温度(℃);t_0 为加热前的温度(℃);Δt 为加热前后的温度差(℃)。

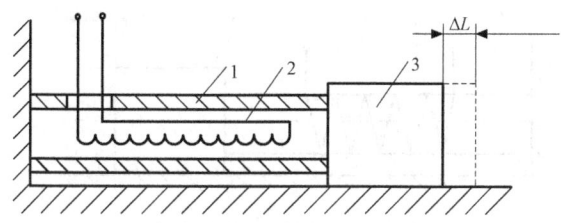

图 2-35 热变形式微动机构原理

当传动杆 1 由于伸长而产生的力大于导轨副中的静摩擦力时,运动件 3 就开始移动。理想情况为运动件的移动量等于传动杆的伸长量;但由于导轨副摩擦力性质、位移速度、运动件质量以及系统阻尼的影响,实际运动件的移动量与传动件的伸长量有一定差值,称为运动误差,即

$$\Delta S = \pm \frac{CL}{EA}$$

式中,C 为考虑到摩擦阻力、位移速度和阻尼的系数;E 为传动杆材料的弹性模量(Pa);A 为传动杆的截面积(m^2)。

所以,位移的相对误差为

$$\frac{\Delta S}{\Delta L} = \pm \frac{C}{EA\alpha\Delta t} \tag{2-5}$$

为减少微量位移的相对误差,应增加传动杆的弹性模量 E、线性膨胀系数 α 和截面积 A,因此作为传动杆的材料,其线性膨胀系数和弹性模量要高。

热变形微动机构可利用变压器、变阻器等来调节传动杆的加热速度,以实现对位移速度和微进给量的控制。为了使传动杆恢复到原来的位置(或使运动件复位),可利用压缩空气或乳化液流经传动杆的内腔使之冷却。

热变形微动机构具有高刚度和无间隙的优点,并可通过控制加热电流来得到所需微量位移;但由于热惯性以及冷却速度难以精确控制等原因,这种微动系统只适用于行程较短、频率不高的场合。

2) 磁致伸缩式

该类机构利用某些材料在磁场作用下具有改变尺寸的磁致伸缩效应来实现微量位移,其原理如图 2-36 所示。磁致伸缩棒 1 左端固定在机座上,右端与运动件 2 相连;绕在伸缩棒外的磁致线圈通电励磁后,在磁场作用下,棒 1 产生伸缩变形而使运动件 2 实现微量移动。通过改变线圈的通电电流来改变磁场强度,使棒 1 产生不同的伸缩变形,从而运动件可得到不同的位移量。在磁场作用下,伸缩棒的变

形量为

$$\Delta L = \pm \lambda L$$

式中，λ 为材料磁致伸缩系数（$\mu m/m$）；L 为伸缩棒被磁化部分的长度（m）。

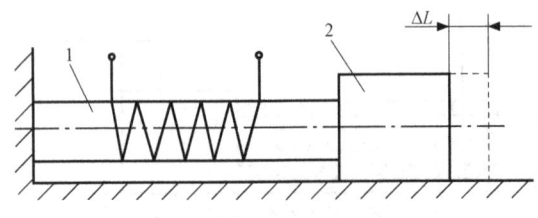

图 2-36　磁致伸缩式原理
1-磁致伸缩棒；2-运动件

当伸缩棒变形时产生的力能克服运动件导轨副的摩擦时，运动件产生位移，其最小位移量为

$$\Delta L_{\min} > F_0/K$$

最大位移量为

$$\Delta L_{\max} \leqslant \lambda_S L - F_d/K$$

式中，F_0 为导轨副的静摩擦力；F_d 为导轨副的动摩擦力；K 为伸缩棒的纵向刚度；λ_S 为磁饱和时伸缩棒的相对磁致伸缩系数。

磁致伸缩式微动机构的特征为重复精度高，无间隙，刚度好，转动惯量小，工作稳定性好，结构简单、紧凑；但由于工程材料的磁致伸缩量有限，该类机构所提供的位移量很小，如 100mm 长的铁钴矾棒，磁致伸缩只能伸长 $7\mu m$，因而该类机构适用于精确位移调整、切削刀具的磨损补偿及自动调节系统。

3. 工业机械手末端执行器

工业机械手是一种自动控制、可复重编程、多自由度的操作机，是能搬运物料、工件或操作工具以及完成其他各种作业的机电一体化设备。工业机械手末端执行器装在操作机械手腕的前端，是直接执行操作功能的机构。

末端执行器因用途不同而结构各异，一般可分为三大类：机械夹持器、特种末端执行器、万能手（或灵巧手）。

1) 机械夹持器

它是工业机械手中最常用的一种末端执行器。

(1) 机械夹持器应具备的基本功能。首先它应具有夹持和松开的功能。夹持器夹持工件时，应有一定的力约束和形状约束，以保证被夹工件在移动、停留和装入过程中不改变姿态。当需要松开工件时，应完全松开。另外它还应保证工件夹持姿态再现几何偏差在给定的公差带内。

(2) 分类和结构形式。机械夹持器常用压缩空气作动力源,经传动机构实现手指的运动。根据手指夹持工件时的运动轨迹的不同,机械夹持器分为圆弧开合型、圆弧平行开合型和直线平行开合型。

① 圆弧开合型。在传动机构带动下,手指指端的运动轨迹为圆弧。如图 2-37 所示,图 2-37(a)采用凸轮机构作为传动件,图 2-37(b)采用连杆机构作为传动件。夹持器工作时,两手指绕支点做圆弧运动,同时对工件进行夹紧和定心。这类夹持器对工件被夹持部位的尺寸有严格要求,否则可能会造成工件状态失常。

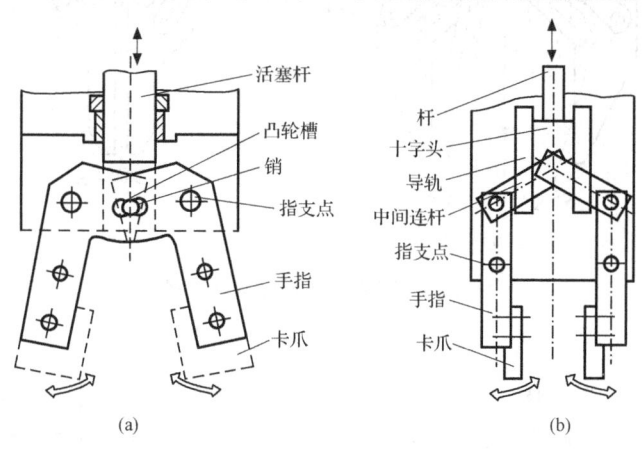

图 2-37 圆弧开合型夹持器

② 圆弧平行开合型。这类夹持器两手指工作时做平行开合运动,而指端运动轨迹为一圆弧。图 2-38 所示的夹持器是采用平行四边形传动机构带动手指的平行开合的两种情况,其中图 2-38(a)所示机构在夹持时指端前进,图 2-38(b)所示机构在夹持时指端后退。

③ 直线平行开合型。这类夹持器两手指的运动轨迹为直线,且两指夹持面始终保持平行,如图 2-39 所示。图 2-39(a)采用凸轮机构实现两手指的平行开合,在各指的滑动块上开有斜形凸轮槽,当活塞杆上下运动时,通过装在其末端的滚子在凸轮槽中运动实现手指的平行夹持运动。图 2-39(b)采用齿轮齿条机构,当活塞杆末端的齿条带动齿轮旋转时,手指上的齿条做直线运动,从而使两手指平行开合,以夹持工件。

夹持器根据作业的需要形式繁多,有时为了抓取特别复杂形体的工件,还设计有特种手指机构的夹持器,如具有钢丝绳滑轮机构的多关节柔性手指夹持器、膨胀式橡胶手袋手指夹持器等。

2) 特种末端执行器

特种末端执行器供工业机器人完成某类特定的作业,下面简单介绍其中的两种。

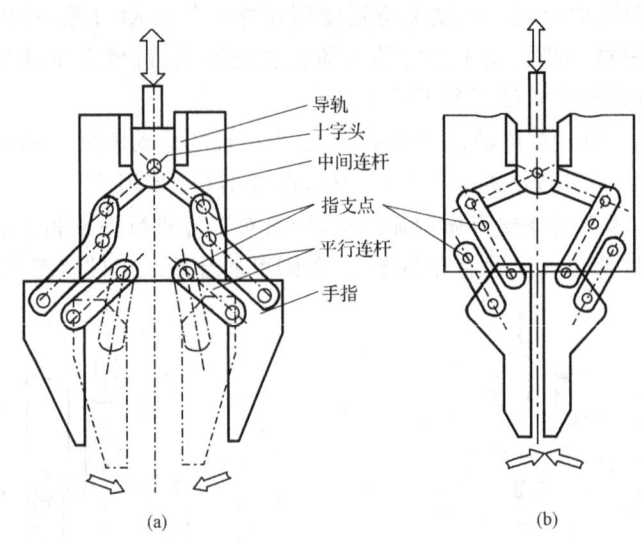

图 2-38 圆弧平行开合型夹持器

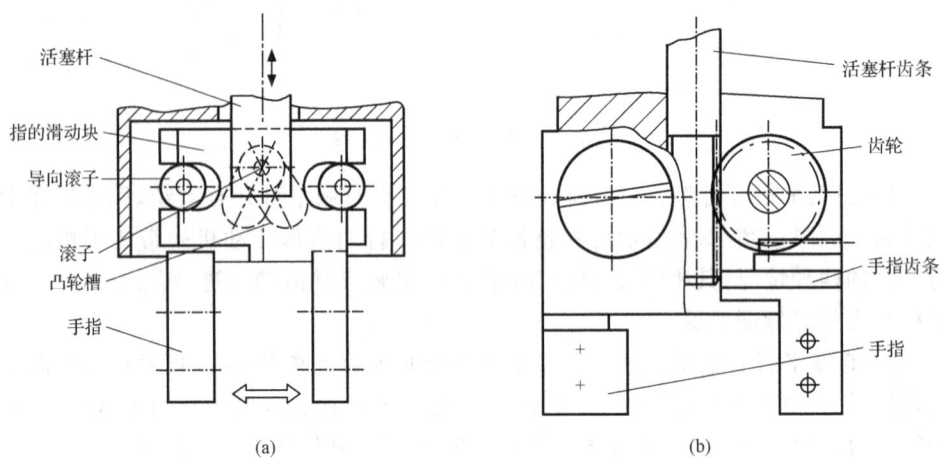

图 2-39 直线平行开合型夹持器

(1) 真空吸附手。工业机器人中常把真空吸附手与负压发生器组成一个工作系统(见图 2-40),控制电磁换向阀的开合可实现对工件的吸附和脱开。它结构简单,价格低廉,且吸附作业具有一定柔顺性(见图 2-41),这样即使工件有尺寸偏差和位置偏差也不会影响吸附手的工作。它常用于小件搬运,也可根据工件形状、尺寸、重量的不同将多个真空吸附手组合使用。

(2) 电磁吸附手。它利用通电线圈的磁场对可磁化材料的作用力来实现对工件的吸附作用。它同样具有结构简单、价格低廉等特点,但其最特殊的是,它吸附

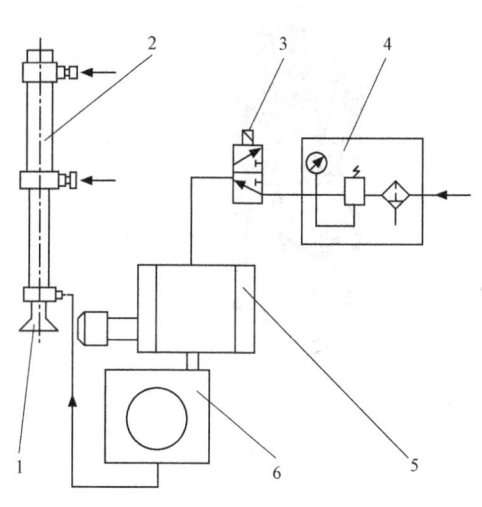
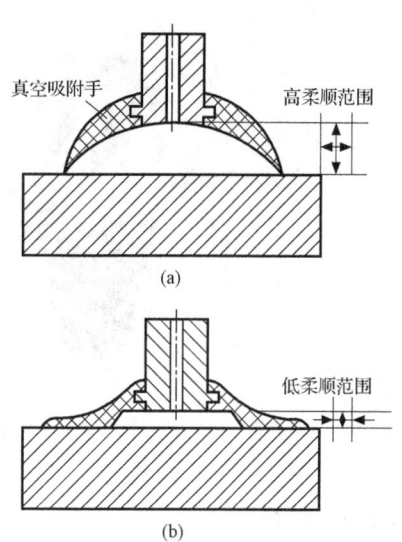

图 2-40 负压真空吸附系统
1-真空吸附手；2-送进缸；3-电磁换向阀；4-调压单元；
5-负压发生器；6-空气净化过滤器

图 2-41 真空吸附手的柔顺性
(a) 高柔顺状态；(b) 低柔顺状态

工件的过程是从不接触工件开始的，工件与吸附手接触之前处于漂浮状态，即吸附过程由极大的柔顺状态突变到低的柔顺状态。这种吸附手的吸附力是由通电线圈的磁场提供的，所以可用于搬运较大的可磁化性材料的工件。

吸附手的形式根据被吸附工件表面形状来设计，用于吸附平坦表面工件的应用场合较多。图 2-42 所示的电磁吸附手可用于吸附不同的曲面工件，这种吸附手在吸附部位装有磁粉袋，线圈通电前将可变形的磁粉袋贴在工件表面上，当线圈通电励磁后，在磁场作用下，磁粉袋端部外形固定成被吸附工件的表面形状，从而达到吸附不同表面形状工件的目的。

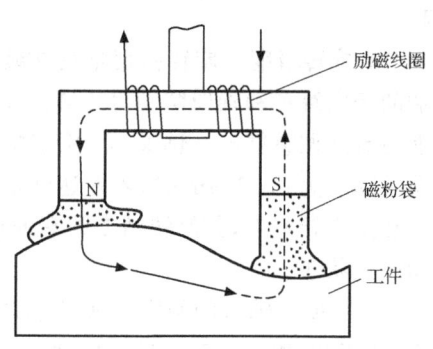

图 2-42 具有磁粉袋的电磁吸附手

(3) 灵巧手。它是一种模仿人手制作的多指多关节的机器人末端执行器。它可适应物体外形的变化，对物体进行任意方向、任意大小的夹持力，可满足对任意形状、不同材质的物体操作和抓持要求，但其控制、操作系统技术难度较大。图 2-43 为灵巧手的一个实例。

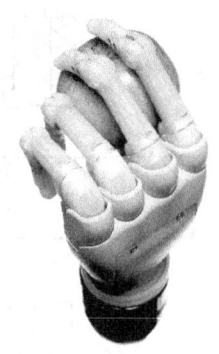
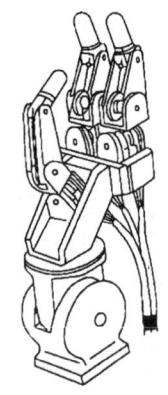

图 2-43 灵巧手

2.2.5 轴系

轴系由轴及安装在轴上的齿轮、带轮等传动部件组成。轴系的主要作用是传递扭矩及传动精确的回转运动,它直接承受外力(力矩)。

1. 轴系设计的基本要求

轴系分为主轴轴系和中间传动轴轴系。对于中间传动轴轴系一般要求不高。而对于完成主要作用的主轴轴系的旋转精度、刚度、热变形及抗振性等的要求较高。

(1) 旋转精度。旋转精度是指在装配之后,在无负载、低速旋转的条件下,轴前端的径向跳动和轴向窜动量。其大小取决于轴系各组成零件及支承部件的制造精度与装配调整精度。例如,采用高精密金刚石车刀的切削加工机床的主轴轴端径向跳动量为 $0.025\mu m$ 时,才能达到零件加工表面粗糙度 $R_a < 0.05\mu m$ 的要求。

在工作转速下,其旋转精度即它的运动精度取决于其转速、轴承性能以及轴系的动平衡状态。

(2) 刚度。轴系的刚度反映了轴系组件抵抗静、动载荷变形的能力。载荷为弯矩、转矩时,相应的变形量为挠度、扭转角,其刚度为抗弯刚度和抗扭刚度。轴系受载荷为径向力(如带轮、齿轮上承受的径向力)时会产生弯曲变形,所以除强度验算之外,还必须进行刚度验算。

(3) 抗振性。轴系的振动表现为强迫振动和自激振动两种形式。其振动原因有轴系组件质量不匀引起的不平衡、轴的刚度及单向受力等;它们直接影响旋转精度和轴承寿命。对高速运动的轴系必须以提高其静刚度、动刚度、增大轴系阻尼比等措施来提高轴系的动态性能,特别是抗振性。

(4) 热变形。轴系的受热会使轴伸长或使轴系零件间隙发生变化,影响整个传动系统的传动精度、旋转精度及位置精度。又由于温度的上升会使润滑油的黏度发生变化,使滑动或滚动轴承的承载能力降低,因此应采取措施将轴系部件的温升限制在一定范围之内。

(5) 轴上零件的布置。轴上传动件的布置是否合理对轴的受力变形、热变形及振动影响较大。传动齿轮应尽可能安置在靠近支承处,以减少轴的弯曲和扭转变形。例如,主轴上装有两对齿轮,均应尽量靠近前支承,并使传递扭矩大的齿轮副更靠近前支承,使主轴受扭转部分的长度尽可能缩短。传动齿轮的空间布置上,也应尽量避免弯曲变形的重叠。

(6) 轴系的驱动方法。由于电动机及传动系统的振动是主要振源之一,因此,设计时应重视合理选择轴系的驱动方法,以保证轴系的回转精度。例如,可采用卸荷皮带轮、卸荷轴承或挠性联轴器等方法减少或消除单向和不平稳驱动力直接作用在轴系上。

2. 轴系的分类、特点和结构形式

轴系因主轴轴颈与轴套之间的摩擦性质不同,主要有滑动轴承轴系、流体动压轴承和静压轴承轴系、磁悬浮轴承轴系、滚动轴承轴系等。

1) 滑动轴承轴系

如图 2-44 所示,这种轴系在轴颈与轴套之间注入润滑油介质起润滑作用。为了转动灵活,轴颈与轴套之间应具有一定间隙(一般不能小于 $2.5\mu m$,当转速增大时,间隙也应相应增大)。

滑动轴承轴系结构简单,制造方便,刚度和承载能力大,但抗振性和耐磨性较差,因此容易丧失精度。如采用锥形结构,磨损后间隙可以调整,但调整比较麻烦。

2) 流体动压轴承和静压轴承轴系

流体动压轴承轴系和静压轴承轴系阻尼性能好、支撑精度高、具有良好的抗振性和运动平稳性。按照油膜和气膜压强的形成方式分为动压、静压和动静压相结合三类轴系。目前使用的流体介质主要为液体和气体。

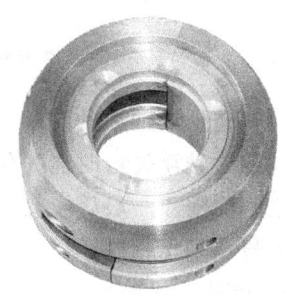

图 2-44 球面径向推力滑动轴承

动压轴承是在轴旋转时,油(气)被带入轴与轴承间所形成楔形间隙中,由于间隙逐渐变窄,使压强升高,将轴浮起而形成油(气)楔,以承受载荷。其承载能力与滑动表面的线速度成正比,低速时承载能力很低,故动压轴承只适用于速度很高、且速度变化不大的场合。

静压轴承是利用外部供油(气)装置将具有一定压力的液(气)体通过油(气)孔

进入轴套油(气)腔,将轴浮起而形成压力油(气)膜,以承受载荷。其承载能力与滑动表面的线速度无关,故广泛应用于低、中速,大载荷的机器。它具有刚度大、精度高、抗振性好、摩擦阻力小等优点。

3) 磁悬浮轴承轴系

磁悬浮轴承是利用磁场力将轴无机械摩擦、无润滑地悬浮在空间的一种新型轴承。其工作原理如图 2-45 所示。径向磁悬浮轴承由转子 4(转动部件)和定子 6(固定部件)两部分组成。定子部分装上电磁体,保持转子悬浮在磁场中。转子转动时,由位移传感器 5 检测转子的偏心,并通过反馈与基准信号 1(转子的理想位置)进行比较,调节器 2 根据偏差信号进行调节。并把调节信号送到功率放大器 3 以改变电磁体(定子)的电流,从而改变磁悬浮力的大小,使转子恢复到理想位置。

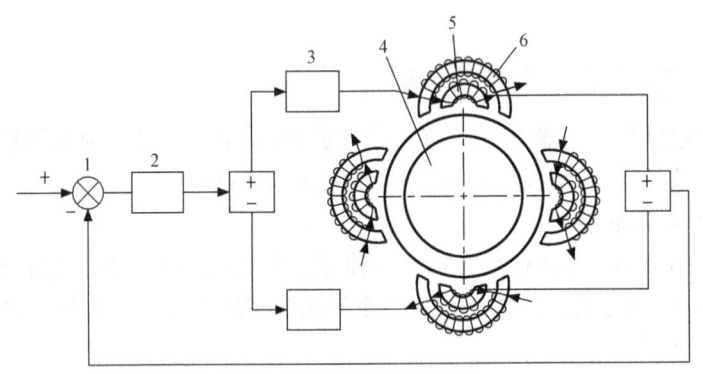

图 2-45 磁悬浮轴承

1-基准信号;2-调节器;3-功率放大器;4-转子;5-位移传感器;6-定子

径向磁悬浮轴承的转轴一般要配备辅助轴承,工作时辅助轴承不与转轴接触,当断电或磁悬浮失控时能托住高速旋转的转轴,起到安全保护作用。辅助轴承与转子之间的间隙一般等于转子与电磁体气隙的一半。轴向悬浮轴承的工作原理与径向磁悬浮轴承相同。

4) 滚动轴承轴系

滚动轴承轴系是轴颈与轴套之间放入滚动轴承或圆球、滚柱等滚动体作为介质的轴系(见图 2-46)。滚动轴承轴系分为标准滚动轴承轴系和非标准滚动轴承轴系两类。

直接应用标准滚动轴承的轴系称为标准滚动轴承轴系。标准滚动轴承已标准化、系列化,并由轴承厂成批生产。在轴系设计时,只要根据负荷、转速、精度、刚度及空间大小等即可选用所需轴承。

非标准滚动轴承轴系中不用标准滚动轴承,一般是在轴颈和轴套间直接放入滚动体,因此结构紧凑。此外,轴颈与轴套上一般不加工出圆弧形滚道,因此容易达到较高的尺寸和形状精度,所以在机电一体化系统中,由于结构尺寸的限制,或因标准滚动轴承无法满足轴系精度要求时,就自行设计非标准滚动轴承轴系。非标准滚动轴承轴系又可分为普通非标准滚动轴承轴系和密珠轴系两种。

图 2-46　滚动轴承轴系

轴系的作用是承受工作时的轴向和径向载荷,并要保证所要求的回转精度。因此轴系设计时,在选择轴系类型同时,还要考虑合适的结构形式,这样才能更好地满足轴系工作的要求。轴系的结构形式很多,常见的有以下几种,如图 2-47 所示。

(1) 圆柱-止推。如图 2-47(a)所示,其径向载荷和径向回转精度由径向圆柱形轴承承受和保证,而轴向载荷和轴向精度则由止推轴承承受和保证。这种轴系结构形式最为常见。

(2) 双球(包括圆球-半圆球及双半圆球等)。由两个圆球形轴承、两个半圆球轴承或一个球及一个半圆球轴承构成,如图 2-47(b)所示。

(3) 圆锥-止推。如图 2-47(c)所示,由两个锥形轴承和一个止推轴承构成。其径向载荷及径向精度由锥形轴承承担及保证,而轴向载荷及轴向精度则由止推轴承承受和保证,其特点是径向间隙可以调整。

(4) 双锥。如图 2-47(d)所示,轴系两端轴承由两个锥角方向相反的圆锥轴承构成,既能承受径向载荷也能承受轴向载荷。

(5) 圆柱-圆球。如图 2-47(e)所示,轴系两端轴承一个是径向圆柱形轴承,一个是球形轴承。球形轴承承受径向和轴向载荷。

(6) 圆锥-半圆球。如图 2-47(f)所示,轴系两端轴承一个是锥形轴承,一个是半圆球轴承。

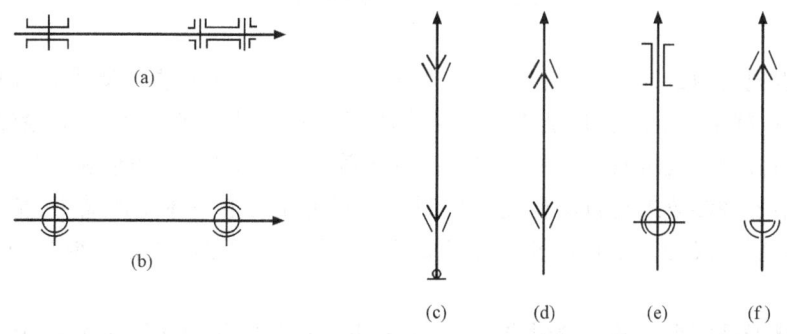

图 2-47　常见的轴系结构形式

在轴承结构设计时,采用哪一种类型轴系和什么样的结构形式,应从多方面考虑,包括轴系的精度要求,轴系的空间位置(立式轴系还是卧式轴系),轴系的承载大小及制造厂的工艺条件等。

几种常见机床主轴轴承配置形式和工作性能见表 2-3。

表 2-3 几种常见主轴滚动轴承配置形式及其工作性能

序号	轴承配置形式	前支承		后支承		前支承承载能力		刚度		振摆		温升		极限转速	热变形前端位移
		径向	轴向	径向	轴向	径向	轴向	径向	轴向	径向	轴	总的	前支承		
1		NN3000	230000	NN3000		1.0	1.0	1.0	1.0	1.0	1.0	1.0	1.0	1.0	1.0
2		NN3000	5100 (两个)	NN3000		1.0	1.0	0.9	3.0	1.0	1.0	1.15	1.2	0.65	1.0
3		NN3000		30000 (两个)			0.6		0.7	1.0	1.0	0.6	0.5	1.0	3.0
4		3000		3000		0.8	1.0	0.7	1.0	1.0	1.0	0.8	0.75	0.6	0.8
5		35000		3000		1.5	1.0	1.13	1.0	1.0	1.4	1.4	0.6	0.8	0.8
6		30000 (两个)		30000 (两个)		0.7	0.7	0.45	1.0	1.0	1.0	0.7	0.5	1.2	0.8
7		30000 (两个)		30000 (两个)		0.7	1.0	0.35	2.0	1.0	1.0	0.7	0.5	1.2	0.8
8		30000 (两个)	5100	30000	8000	0.7	1.0	0.35	1.5	1.0	1.0	0.85	0.7	0.75	0.8
9		84000	5100	84000	8000	1.0	1.0	1.5	1.0	1.0	1.0	1.1	1.0	0.5	0.9

注:设这些主轴组件结构尺寸大致相同,并将第一种形式的工作性能指标均设为 1.0,其他形式的性能指标值均为第一种 1.0 的相对值。

2.3 传感检测技术

随着现代测量、控制及自动化技术的发展,传感器技术越来越受到人们的重视,应用也越来越普遍。凡是应用到传感器的地方,必然伴随着相应的检测系统。传感器与检测系统可对各种材料、机件、现场等进行无损探伤、测量和计量;对自动化系统中各种参数进行自动检测和控制。尤其是在机电一体化产品中,传感器及其检测系统不仅是一个必不可少的组成部分,而且已成为机电有机结合的一个重要纽带。

传感器是整个设备的感觉器官,它主要用于检测位移、速度、加速度、运动轨迹以及机器操作和加工过程参数等机械运动参数,监测整个设备的工作过程,使其保持最佳工作状况,同时还可用作数显装置。在闭环伺服系统中,传感器又用作控制环的检测反馈元件,其性能好坏直接影响到工作机械的运动性能、控制精度和智能水平。因而要求所选择的传感器灵敏度高、动态特性好,特别要求其稳定、可靠、抗干扰性强且能适应不同环境。

2.3.1 传感器及其组成

传感器是一种以一定精度将被测量(如位移、力、加速度等)转换为与之有确定对应关系的,易于精确处理和测量的某种物理量(如电量)的测量部件或装置。

目前,电子技术的进步使电量具有便于传输、转换、处理、显示等特点,因此绝大多数传感器就是将非电量转换成电量输出的装置。

传感器一般由敏感元件、转换元件和基本转换电路三部分组成,如图 2-48 所示。

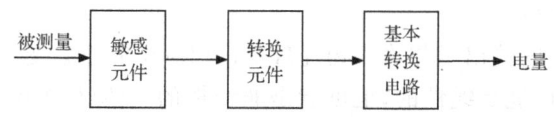

图 2-48 传感器组成框图

(1) 敏感元件。敏感元件能直接感受被测量的变化,并以确定关系输出某一物理量,如弹性敏感元件将力转换为位移或应变输出。

(2) 转换元件。转换元件将敏感元件输出的非电物理量(如位移、应变、光强等)转换成电路参数(如电阻、电感、电容等)量。

(3) 基本转换电路。基本转换电路将电路参数量转换成便于测量的电量,如电压、电流、频率等。

实际的传感器,有的很简单,有的则较复杂。有些传感器(如热电偶)只有敏感元件,感受被测温差时直接输出电势。有些传感器由敏感元件和转换元件组成,无需基本转换电路,如压电式加速度传感器。还有些传感器由敏感元件和基本转换电路组成,如电容式位移传感器。有些传感器,转换元件不止一个,要经过若干次转换才能输出电量。大多数传感器是开环系统,但也有个别的是带反馈的闭环系统。

2.3.2 传感器的分类及其特性

1. 传感器的分类

传感器种类繁多,分类方法也有多种,可以按被测物理量分类,该分法便于根据不同用途选择传感器;还可按工作原理分类,该分法便于学习、理解和区分各种传感器。传感器获取的有关外界环境及自身状态变化的信息,一般反馈给计算机进行处理或实施控制。这里将传感器按输出信号的性质分类,分为开关型、模拟型和数字型,如图 2-49 所示。

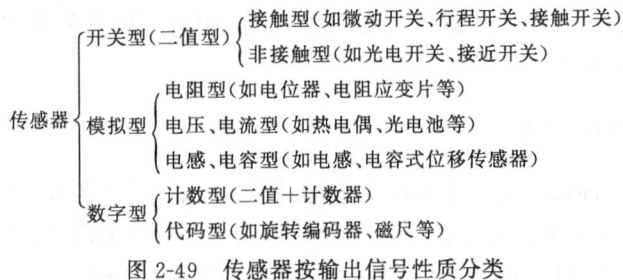

图 2-49 传感器按输出信号性质分类

开关型传感器只输出"1"和"0"或开(ON)和关(OFF)两个值。如果传感器的输入物理量达到某个值以上时,其输出为"1"(ON 状态),在该值以下时输出为"0"(OFF 状态),其临界值就是开、关的设定值。这种"1"和"0"数字信号可直接送入微型计算机进行处理。

模拟型传感器的输出是与输入物理量变化相对应的连续变化的电量。传感器的输入/输出关系可能是线性的,也可能是非线性的。线性输出信号可直接采用,而非线性输出信号则需进行线性化处理。这些线性信号一般需进行模/数(A/D)转换,将其转换成数字信号后再送给计算机处理。

数字型传感器有计数型和代码型两大类。计数型又称脉冲计数型,它可以是任何一种脉冲发生器,所发出的脉冲数与输入量成正比,加上计数器就可以对输入量进行计数。计数型传感器可用来检测通过输送带上的产品个数,也可用来检测执行机构的位移量,这时执行机构每移动一定距离或转动一定角度就会发出一个脉冲信号,如光栅检测器和增量式光电编码器就是如此。代码型传感器即绝对值式编码器,它输出的信号是二进制数字代码,每一代码相当于一个一定的输入量之值。代码的"1"为高电平,"0"为低电平,高低电平可用光电元件或机械式接触元件输出,通常被用来检测执行元件的位置或速度,如绝对值型光电编码器、接触型编码器等。

2. 传感器的基本特性

在机电一体化系统中有各种不同的物理量需要监测和控制,这就要求传感器能感受被测非电量并将其转换成与被测量有一定函数关系的电量。传感器所测量的非电量是处在不断变化之中的,传感器能否将这些非电量的变化不失真地转换成相应的电量,取决于传感器的输入/输出特性。传感器这一基本特性可用静态特性和动态特性来描述。

1) 传感器的静态特性

传感器的静态特性是指当被测量处于稳定状态下,传感器的输入值与输出值之间的关系。传感器静态特性的主要技术指标有：线性度、灵敏度、迟滞和重复性等。

(1) 线性度。

传感器的线性度是指传感器实际输出-输入特性曲线与理论直线之间的最大偏差与输出满量程值之比，即

$$\gamma_L = \pm \frac{\Delta_{max}}{y_{FS}} \times 100\%$$

式中，γ_L 为线性度；Δ_{max} 为最大非线性绝对误差；y_{FS} 为输出满量程值。

(2) 灵敏度。

传感器的灵敏度是指传感器在稳定标准条件下，输出量的变化量与输入量的变化量之比，即

$$S_0 = \frac{\Delta y}{\Delta x}$$

式中，S_0 为灵敏度；Δy 为输出量的变化量；Δx 为输入量的变化量。对于线性传感器来说，其灵敏度是个常数。

(3) 迟滞。

传感器在正（输入量增大）反（输入量减小）行程中，输出-输入特性曲线不重合的程度称为迟滞，迟滞误差一般以满量程输出 y_{FS} 的百分数表示

$$\gamma_H = \pm \frac{\Delta H_m}{y_{FS}} \times 100\%$$

式中，ΔH_m 为输出值在正、反行程间的最大差值。迟滞特性一般由实验方法确定。

(4) 重复性。

传感器在同一条件下，被测输入量按同一方向做全量程连续多次重复测量时，所得输出-输入曲线的不一致程度，称重复性。重复性误差用满量程输出的百分数表示，即：

① 近似计算。

$$\gamma_R = \pm \frac{\Delta R_m}{y_{FS}} \times 100\%$$

② 精确计算。

$$\gamma_R = \pm \frac{2 \sim 3}{y_{FS}} \sqrt{\frac{\sum (y_i - \bar{y})^2}{n-1}}$$

式中，ΔR_m 为输出最大重复性误差；y_i 为第 i 次测量值；$\bar{y}$ 为测量值的算术平均值；n 为测量次数。重复性特性也用实验方法确定，常用绝对误差表示。

(5) 分辨率。

传感器能检测到的最小输入增量称分辨率，在输入零点附近的分辨率称为阈值。

(6) 零漂。

传感器在零输入状态下输出值的变化称为零漂,零漂可用相对误差表示,也可用绝对误差表示。

2) 传感器的动态特性

传感器测量静态信号时,由于被测量不随时间变化,测量和记录过程不受时间限制。而实际中大量的被测量是随时间变化的动态信号,传感器的输出不仅需要精确地显示被测量的大小,还要显示被测量随时间变化的规律,即被测量的波形。传感器能测量动态信号的能力用动态特性表示。动态特性是指传感器测量动态信号时输出对输入的响应特性。传感器动态特性的性能指标可以通过时域、频域以及试验分析的方法确定,其动态特性参数,如最大超调量、上升时间、调整时间、频率响应范围和临界频率等。

理想动态特性的传感器,其输出量随时间的变化规律将再现输入量随时间的变化规律,即它们具有同一时间函数。但是,实际情况下传感器输出信号与输入信号不会具有相同的时间函数,由此引起动态误差。

3. 传感器的发展方向

由于传感器位于检测系统的入口,是获取信息的第一个环节,因此它的精度、可靠性、稳定性和抗干扰性等直接关系到机电一体化产品的整机性能指标。因此,传感器的研究与开发一直受到人们的重视,传感器的性能也在不断提高,主要表现在以下几个方面:

(1) 新型传感器的开发。鉴于传感器的工作机理是基于各种效应和定律,由此启发人们进一步发现新现象、采用新原理、开发新材料、采用新工艺,并以此研制出具有新原理的新型物性型传感器,这是发展高性能、多功能、低成本和小型化传感器的重要途径。总之,传感器正经历着从以结构型为主转向以物性型为主的过程。

(2) 传感器的集成化和多功能化。随着微电子学、微细加工技术和集成化工艺等方面的发展,出现了多种集成化传感器。这类传感器,有的是同一功能的多个敏感元件排列成线形、面形的阵列型传感器;有的是多种不同功能的敏感元件集成一体,成为可同时进行多种参数测量的传感器;又有的是传感器与放大、运算和温度补偿等电路集成一体具有多种功能的传感器。

(3) 传感器的智能化。"电五官"与"电脑"的相结合,就是传感器的智能化。智能化传感器不仅具有信号检测、转换功能,同时还具有记忆、存储、解析、统计处理及自诊断、自校准和自适应等功能。如进一步将传感器与计算机的这些功能集成于同一芯片上,就成为智能传感器。

2.3.3 机电一体化中常用的传感器

机电一体化系统中常用的传感器根据被测物理量的不同有:位移检验传感器,速度、加速度检测传感器,力、力矩检测传感器及温度、湿度、光度检测传感器等。

1. 位移检测传感器

位移检测传感器是线位移和角位移检测传感器的总称,位移测量在机电一体化领域中应用十分广泛。

1) 线位移检测传感器

机电一体化系统中常用的直线位移检测传感器有光栅位移传感器、感应同步器、磁栅、电感传感器和电容传感器等,以下重点介绍光栅位移传感器。

光栅是一种新型的位移检测元件,是一种将机械位移或模拟量转变为数字脉冲的测量装置。它的特点是测量精确度高(可达 $\pm 1\mu m$)、响应速度快、量程范围大并可进行非接触测量等。其易于实现数字测量和自动控制,广泛用于数控机床和精密测量中。

(1) 光栅的结构。

所谓光栅就是在透明的玻璃板上均匀地刻出许多明暗相间的条纹,或在金属镜面上均匀地划出许多间隔相等的条纹,通常线条的间隙和宽度是相等的。以透光的玻璃为载体的称为透射光栅,不透光的金属为载体的称为反射光栅;根据光栅的外形可分为直线光栅和圆光栅。

直线光栅位移传感器的结构如图 2-50 所示。它主要由标尺光栅、指示光栅、光电器件和光源等组成。通常,标尺光栅和被测物体相连,随被测物体的直线位移而产生位移。一般标尺光栅和指示光栅的刻线密度是相同的,而刻线之间的距离 W 称为栅距。光栅条纹密度一般为每毫米 25、50、100、250 条等。

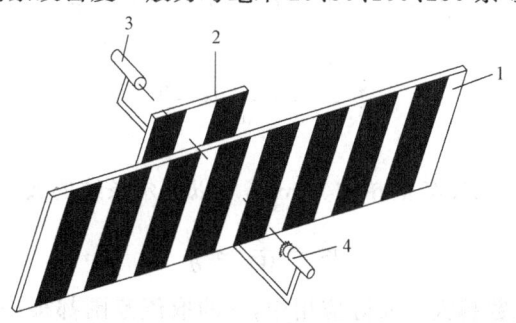

图 2-50　直线光栅位移传感器的结构原理图
1-标尺光栅;2-指示光栅;3-光电器件;4-光源

(2) 工作原理。

如果把两块栅距 W 相等的光栅平行安装,且让它们的刻痕之间有较小的夹角 θ 时,这时光栅上会出现若干条明暗相间的条纹,这种条纹称莫尔条纹,它们沿着与光栅条纹几乎垂直的方向排列,如图 2-51 所示。莫尔条纹是光栅非重合部分光线透过而形成的亮带,它由一系列四棱形图案组成,如图中的 d-d 线区所示。f-f 线区则是由于光栅的遮光效应形成的。

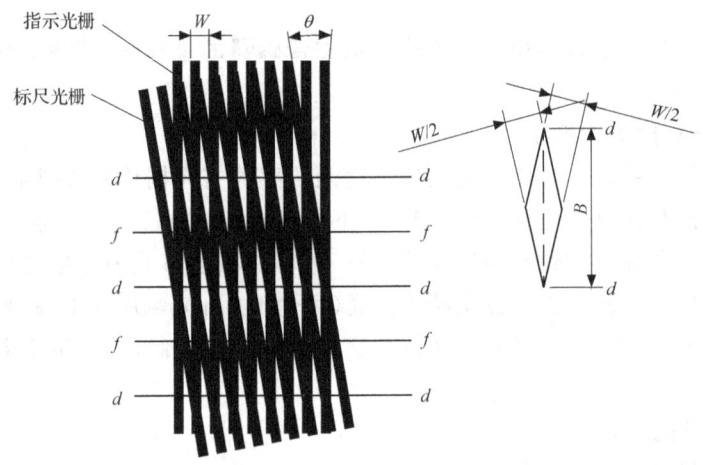

图 2-51 莫尔条纹

莫尔条纹具有如下特点:

① 莫尔条纹的位移与光栅的移动成比例。当指示光栅不动,标尺光栅向左右移动时,莫尔条纹将沿着近于栅线的方向上下移动;光栅每移动过一个栅距 W,莫尔条纹就移动过一个条纹间距 B,查看莫尔条纹的移动方向,即可确定主光栅的移动方向。

② 莫尔条纹具有位移放大作用。莫尔条纹的间距 B 与两光栅条纹夹角 θ 之间关系为

$$B = \frac{W}{2\sin\frac{\theta}{2}} \approx \frac{W}{\theta}$$

式中,θ 的单位为 rad;B、W 的单位为 mm,所以莫尔条纹的放大倍数为

$$K = \frac{B}{W} \approx \frac{1}{\theta}$$

可见 θ 越小,放大倍数越大。实际应用中,θ 的取值范围都很小。例如,当 $\theta=10'$ 时,$K=1/\theta=1/0.0029\text{rad}\approx 345$。也就是说指示光栅与标尺光栅相对移动一个很小的 W 距离时,可以得到一个很大的莫尔条纹移动量 B,可以用测量条纹的移动

来检测光栅微小的位移,从而实现高灵敏度的位移测量。

③ 莫尔条纹具有平均光栅误差的作用。莫尔条纹是由一系列刻线的交点组成,它反映了形成条纹的光栅刻线的平均位置,对各栅距误差起了平均作用,减弱了光栅制造中的局部误差和短周期误差对检测精度的影响。

通过光电元件,可将莫尔条纹移动时光强的变化转换为近似正弦变化的电信号,如图 2-52 所示。其电压为

$$U = U_0 + U_m \sin \frac{2\pi x}{W}$$

式中,U_0 为输出信号的直流分量;U_m 为输出信号的幅值;x 为两光栅的相对位移。

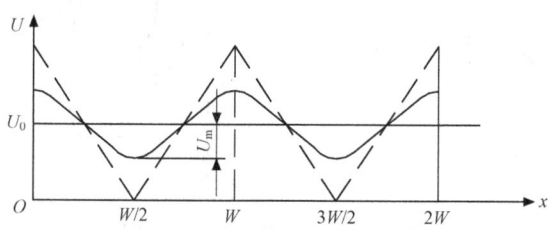

图 2-52 光栅输出波形

将此电压信号放大、整形变换为方波,经微分转换为脉冲信号,再经辨向电路和可逆计数器计数,则可用数字形式显示出位移量,位移量等于脉冲与栅距乘积。测量分辨率等于栅距。

提高测量分辨率的常用方法是细分,且电子细分应用较广。这样可在光栅相对移动一个栅距的位移(即电压波形在一个周期内)时,得到 4 个计数脉冲,将分辨率提高 4 倍,这就是通常说的电子 4 倍频细分。

2) 角位移检测传感器

机电一体化系统中常用的角位移检测传感器有旋转变压器、光电编码器和电容传感器等。

(1) 旋转变压器。

旋转变压器是一种利用电磁感应原理将转角变换为电压信号的传感器。由于它结构简单,动作灵敏,对环境无特殊要求,输出信号大,抗干扰好,因此被广泛应用于机电一体化产品中。

① 旋转变压器的构造和工作原理。

旋转变压器在结构上与两相绕组式异步电动机相似,由定子和转子组成。当以一定频率(频率通常为 400 Hz、500 Hz、1000 Hz 及 5000 Hz 等几种)的激磁电压加于定子绕组时,转子绕组的电压幅值与转子转角成正弦、余弦函数关系,或在一定转角范围内与转角成正比关系。前一种旋转变压器称为正余弦旋转变压器,适用于大角位移的绝对测量;后一种称为线性旋转变压器,适用于小角位移

的相对测量。

如图 2-53 所示，旋转变压器一般做成两极电动机的形式。在定子上有激磁绕组和辅助绕组，它们的轴线相互成 90°。在转子上有两个输出绕组——正弦输出绕组和余弦输出绕组，这两个绕组的轴线也互成 90°，一般将其中一个绕组（如 $Z_1 Z_2$）短接。

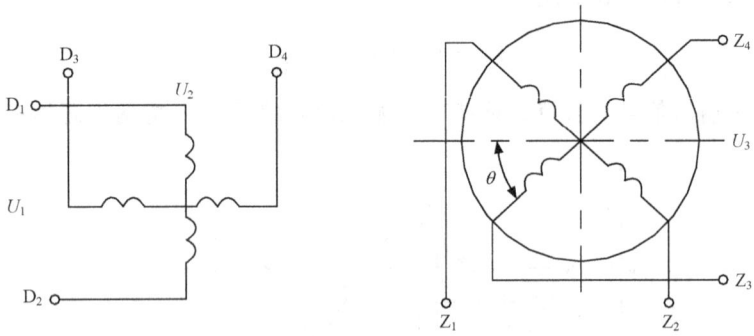

图 2-53　正余弦变压器原理图

$D_1 D_2$-激磁绕组；$D_3 D_4$-辅助绕组；$Z_1 Z_2$-余弦输出绕组；$Z_3 Z_4$-正弦输出绕组

② 旋转变压器的测量方式。

当定子绕组中分别通以幅值和频率相同、相位相差 90°的交变激磁电压时，便可在转子绕组中得到感应电势 U_3，根据线性叠加原理，U_3 为激磁电压 U_1 和 U_2 的感应电势之和，即

$$U_1 = U_m \sin\omega t$$
$$U_2 = U_m \cos\omega t$$
$$U_3 = kU_1 \sin\theta + kU_2 \sin(90° + \theta) = kU_m \cos(\omega t - \theta)$$

式中，$k = w_1/w_2$ 为旋转变压器的变压比；w_1、w_2 为转子、定子绕组的匝数。

可见，测得转子绕组感应电压的幅值和相位，可间接测得转子转角 θ 的变化。

线性旋转变压器实际上也是正余弦旋转变压器，不同的是线性旋转变压器采用了特定的变压比 k 和接线方式，如图 2-54 所示，这样使得在一定转角范围内（一般为±60°），其输出电压和转子转角 θ 成线性关系。此时输出电压为

$$U_3 = kU_1 \frac{\sin\theta}{1 + k\cos\theta}$$

根据此式，选定变压比 k 及允许的非线性度，则可推算出满足线性关系的转角范围（见图 2-55）。例如，取 $k=0.54$，非线性度不超过±0.1%，则转子转角范围可以达到±60°。

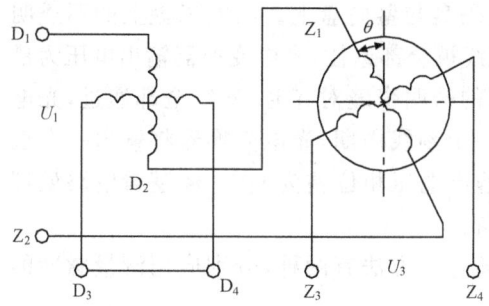
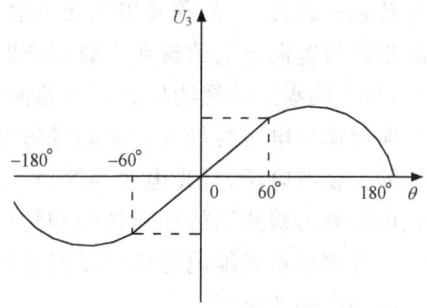

图 2-54　线性旋转变压器原理图　　　　图 2-55　转子转角 θ 与输出电压 U_3 的关系曲线

(2) 光电编码器。

光电编码器是一种码盘式角度-数字检测元件。它有两种基本类型：一种是增量式编码器，另一种是绝对式编码器。增量式编码器具有结构简单、价格低、精度易于保证等优点，所以目前应用最多。绝对式编码器能直接给出对应于每个转角的数字信息，便于计算机处理，但当进给数大于 1r(转) 时，需作特别处理，而且必须用减速齿轮将两个以上的编码器连接起来，组成多级检测装置，使其结构复杂、成本高。

① 增量式编码器。

增量式编码器是指随转轴旋转的码盘给出一系列脉冲，然后根据旋转方向用计数器对这些脉冲进行加减计数，以此来表示转过的角位移量。增量式编码器的工作原理如图 2-56 所示。

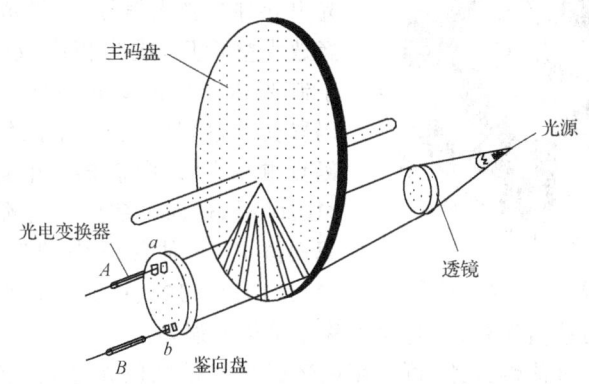

图 2-56　增量式编码器工作原理

它由主码盘、鉴向盘、光学系统和光电变换器组成。在圆形的主码盘(光电盘)周边上刻有节距相等的辐射状窄缝，形成均匀分布的透明区和不透明区。鉴向盘与主码盘平行，并刻有 a、b 两组透明检测窄缝，它们彼此错开 1/4 节距，以使 A、B 两个光电变换器的输出信号在相位上相差 90°。工作时，鉴向盘静止不动，主码盘与转轴一起转动,光源发出的光投射到主码盘与鉴向盘上。当主码盘上的不透明区正好与鉴向盘上的透明窄缝对齐时,光线被全部遮住,光电变换器输出电压为最小;当主码盘上的透明区正好与鉴向盘上的透明窄缝对齐时,光线全部通过,光电变换器输出电压为最大。主码盘每转过一个刻线周期,光电变换器将输出一个近似的正弦波电压,且光电变换器 A、B 的输出电压相位差为 $90°$。经逻辑电路处理就可以测出被测轴的相对转角和转动方向。

利用增量式编码器还可以测量轴的转速。方法有两种,分别应用测量脉冲的频率和周期的原理。

② 绝对式编码器。

绝对式编码器是把被测转角通过读取码盘上的图案信息直接转换成相应代码的检测元件。编码盘有光电式、接触式和电磁式三种。

光电式码盘是目前应用较多的一种,它是在透明材料的圆盘上精确地印制上二进制编码。图 2-57 所示为四位二进制的码盘,码盘上各圈圆环分别代表一位二进制的数字码道,在同一个码道上印制黑白等间隔图案,形成一套编码。黑色不透光区和白色透光区分别代表二进制的"0"和"1"。在一个四位光电码盘上,有四圈数字码道,每一个码道表示二进制的一位,里侧是高位,外侧是低位,在 $360°$ 范围内可编数码数为 $2^4 = 16$(个)。

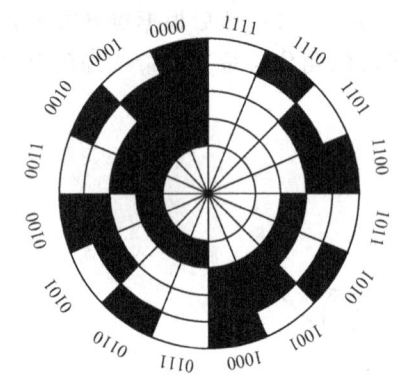

图 2-57　四位二进制的码盘

工作时,码盘的一侧放置电源,另一边放置光电接受装置,每个码道都对应有一个光电管及放大、整形电路。码盘转到不同位置,光电元件接受光信号,并转成相应的电信号,经放大整形后,成为相应数码电信号。但由于制造和安装精度的影响,当码盘回转在两码段交替过程中,会产生读数误差。例如,当码盘顺时针方向旋转,由位置"0111"变为"1000"时,这四位数要同时都变化,可能将数码误读成 16 种代码中的任意一种,如读成 1111、1011、1101、…、0001 等,由此将产生无法估计的很大的数值误差,这种误差称非单值性误差。

为了消除非单值性误差,可采用循环码盘和带判位光电装置的二进制循环码盘来实现。

2. 速度、加速度检测传感器

1) 速度检测传感器

(1) 直流测速发电机。

直流测速发电机是一种测速元件,它实际上就是一台微型的直流发电机。根据定子磁极激磁方式的不同,直流测速发电机可分为电磁式和永磁式两种。如以电枢的结构不同来分,有无槽电枢、有槽电枢、空心杯电枢和圆盘电枢等。

直流测速发电机的结构有多种,但原理基本相同。图 2-58 所示为永磁式直流测速发电机原理电路图。恒定磁通由定子产生,当转子在磁场中旋转时,电枢绕组中即产生交变的电势,经换向器和电刷转换成与转速成正比的直流电势。

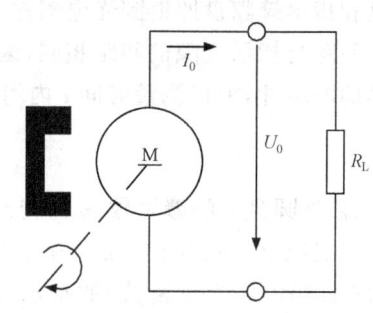

直流测速发电机的输出特性曲线如图 2-59 所示。从图中可以看出,当负载电阻 $R_L \to \infty$ 时,其输出电压 U_0 与转速 n 成

图 2-58 永磁式直流测速发电动机原理图

正比。随着负载电阻 R_L 变小,其输出电压下降,而且输出电压与转速之间并不能严格保持线性关系。由此可见,对于要求精度比较高的直流测速发电机,除采取其他措施外,负载电阻 R_L 应尽量大。

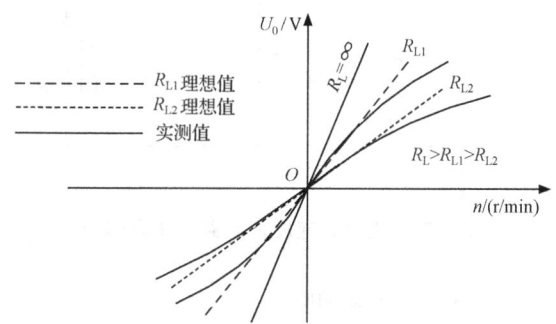

图 2-59 直流测速发电机输出特性

直流测速发电机的特点是输出特性曲线斜率大、线性好,但由于有电刷和换向器,其构造和维护比较复杂,摩擦转矩较大。

在机电一体化控制系统中,直流测速发电机主要用作测速和校正元件。在使用中,为了提高检测灵敏度,尽可能把它直接连接到电动机轴上。有的电动机本身就已安装了直流测速发电机。

(2) 光电式速度传感器。

光电式速度传感器工作原理如图 2-60 所示。物体以速度 v 经过光电池遮挡板时,光电池输出阶跃电压信号,经微分电路形成两个脉冲输出,测出两脉冲之间的时间间隔 Δt,则可测得速度为

$$v = \Delta x / \Delta t \tag{2-6}$$

式中,Δx 为光电池遮挡板上两孔间距(m)。

光电式转速传感器是由装在被测轴(或与被测轴相连的输入轴)上的带缝隙圆盘、光源、光电器件和指示缝隙圆盘组成,如图 2-61 所示。光源发出的光通过缝隙圆盘和指示缝隙盘照射到光电器件上,当缝隙圆盘随被测轴转动时,由于圆盘上的缝隙间距与指示缝隙的间距相同,因此圆盘每转一周,光电器件输出与圆盘缝隙数相等的电脉冲,根据测量时间 t 内的脉冲数 N,则可测得转速为

$$n = \frac{60N}{Zt}$$

式中,Z 为圆盘上的缝隙数;n 为转速(r/min);t 为测量时间(s)。

一般取 $Z=60\times 10^m (m=0,1,2,\cdots)$。利用两组缝隙间距 W 相同、位置相差 $(i/2+1/4)W$(i 为正整数)的指示缝隙和两个光电器件,则可辨别出圆盘的旋转方向。

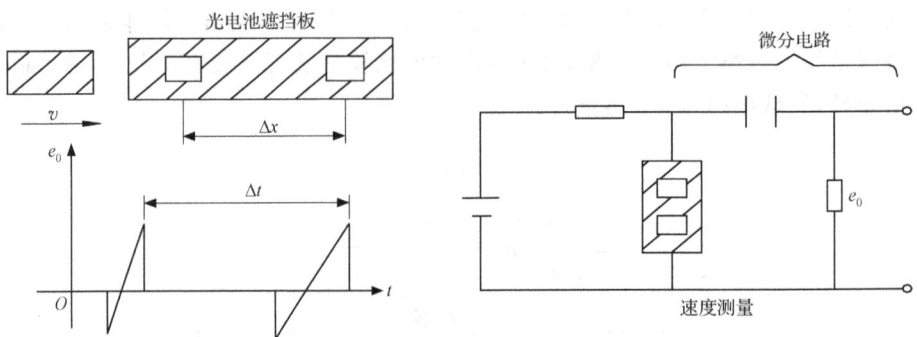

图 2-60 光电式速度传感器工作原理图

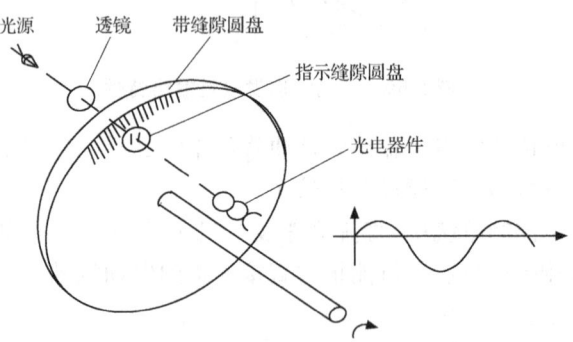

图 2-61 光电式转速传感器的结构原理图

(3) 差动变压器式速度传感器。

差动变压器式传感器除了可测量位移外,还可测量速度。其工作原理如图 2-62所示。差动变压器的原边线圈同时供以直流和交流电流,即

$$i(t) = I_0 + I_m \sin\omega t$$

式中，I_0 为直流电流（A）；I_m 为交流电流的最大值（A）；ω 为交流电流的角频率（rad/s）。

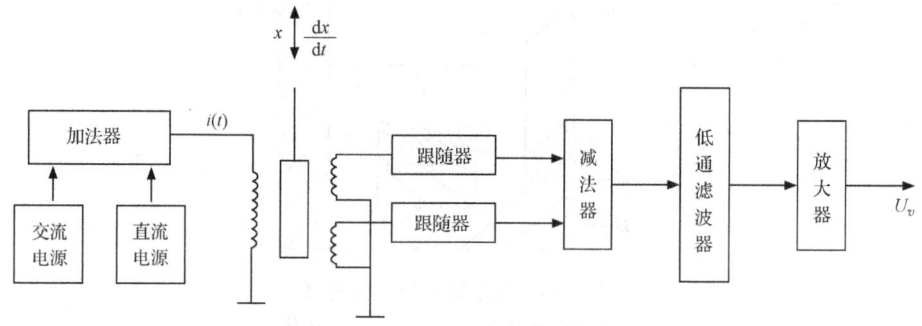

图 2-62 差动变压器测速原理

当差动变压器以被测速度 $v=\mathrm{d}x/\mathrm{d}t$ 移动时，在其副边两个线圈中产生感应电势，将它们的差值通过低通滤波器滤除励磁高频角频率后，则可得到与速度 v（m/s）相对应的电压输出，即

$$U_v = 2kI_0 v$$

式中，k 为磁芯单位位移互感系数的增量（H/m）。

2) 加速度检测传感器

检测加速度的传感器有多种形式，它们的工作原理大多是利用物体因受加速度所产生的惯性力而造成的各种物理效应，并将加速度进一步转化成电量来间接度量被测加速度。最常用的加速度传感器有应变片式、压电式和电容式等。

应变片式加速度传感器的结构原理如图 2-63 所示。它由重块、悬臂梁、应变片和阻尼液体等构成。当有加速度时，重块受力，悬臂梁弯曲，根据梁上固定的应变片的变形量测出力的大小，在已知质量的情况下即可计算出被测加速度。壳体内灌满的黏性液体作为阻尼之用。这一系统的固有频率可以做得很低。

压电式加速度传感器结构原理如图 2-64 所示。使用时，传感器固定在被测物体上，并随物体的振动，惯性质量块因而产生惯性力，使压电元件产生变形。压电元件产生的变形和由此产生的电荷与加速度成正比。压电式加速度传感器可以做得很小，重量很轻，故对被测机构的影响就小。压电式加速度传感器的频率范围广、动态范围宽、灵敏度高且应用较为广泛。

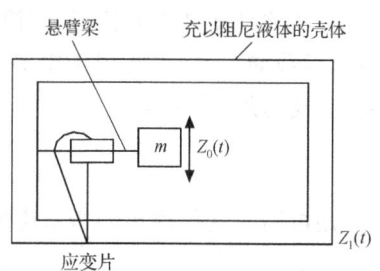

图 2-63 应变片式加速度传感器

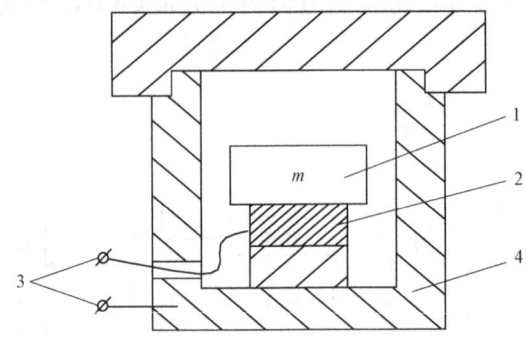

图 2-64 压电式加速度传感器
1-质量块；2-压电晶片；3-引出线；4-壳体

3. 力、力矩检测传感器

在机电一体化系统中,力、压力和扭矩也是很常用的机械参量。近年来,各种高精度的力、压力和扭矩传感器不断出现,以其惯性小、响应快、易于记录和便于遥控等优点得到了广泛应用。这些传感器按其工作原理可分为弹性式、电阻应变式、电感式、电容式、压电式和磁电式等,而电阻应变式传感器应用较为广泛。

电阻应变式测力传感器的工作原理是基于电阻应变效应。粘有应变片的弹性元件受力作用时产生变形,应变片将弹性元件的应变转换为电阻值的变化,经过转换电路输出电压或电流信号。

1) 测力传感器

测力传感器按其量程大小和测量精度不同而有很多规格,它们的主要差别是弹性元件的结构形式不同,以及应变片在弹性元件上粘贴的位置不同。通常测力传感器的弹性元件有柱式、梁式等。

(1) 柱式弹性元件。

柱式弹性元件有圆柱形、圆筒形等几种,如图 2-65 所示。这种弹性元件结构简单、承载能力大,主要用于中等载荷和大载荷(可达数兆牛顿)的拉(压)力传感器。其受力后,产生应变

$$\varepsilon = \frac{P}{AE}$$

用电阻应变仪测出的指示应变为

$$\varepsilon_i = 2(1+\mu)\varepsilon$$

式中,P 为作用力;A 为弹性体的横截面积;E 为弹性材料的弹性模量;μ 为弹性材料的泊松比。

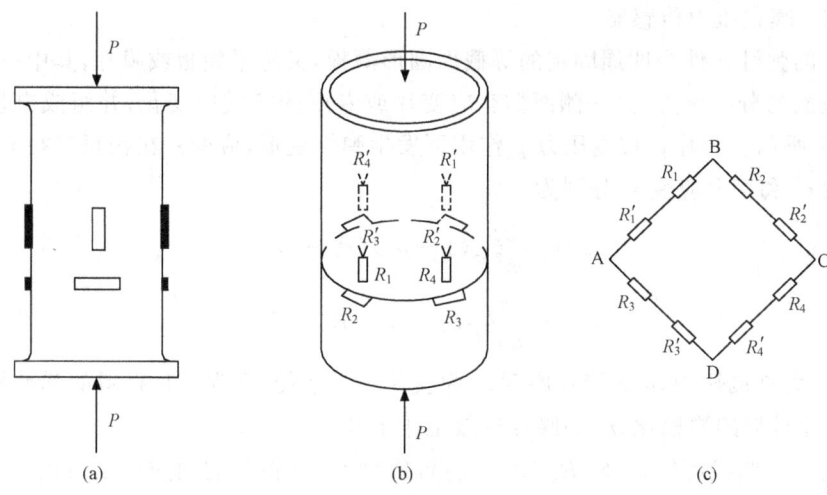

图 2-65 柱式弹性元件及其电桥

(2) 悬臂梁式弹性元件。

如图 2-66 所示,其特点是结构简单、加工方便、应变片粘贴容易且灵敏度较高。主要用于小载荷、高精度的拉、压力传感器中。可测量 0.01N 到几千牛的拉、压力。在同一截面正反两面粘贴应变片,并应在该截面中性轴的对称表面上。若梁的自由端有一被测力 P,则应变与 P 的关系为

$$\varepsilon = \frac{6PL}{bh^2 E}$$

指示应变与表面弯曲应变之间的关系为

$$\varepsilon_i = 4\varepsilon$$

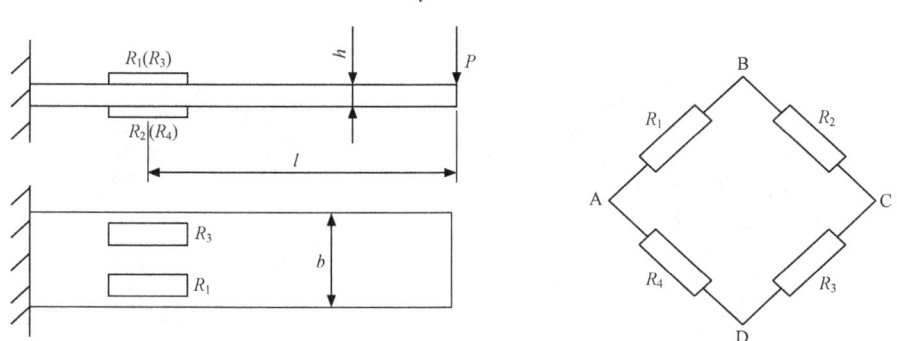

图 2-66 悬臂梁式弹性元件及其电桥

2) 压力传感器

电阻应变压力传感器主要用于测量流体压力,有时也用于测量土壤压力。同样,按传感器所用弹性元件的不同有膜式、筒式等。

(1) 膜式压力传感器。

它的弹性元件为四周固定的等截面圆形薄板,又称平膜板或膜片,其中一表面承受被测的分布压力,另一侧面粘有应变片或专用的箔式应变花,并组成电桥,如图 2-67 所示。膜片在被测压力 p 作用下发生弹性变形,应变片在任意半径 r 的径向应变 ε_r 和切向应变 ε_t 分别为

$$\varepsilon_r = \frac{3p}{8h^2 E}(1-\mu^2)(r_0^2 - 3r^2)$$

$$\varepsilon_t = \frac{3p}{8h^2 E}(1-\mu^2)(r_0^2 - r^2)$$

式中,p 为被测压力;h 为膜片厚度;r 为膜片任意半径;E 为膜片材料的弹性模量;μ 为膜片材料的泊松比;r_0 为膜片有效工作半径。

由分布曲线可知,电阻 R_1 和 R_3 的阻值增大(受正的切向应变 ε_t);而电阻 R_2 和 R_4 的阻值减小(受负的径向应变 ε_r)。因此,电桥有电压输出,且输出电压与压力成比例。

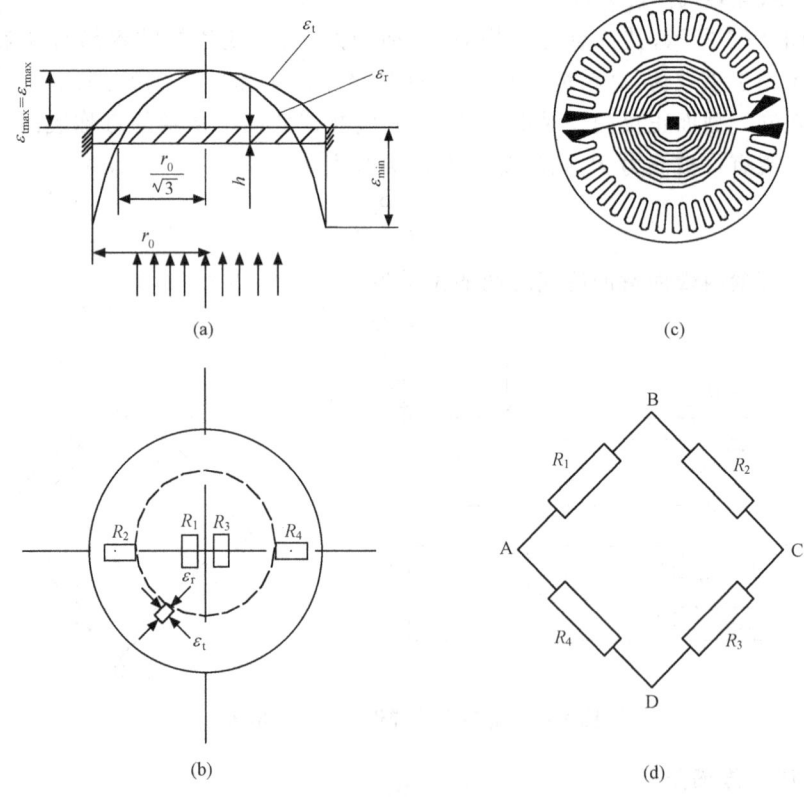

图 2-67 膜式压力传感器
(a) 膜片应变分布曲线;(b) 贴有应变片的膜片;(c) 箔式应变花;(d) 电桥

(2) 筒式压力传感器。

它的弹性元件为薄壁圆筒,筒的底部较厚。这种弹性元件的特点是圆筒受到被测压力后表面各处的应变相同。因此应变片的粘贴位置对所测的应变没有影响,如图 2-68 所示。工作应变片 R_1、R_3 沿圆周方向粘贴在筒壁,温度补偿片 R_2、R_4 贴在筒底外壁上,并连接成全桥线路,这种传感器适用于测量较大的压力。

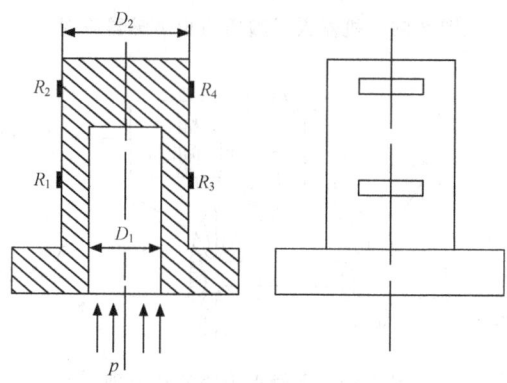

图 2-68 筒式压力传感器

对于薄壁圆筒(壁厚与壁的中面曲率半径之比<1/20),筒壁上工作应变片的切向应变 ε_t 与被测压力 p 的关系,可用下式求得:

$$\varepsilon_t = \frac{(2-\mu)D_1}{2(D_2-D_1)E}p$$

对于厚壁圆筒(壁厚与壁的中面曲率半径之比>1/20),则有

$$\varepsilon_t = \frac{(2-\mu)D_1^2}{2(D_2^2-D_1^2)E}p$$

式中,D_1 为圆筒内孔直径;D_2 为圆筒外壁直径;E 为圆筒材料的弹性模量;μ 为圆筒材料的泊松比。

3) 力矩传感器

图 2-69 所示为机器人手腕用的力矩传感器的工作原理,它是检测机器人终端环节(如小臂)与手爪之间力矩的传感器。目前国内外研制的腕力传感器种类较多,但使用的敏感元件几乎全都是应变片,不同的只是弹性结构有差异。图中驱动轴 B 通过装有应变片 A 的腕部与手部 C 连接。当驱动轴回转并带动手部回转而拧紧螺丝钉 D 时,手部所受力矩的大小可通过应变片电压的输出测得。

图 2-70 为无触点检测力矩的方法。传动轴的两端安装上磁分度圆盘 A,分别用磁头 B 检测两圆盘之间的转角差,用转角差与负荷 M 成比例的关系,即可测量负荷力矩的大小。

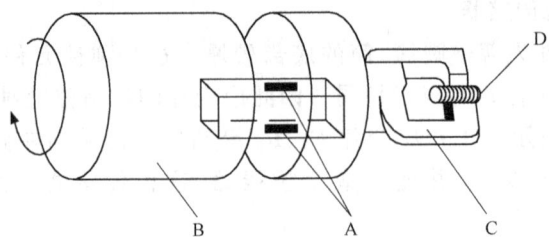

图 2-69　机器人手腕用力矩传感器原理

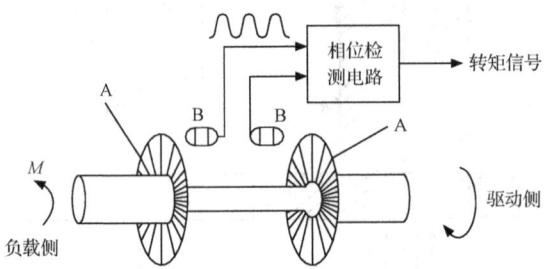

图 2-70　无触点力矩测量原理

4）力与力矩复合传感器

图 2-71 为机器人十字架式腕力传感器。这是一种用来测量机械手与支座间的作用力，从而推算出机械手施加在工件上力的传感器。

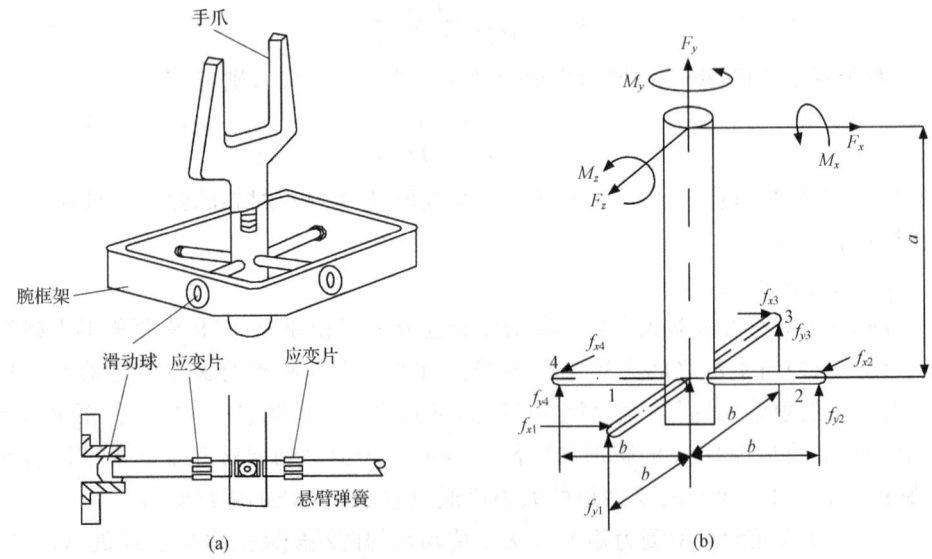

图 2-71　机器人十字架式腕力传感器原理
(a) 结构；(b) 受力状况

由图 2-71(a)可知，四根悬臂梁以十字架结构固定在手腕轴上，各悬臂外端插入腕框架内侧的孔中。为使悬臂在相对弯曲时易于滑动，悬臂端部装有尼龙滑动球。悬臂梁的截面可为圆形或正方形，每根梁的上下左右侧面各贴一片应变片，相对面上的两片应变片构成一组半桥。通过测量一个半桥的输出，即可测出一个参数。整个手腕通过应变片，可检测出 8 个参数，即 f_{x1}、f_{x2}、f_{x3}、f_{x4}、f_{y1}、f_{y2}、f_{y3}、f_{y4}。利用这些参数可计算出手腕顶端 x、y、z 三个方向上的力 F_x、F_y、F_z 和力矩 M_x、M_y、M_z。作用在手腕上各力或力矩的参数如图 2-71(b)所示，可由下式计算：

$$F_x = -f_{x1} - f_{x3}$$
$$F_y = -f_{y1} - f_{y2} - f_{y3} - f_{y4}$$
$$F_z = -f_{x2} - f_{x4}$$
$$M_x = af_{x2} + af_{x4} + bf_{y1} - bf_{y3}$$
$$M_y = -bf_{x1} + bf_{x3} + bf_{x2} - bf_{x4}$$
$$M_z = -af_{x1} - af_{x3} - bf_{y2} + bf_{y4}$$

图 2-72 为机器人腕力传感器结构原理。图中 P_{x+}、P_{x-} 为在 y 方向施力时，产生与施力大小成正比的弯曲变形的挠性杆，杆的两侧贴有应变片，检测应变片的输出即可知道 y 向受力的大小。P_{y+}、P_{y-} 为在 x 方向施力时，产生与施力大小成正比的弯曲变形的挠性杆，杆的两侧贴有应变片，检测应变片的输出即可知道 x 向受力的大小。Q_{x+}、Q_{x-}、Q_{y+}、Q_{y-} 为检测 z 向施力大小的挠性杆，原理同上。综合应用上述挠性杆也可测量手腕所受回转力矩的大小。

应用腕力传感器，可以控制机械手进行孔轴装配、棱线跟踪、物体表面的平面区域的方向检测等作业。

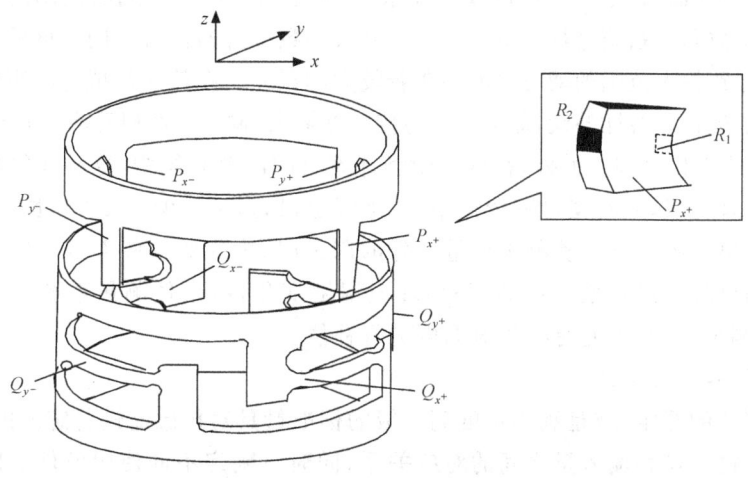

图 2-72 机器人腕力传感器结构原理

2.3.4 传感器的选择和使用

1. 传感器的选择

对于不同的传感器,应根据实际需要确定其主要性能参数。有些指标可要求低些或可以不予考虑,以便使传感器成本低又能达到较高的精度。选用传感器时,应考虑的主要因素如下:高精度、低成本;灵敏度应根据需要合理确定;工作可靠、稳定性好,应长期工作稳定;抗腐蚀性好;抗干扰能力强;动态测量应具有良好的动态特性;结构简单、小巧,使用维护方便,通用性强,功耗低等。

因此,选择传感器应从以下几个方面考虑:

(1) 测试要求和条件。包括测量目的、被测物理量选择、测量范围、输入信号最大值和频带宽度、测量精度要求、测量所需时间要求等。

(2) 传感器特性。包括精度、稳定性、响应速度、输出量性质、对被测物体产生的负载效应、校正周期、输入端保护等。

(3) 使用条件。包括安装条件、工作场地的环境条件(温度、湿度、振动等)、测量时间、所需功率容量、与其他设备的连接、备件与维修服务等。

2. 传感器的正确使用

传感器的正确使用主要包括以下几个方面:对传感器的输出特性进行线性化处理与补偿,传感器的标定以及采取适当的抗干扰措施。

1) 线性化处理与补偿

在机电一体化测控系统中,尤其是需对被测参量进行显示时,总是希望传感器及检测电路的输入/输出特性成线性关系,使测量对象在整个刻度范围内灵敏度一致,以便读数和对系统进行分析处理。但是大多数传感器具有不同程度的非线性特性,这就导致较大范围的动态检测存在着较大的误差。在使用模拟电路组成检测回路时,为了进行非线性补偿,通常采用与传感器输入/输出特性相反特性的元件,通过硬件进行线性化处理。另外,在含有微型计算机的测量系统中,这种非线性补偿可以用软件来完成,其补偿过程较简单,精确度也很高,又减少了硬件电路的复杂性。

当输出量中包含有被测物理量之外的因素时,为克服这些因素的影响需要采取相应的措施加以补偿。例如,外界环境温度变化,将会使测量系统产生附加误差,影响测量精度,因此有必要对温度进行补偿。

2) 传感器的标定

传感器的标定,就是利用精度高一级的标准量具对传感器进行定度的过程,从而确定其输出量和输入量之间的对应关系,同时也确定不同使用条件下的误差关系。传感器使用前要进行标定,使用一段时间后还要定期进行校正,检查精度性能是否满足原设计指标。

3) 抗干扰措施

传感器大多要在现场工作,而现场的条件往往是不可预料的,有时是极其恶劣的环境。各种外界因素会影响传感器的精度和性能,所以在检测系统中,尤其是在微弱输入信号的系统中,抗干扰是非常重要的。常采用的抗干扰措施有屏蔽、接地、隔离和滤波等,详细措施见本书电磁兼容技术章节的内容。

2.3.5 传感器的测量电路

在机电一体化系统中,传感器获取系统的有关信息并通过检测系统进行处理,以对系统进行控制。传感器处于被测对象与检测系统的界面位置,为检测系统提供必需的原始信号。传感器输出的电参数信号一般较微弱,需要由中间转换电路进行放大、调制解调、A/D、D/A 转换等处理以满足信号传输、计算机处理的要求,根据需要还必须进行必要的阻抗匹配、线性化及温度补偿等处理。中间转换电路的种类和构成由传感器的类型决定,不同的传感器要求配用的中间转换电路经常具有自己的特色。

1. 测量电路

根据传感器输出信号(如模拟信号、数字信号和开关信号)的不同,其测量电路也有模拟型测量电路、数字型测量电路和开关型测量电路之分。

1) 模拟型测量电路

模拟型测量电路适用于电阻式、电感式、电磁式和电热式等输出模拟信号的传感器。当传感器为电参量式时,即被测物理量的变化引起敏感元件的电阻、电感或电容等参数变化时,则需通过基本转换电路将其转换成电量(电压、电流等)。若传感器的输出已是电量,则不需要基本转换电路。为了使测量信号具有区别于其他杂散信号的特征,以提高其抗干扰能力,常采用中间转换电路对信号进行"调制"的方法,信号的调制一般在转换电路中进行。调制后的信号经放大再通过解调器将信号恢复原有形式,通过滤波器选取其有效信号。未调制的信号不需要解调,也不需要振荡器提供调制载波信号和解调参考信号。为适应不同测量范围的需要,还可引入量程切换电路。为了获得数字显示或便于与计算机连接,需采用 A/D 转换电路将模拟信号处理成数字信号。

2) 数字型测量电路

数字型测量电路有绝对码数字式和增量码数字式。绝对码数字式传感器输出的编码与被测量一一对应,每一码道的状态由相应的光电元件读出,经光电转换、放大整形后,得到与被测量相对应的编码。

输出的信号为增量码数字信号的传感器,如光栅、磁栅、容栅、感应同步器、激光干涉等传感器均使用增量码测量电路。为了提高传感器的分辨力,常采用细分的方法,使传感器的输出变化 $1/n$ 周期时计一个数,n 称为细分数。细分电路还常同时完成整形作用,有时为便于读出还需要进行脉冲当量变换。辨向电路用于辨别运动部件的运动方向,以正确进行加法或减法计算。经计算后的数值被传送到相关的地方(显示或控制器)显示或控制。

3) 开关型测量电路

传感器的输出信号为开关信号,如光电开关和电触点开关的通断信号等。这类信号的测量电路实质为功率放大电路。

2. 转换电路

中间转换电路的种类和构成由传感器的类型决定。这里对常用的转换电路,如电桥、放大电路、调制与解调电路、D/A 与 A/D 转换电路等的作用做以简单说明,其工作原理及应用电路请参考相关资料。

(1) 电桥。电桥适用于电参量式传感器。其作用是将被测物理量的变化引起敏感元件的电阻、电感或电容等参数的变化,转换为电量(电压、电流、电荷等)。

(2) 放大电路。放大电路通常由运算放大器、晶体管等组成,用来放大来自传感器的微弱信号。为得到高质量的模拟信号,要求放大电路具有抗干扰、高输入阻抗等性能。常用的抗干扰措施有屏蔽、滤波、正确的接地等方法。屏蔽是抑制场干扰的主要措施,而滤波则是抑制干扰最有效的手段,特别是抑制导线耦合到电路中的干扰。对于信号通道中的干扰,可依据测量中的有效信号频谱和干扰信号的频谱,设计滤波器,以保留有用信号,剔除干扰信号。接地的目的之一是为了给系统提供一个基准电位,若接地方法不正确就会引进干扰。

(3) 调制与解调电路。由传感器输出的电信号多为微弱的、变化缓慢的类似于直流的信号,若采用一般直流放大器进行放大和传送,零点漂移及干扰等会影响测量精度。因此常先用调制器把直流信号变换成某种频率的交流信号,经交流放大器放大后再通过解调器将此交流信号重新恢复为原来的直流信号形式。

(4) A/D 与 D/A 转换电路。在机电一体化系统中,传感器输出的信号如果是连续变化的模拟量,为了满足系统信息传输、运算处理、显示或控制的需要,应将模拟量变为数字量,或再将数字量变为模拟量,前者就是 A/D 转换,后者为 D/A 转换。

需指出的是,在机电一体化系统设计中,所选用的传感器多数已由生产厂家配好转换放大控制电路而不需要用户设计,除非是现有传感器产品在精度或尺寸、性能等方面不能满足设计要求,才自己选用传感器的敏感元件并设计与此相匹配的转换测量电路。

2.4 伺服驱动技术

伺服(sevo)一词源于拉丁语,原意是奴隶、伺候服侍的意思。伺服就是在控制指令的指挥下,控制驱动元件,使机械系统的运动部件按照指令要求进行运动。伺服系统主要用于机械参数的动态控制,伺服传动包括电气、气压和液压等各种类型的传动装置,这些传动装置通过接口与计算机相连,在计算机控制下,带动工作机械做回转、直线以及其他各种复杂运动。伺服系统在数控机床、工业机器人、坐标测量机以及自动导引车等自动化制造、装配及测量设备中,获得了非常广泛的应用。

2.4.1 伺服系统概述

1. 伺服系统及其组成

伺服系统是实现电信号到机械动作的转换装置或部件(见图2-73),以位移、速度、加速度、力和力矩等为控制对象,在控制命令的指挥下,控制执行元件工作,使机械运动部件按照控制命令的要求进行运动。所以伺服系统是指以机械参数作为被控量的一种自动控制系统,其性能对机电一体化系统的动态性能、控制质量和功能具有决定性的作用,是机电一体化设备的核心。

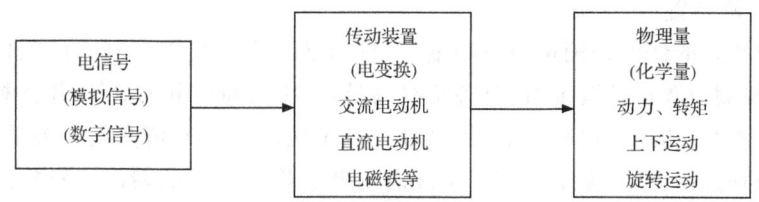

图 2-73 伺服系统的作用

伺服传动装置是驱动车床、磨床等机床的主轴以及进给平台的动力源。在机器人中,伺服传动装置也是驱动机器人本体做上下运动、旋转运动以及驱动手臂做伸缩运动等的驱动源。作为动力源的传动装置主要有各种电动机、液压装置和气动装置等。由于变频技术的进步,交流伺服驱动技术取得突破性进展,为机电一体化系统提供了高质量的伺服驱动单元,极大地促进了机电一体化技术的发展。近年来,已经开发出用于CNC机床的高速切削主轴系统,其中采用了空气静压轴承和动压轴承或者磁悬浮轴承,开发出了用于平台进给的磁场方式直线驱动装置等。

伺服系统的结构类型繁多,其组成和工作状况也不尽相同。一般来说,其基本组成可包含控制器、功率放大器、执行机构和检测装置等四大部分,如图2-74所示。

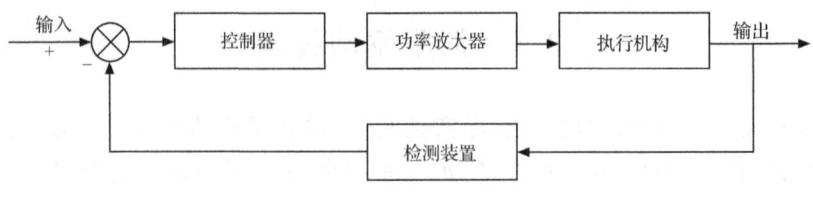

图 2-74 伺服系统的组成

1)控制器

控制器的主要任务是根据输入信号和反馈信号决定控制策略。常用的控制算法有 PID(比例、积分、微分)控制和最优控制等。控制器通常由电子线路或计算机组成。

2)功率放大器

伺服系统中的功率放大器的作用是将信号进行放大,并用来驱动执行机构完成某种操作。在现代机电一体化系统中的功率放大装置,主要采用各种电力电子器件组成。

3)执行机构

执行机构主要由伺服电动机或液压伺服机构和机械传动装置等组成。目前,采用电动机作为驱动元件的执行机构占据较大的比例。伺服电动机包括步进电动机、直流伺服电动机、交流伺服电动机等。液压伺服机构包括液压马达、脉冲液压缸等。

4)检测装置

检测装置的任务是测量被控制量(即输出量),实现反馈控制。伺服传动系统中,用来检测位置量的装置有:自整角机、旋转变压器和光电码盘等;用来检测速度信号的装置有:测速发电机、光电码盘等。鉴于检测装置的精度是至关重要的,无论采用何种控制方案,系统的控制精度总是低于检测装置的精度。对检测装置的要求除了精度高之外,还要求线性度好、可靠性高、响应快等。

大多数伺服系统是具有检测回路的反馈控制系统,通常仍采用传统的经典控制理论来进行分析和设计。随着计算机性能的不断提高,现代控制理论得到了更加广泛的应用,伺服系统的控制手段也向着模糊控制、神经网络等更加智能化的方向发展。

2. 伺服系统的分类

伺服系统可以有很多种不同的分类方法,具体如下所述。

(1)按控制原理的不同分为开环、全闭环和半闭环等伺服系统。

① 开环伺服系统。

若伺服系统没有检测反馈装置则称为开环伺服系统。开环伺服系统结构简单,但精度不是很高。大多数经济型数控机床均采用了这种没有检测反馈的开环控制结构。老式机床在数控化改造时,工作台的进给系统更是广泛采用开环控制,图 2-75 给出了这种控制的结构简图:数控装置发出脉冲指令,经过脉冲分配和功率放大后,驱动步进电动机旋转。由于没有检测反馈,工作台的位移精度主要取决于步进电动机和传动件的累积误差。因此,开环伺服系统的精度低,一般可达 0.01mm 左右,且速度也有一定的限制。虽然开环控制在精度方面有不足,但其结构简单、成本低、调整和维修都比较方便,另外由于被控量不以任何形式反馈到输入端,所以其工作稳定、可靠,因此在一些精度、速度要求不很高的场合,如线切割机、办公自动化设备中获得广泛应用。

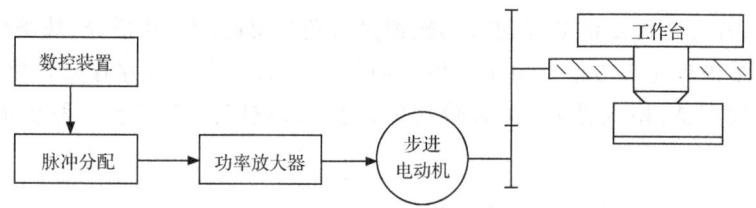

图 2-75 开环伺服系统结构简图

② 全闭环伺服系统。

图 2-76 是一个全闭环伺服系统,安装在工作台上的位置传感器可以是直线感应同步器或长光栅,它可将工作台的直线位移转换成电信号,并在比较环节与指令脉冲相比较,所得到的偏差值经过放大,由伺服电动机驱动工作台向偏差减小的方向移动。若数控装置中的脉冲指令不断地产生,工作台就随之移动,直到偏差值等于零为止。

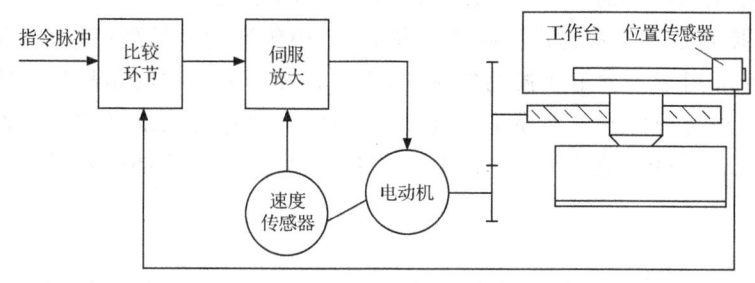

图 2-76 全闭环伺服系统结构简图

全闭环伺服系统将位置检测器件直接安装在工作台上,从而可获取工作台实际位置的精确信息,定位精度可以达到亚微米量级,从理论上讲,其精度主要取决于检测反馈部件的误差,而与放大器、传动装置没有直接的联系,是实现高精度位置控制的一种理想的控制方案。但实现起来难度很大,存在稳定性问题:由于全部的机械传动链都被包含在位置闭环之中,机械传动链的惯量、间隙、摩擦、刚性等非线性因素都会给伺服系统造成影响,从而使系统的控制和调试变得异常复杂,制造成本亦会急速攀升。因此,全闭环伺服系统主要用于高精密和大型的机电一体化设备。

③ 半闭环伺服系统。

图 2-77 是一个半闭环伺服系统的结构简图。工作台的位置通过电动机上的传感器或是安装在丝杆轴端的编码器间接获得,它与全闭环伺服系统的区别在于检测元件位于系统传动链的中间,故称为半闭环伺服系统。显然由于有部分传动链在系统闭环之外,故其定位精度比全闭环的稍差。但由于测量角位移比测量线位移容易,并可在传动链的任何转动部位进行角位移的测量和反馈,故结构比较简单,调整、维护也比较方便。由于将惯性质量很大的工作台排除在闭环之外,这种系统调试较容易、稳定性好,具有较高的性价比,被广泛应用于各种机电一体化设备。

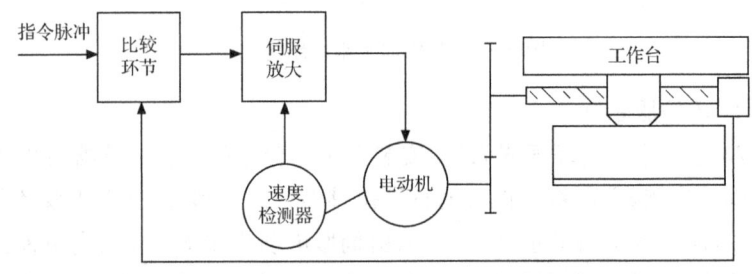

图 2-77 半闭环伺服系统结构简图

(2) 按信息传递的不同分为连续控制系统与采样控制系统。

连续控制系统又称为模拟控制系统,系统中传递的信号是模拟量,其发展最早,已广泛应用于各类工业控制领域中;而采样控制系统中的信号是脉冲序列或数字编码,通过采样开关把模拟量转化为离散量,故这类系统又称作脉冲控制系统或离散控制系统,它由采样器、数字控制器和保持器等部分组成,如图 2-78 所示。

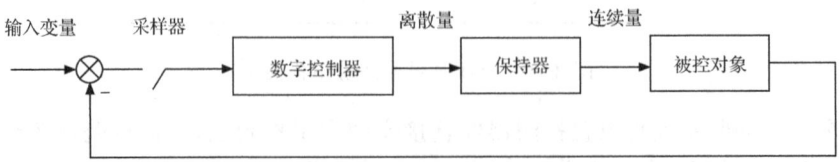

图 2-78 采样控制系统结构简图

与连续控制系统相比,采样控制具有以下优点:① 数字元件比模拟元件具有更高的可靠性和稳定性;②受到扰动时,经过几个采样周期即可快速达到稳定,受扰动的影响小;③具有更大的灵活性,实现控制规律的精度高。

(3) 按驱动方式的不同可分为电气、液压、气动等伺服系统。

其中电气伺服系统采用伺服电动机作为执行元件,又有直流伺服系统、交流伺服系统、步进伺服系统之分,在机电一体化产品中得到广泛应用。

(4) 按被控量性质的不同可分为位置控制、速度或加速度控制、力或力矩控制、速度或位置的同步控制等伺服系统。

(5) 按控制过程又分为点位控制系统与轮廓控制系统等。

3. 伺服系统的总体要求

伺服系统的基本设计要求是输出量能迅速而准确地响应输入指令的变化,如机械手控制系统的目标是使机械手能够按指定的轨迹进行运动。具体讲主要有稳定性、精度、快速响应性和灵敏度等。

1) 稳定性

伺服系统的稳定性是指当作用在系统上的扰动信号消失后,系统能够恢复到原来的稳定状态下运行,或者在输入的指令信号作用下,能够达到新的稳定运行状态的能力。稳定性要求是一项最基本的要求,是保证伺服系统能够正常运行的最基本条件。伺服系统在其工作范围内应该是稳定的,其稳定性主要取决于系统的结构及组成元件的参数,可采用自动控制理论所提供的各种方法来加以控制。

2) 精度

伺服系统的精度是指其输出量复现输入指令信号的精确程度。系统中各个元件的误差都会影响到系统的精度,如传感器的灵敏度和精度、伺服放大器的零点漂移和死区误差、机械装置中的反向间隙和传动误差、各元器件的非线性因素等。

反映在伺服系统上就会表现出动态误差、稳态误差和静态误差,伺服系统应在比较经济的条件下达到给定的精度。

3) 快速响应性

快速响应性是指系统输出量快速跟随输入指令信号变化的能力,它主要取决于系统的阻尼比和固有频率,由系统的上升时间和调整时间来描述。减小阻尼比或增加固有频率可以提高快速响应性,但对系统的稳定性和最大超调量有不利影响,因此系统设计时应对两者进行优化,使系统的输出响应速度尽可能快。

4) 灵敏度

系统各元件的参数变化等都会影响系统的性能,系统对这些变化的灵敏度小,即系统的性能应不受参数变化的影响。具体措施为:对于开环系统,应严格选择各元件;对于闭环系统,对输出通道中元件的挑选标准可以适当放宽,对反馈通道的各元件必须严格挑选,以改善系统的灵敏度。

2.4.2 伺服系统中的执行元件

执行元件是一种能量转换装置,它位于电气控制装置和机械执行装置之间,在控制指令下,将输入的各种形式的能量转换为机械能。图 2-79 所示为电气执行元件的分类框图。根据使用能量的不同,分为电气式、液压式和气压式等主要类型,电气式传动装置利用电磁线圈把电能转换成磁场力(电磁力),再依靠电磁力做功,从而把电能变换成转子(或动子)的机械运动。液压式传动装置把电能变换成一次油压,利用电磁阀来控制和切换油压,从而把液压能量变换成负载的机械运动。气动式传动装置的工作原理与液压式相同,它们的区别仅在于能量传递的媒介由油变成了空气。其他传动装置的原理则主要与一些功能材料的性能有关,如利用双金属、形状记忆合金或者压电效应等可以制成具有某种运动功能的传动装置。

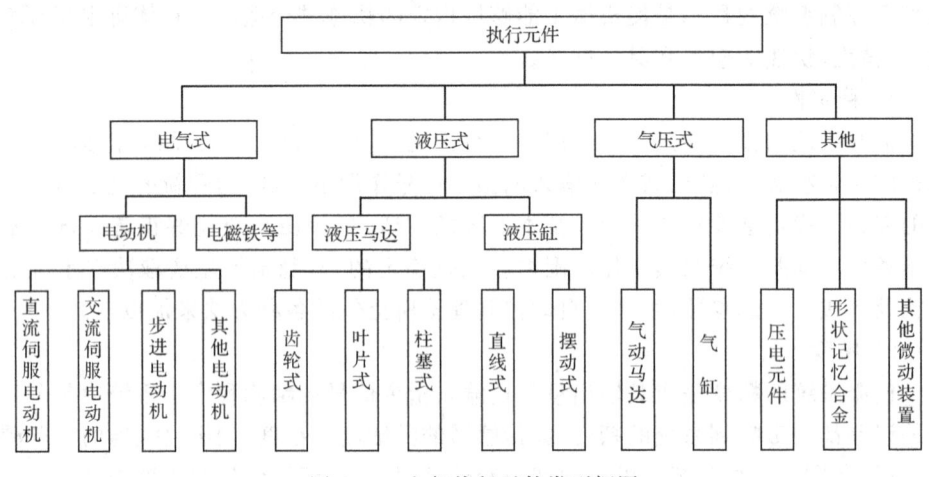

图 2-79 电气执行元件类型框图

1. 执行元件的分类

用计算机控制最方便的是电气式执行元件,因此机电一体化系统所用执行元件的主流是电气式,其次是液压式和气压式(在驱动接口中需要增加电-液或电-气变换环节)。

1) 电气式

电气式执行元件以电能为动力,将电能转变为位移或转角等,包括控制用电动机(步进电动机、DC 和 AC 伺服电动机)、静电电动机、磁致伸缩器件、压电元件、超声波电动机(如利用超声波振动获得转矩的超声波电动机)以及电磁铁等。其中,利用电磁力的电动机和电磁铁,都具有操纵简便、适宜编程、响应快、伺服性能好、易与微机相接等优点,因而成为机电一体化伺服系统中最常用的执行元件。

另外,其他电气式伺服驱动系统中还有微量位移用器件,如电磁铁、压电驱动器和电热驱动器等可用在机电一体化产品中实现微量进给。

2) 液压式

液压式执行元件是按密闭连通器的原理工作的,靠油液通过密闭容积变化的压力能来传递能量。液压式伺服驱动系统主要包括往复运动的油缸、回转油缸、液压马达等,其中油缸占绝大多数。其突出优点是输出功率大、转矩大,工作平稳,可以直接驱动运动机构,承载能力强,适合于重载的高加减速驱动。但需要相应的液压源,占地面积大,控制性能不如伺服电动机。但目前世界上已开发了各种数字式液压式执行元件,如电-液伺服马达和电-液步进马达,这些马达在强力驱动和高精度定位时性能好,而且使用方便,因此得到了广泛重视。

3) 气压式

气压式伺服驱动系统除了用压缩空气做工作介质外,与液压式执行元件无太大区别。具有代表性的气压式执行元件有气缸、气压马达等。气压驱动虽可得到较大的驱动力、行程和速度,但由于空气黏性差,具有可压缩性,故不能在定位精度较高的场合使用。

4) 其他执行元件

在新的原理方面,利用压电元件的逆压电效应原理和磁致伸缩、电致伸缩器件等构成的微位移驱动器,已经在微米、亚微米领域获得了广泛应用。

2. 伺服系统对执行元件的要求

由于执行元件是直接的被控对象,为了能按照控制命令的要求准确、迅速、精确、可靠地实现对控制对象的调整与控制,伺服系统对执行元件有如下要求:

(1) 体积小、输出功率大。机电一体化系统既要确保执行元件的体积小、重量轻,同时又要增大其输出功率,功率密度反映了电动机单位重量的输出功率,在起停频率低,但要求运行平稳和扭矩脉动小的场合可采用这一指标。具有高的比功率对于起停频率高的机械是十分重要的。

(2) 快速性能好。这要求执行元件惯性要小、加减速时动力要大,频率特性要好。

(3) 便于计算机控制。机电一体化产品正在适应数字控制技术的要求,向与微机控制相结合的智能化方向发展。适于计算机控制将会成为对伺服系统执行元件的基本要求。

(4) 便于维修、可靠性和动作的准确性要高。执行元件要便于维修,而且要安全可靠。近年发展很快的无刷直流伺服电动机和交流伺服电动机可大大减少维修,提高寿命。

(5) 运行平稳、分辨率高。

(6) 振动和噪声小。

2.4.3 电气伺服驱动系统

机电一体化系统中伺服驱动装置的主流是电气伺服驱动系统,伺服电动机是将电能转换为机械能的一种能量转换装置,能够根据控制指令提供正确运动或较复杂动作。伺服电动机可在很宽的速度和负载范围内进行连续、精确地控制,因而在机电一体化系统中得到了广泛的应用。

为了满足机电一体化系统设计的要求,实现执行元件的精确驱动与定位,保证系统的高效、精确和可靠的性能,伺服电动机有如下的基本性能要求:

(1) 性能密度大,即功率密度大;

(2) 快速性好,即加速转矩大,频响特性好;

(3) 位置控制精度高,调速范围宽,低速运行平稳无爬行现象,分辨力高,振动噪声小;

(4) 适应起停频繁的工作要求;

(5) 可靠性高,寿命长。

此外,一般还要求伺服电动机具有良好的机械特性和调节特性,机械特性是指在一定的电枢电压条件下转速和转矩的关系,而调节特性是指在一定的转矩条件下转速和电枢电压的关系。因此在进行机电一体化系统设计时,需要根据系统设计要求选择确定伺服电动机。

各种伺服电动机的特点及应用举例见表 2-4。

表 2-4 伺服电动机的特点及应用实例

种 类		主要特点	应用实例
DC 伺服电动机		① 高响应特性; ② 高功率密度(体积小、重量轻); ③ 可实现高精度数字控制; ④ 接触换向部件(电刷与换向器)需要维护	数控机械、机器人、计算机外围设备、办公机械、音响和音像设备、计测机械等
晶体管式无刷直流伺服电动机		① 无接触换向部件; ② 需要磁极位置检测器(如同轴编码器等); ③ 具有 DC 伺服电动机的全部优点	音响和音像设备、计算机外围设备等
AC 伺服电动机	永磁同步		
	异步交流 (矢量控制)	① 对应于电流的激励分量和转矩分量分别控制; ② 具有 DC 伺服电动机的全部优点	数控机械、机器人等
步进电动机		① 转角与控制脉冲数成比例,可构成直接数字控制; ② 有定位转矩; ③ 可构成廉价的开环控制系统	计算机外围设备、办公机械、数控装置

伺服电动机性能及优缺点的比较见表 2-5、表 2-6。

表 2-5　伺服电动机的性能比较

项目	DC 伺服电动机	SM(同步)型伺服电动机	IM(异步)型 AC 伺服电动机
适用容量	数瓦至数千瓦	数十瓦至数千瓦	数百瓦以上
驱动电流波形	直流	矩形波、正弦波	正弦波、矩形波(力矩脉动大)
磁极传感器	不需要	霍尔、光电编码器、旋转变压器	不需要
速度传感器	DCTG	无刷 DCTG、光电编码器、旋转变压器	无刷 DCTG、光电编码器、旋转变压器
寿命	电刷寿命	轴承寿命	轴承寿命
电动机常数	受制于电刷电压	可高电压小电流工作,由电动机结构决定,可进行低速大转矩运行	可高电压小电流工作,恒输出特性(弱磁控制)
高速旋转	不适用	适用	适用
异常制动	动态制动力矩大	动态制动力矩中等	制动时需有 DC 电源,动态制动力矩小
耐环境性能	差	良	良

表 2-6　伺服电动机优缺点比较

	DC 伺服电动机	SM 型伺服电动机	IM 型 AC 伺服电动机
优点	① 停电时可制动; ② 控制器简单; ③ 小容量的成本低; ④ 功率速率高(响应能力指标); ⑤ 无铁心形的 DC 伺服电动机无齿槽效应转矩	① 停电时可制动; ② 可高速大力矩工作; ③ 耐环境性好,无需维修; ④ 小型轻量; ⑤ 功率速率高(响应能力指标)	① 耐环境性好,无需维修; ② 可高速大转矩工作; ③ 大容量下效率良好; ④ 结构坚固
缺点	① 需对整流子维护; ② 不能在高速大力矩下工作; ③ 产生磨耗有粉尘	① 无自起动功能; ② 电动机与控制器需一一对应; ③ 控制器较复杂	① 在小容量下工作效率低; ② 温度特性差; ③ 停电时不能制动; ④ 控制器较复杂

以下仅对目前常用的步进电动机、直流伺服电动机、交流伺服电动机和直线电动机的结构特点及应用范围等作一基本的介绍。

1. 步进电动机

步进伺服系统中的执行元件是步进电动机,又称脉冲电动机,是一种将输入脉冲信号转换成相应的旋转或直线位移的运动执行元件,可以实现高精度的位移控制。由于步进电动机可用数字信号直接进行控制,因此很容易与计算机相连,是位置控制中常用的执行装置。步进电动机发明至今已有半个多世纪,早期的步进电动机性能差、效率低,但它具有低转子惯量、无漂移和无积累定位误差的优点。在计算机快速发展的今天,步进电动机全数字化的控制性能得到了充分展现,它已被广泛应用于众多领域。

1) 步进电动机的种类与特点

根据步进电动机的构造和工作原理不同可分为可变磁阻式(VR 型)步进电动机(又称反应式步进电动机)、永磁式(PM 型)步进电动机和混合式(HB 型)步进电动机(亦称永磁感应式步进电动机)(见图 2-80)。按励磁线圈的相数不同,可将步进电动机分为二相、三相、四相、五相和六相步进电动机。

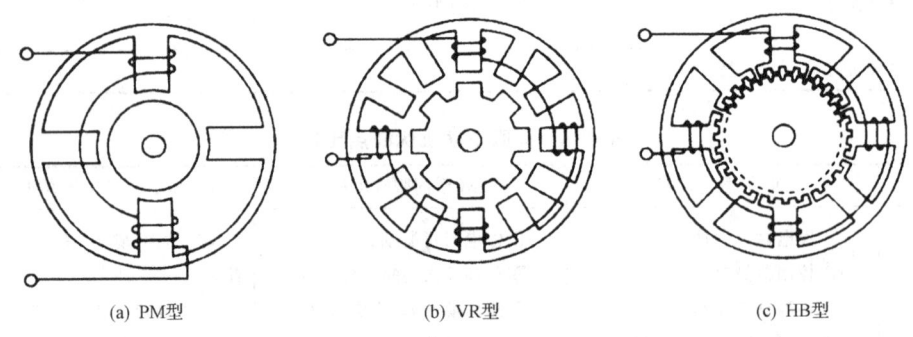

(a) PM 型 (b) VR 型 (c) HB 型

图 2-80 步进电动机的结构与分类

(1) 可变磁阻式(VR 型)步进电动机。

该类电动机由定子绕组产生的反应电磁力吸引用软磁钢制成的齿形转子进行步进驱动,故又称作反应式步进电动机,其定子与转子分别由铁心构成。定子上嵌有线圈,转子朝定子间磁阻最小方向转动,并由此而得名为可变磁阻型。这类电动机的转子结构简单、转子直径小,有利于高速响应。由于 VR 型步进电动机的铁心无极性,故不需改变电流极性,因此,多为单极性励磁。

由于该类电动机的定子与转子均不含永久磁铁,故无励磁时没有保持力。另外,需要将气隙做得尽可能小(如几微米)。这种电动机具有制造成本高、效率低、转子的阻尼差、噪声大等缺点。但是,由于其制造材料费用低、结构简单、步距角小,随着加工技术的进步,可望成为多用途的机种。

(2) 永磁式(PM 型)步进电动机。

PM 型步进电动机的转子采用永久磁铁,定子采用软磁钢制成,绕组轮流通电,建立的磁场与永久磁铁的恒定磁场相互吸引与排斥产生转矩。这种电动机由于采用了永久磁铁,即使定子绕组断电也能保持一定转矩,故具有记忆能力,可用做定位驱动。

PM 型电动机的特点是励磁功率小、效率高、造价便宜,因此需要量也大。由于转子磁铁的磁化间距受到限制,难于制造,故步距角较大。与 VR 型相比输出转矩大,但转子惯量也较大。

(3) 混合式(HB 型)步进电动机。

这种电动机转子上嵌有永久磁铁,故可以说是 PM 型步进电动机,但从定子和转子的导磁体来看,又和 VR 型相似,所以是 PM 型和 VR 型相结合的一种形式,故称为混合型步进电动机。它不仅具有 VR 型步进电动机步距角小、响应频率高的优点,而且还具有 PM 型步进电动机励磁功率小、效率高的优点,它的定子与 VR 型没有多大差别,只是在相数和绕组接线方面有其特殊的地方。例如,VR 型一般都做成集中绕组的形式,每极上放有一套绕组,相对的两极为一相,而 HB 型步进电动机的定子绕组大多数为四相,而且每极同时绕两相绕组或采用桥式电路绕一相绕组,按正反脉冲供电。

这种类型的电动机由转子铁心的凸极数和定子的副凸极数决定步距角的大小,可制造出步距角较小(0.9°~3.6°)的电动机。

HB 型与 PM 型多为双极性励磁。由于都采用了永久磁铁,无励磁时具有保持力,励磁时的静止转矩比 VR 型步进电动机的大。HB 型和 PM 型步进电动机能够用作超低速同步电动机,如用 60Hz 驱动每步 1.8°的电动机可作为 72r/min 的同步电动机使用。

2) 步进电动机的运行特性及性能指标

(1) 分辨力。

在一个电脉冲作用下,步进电动机转子转过的角位移即步距角 α。步距角 α 越小,分辨力越高。最常用的步距角有 0.6°/1.2°、0.75°/1.5°、0.9°/1.8°、1°/2°、1.5°/3°等。

(2) 矩-角特性。

在空载状态下,步进电动机的某相通以直流电时,转子齿的中心线与定子齿中心线相重合,转子上没有转矩输出,此时的位置为转子初始稳定平衡位置,如果在电动机转子轴上加一负载转矩 T_L,则转子齿的中心线与定子齿的中心线将错过一个电角度 θ_e 才能重新稳定下来。此时转子上的电磁转矩 T_j 与负载转矩 T_L 相等,该 T_j 称为静态转矩,θ_e 为失调角。当 $\theta_e = \pm 90°$时,其静态转矩 T_{jmax} 为最大静转矩。T_j 与 θ_e 之间的关系大致为一条正弦曲线,如图 2-81 所示,该曲线被称作矩-角特性曲线。静态转矩越大,自锁力矩越大,静态误差就越小。一般产品说明书中标示的最大静转矩就是指在额定电流和通电方式下的 T_{jmax}。当失调角 θ_e 为 $-\pi \sim \pi$ 时,若去掉负载 T_L,转子仍能回到初始稳定平衡位置,$-\pi \leqslant \theta_e \leqslant \pi$ 的区域称为步进电动机的静态稳定区。

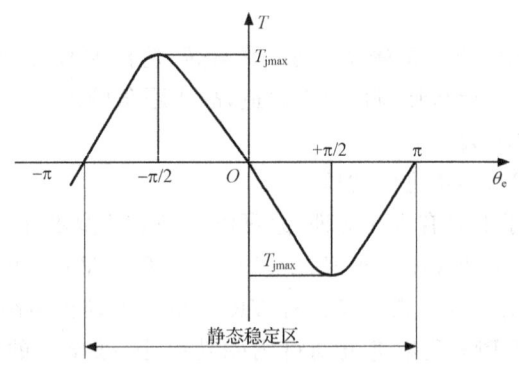

图 2-81 步进电动机矩-角特性曲线

(3) 起动频率。

步进电动机能够不失步起动的最高脉冲频率称为起动频率。所谓失步是转子前进的步数不等于输入的脉冲数,包括丢步和越步两种情况。步进电动机起动时,其外加负载转矩包括为零或不为零两种情况,前者的起动频率称为空载起动频率,后者称为负载起动频率。负载起动频率与负载惯量的大小有关。当驱动电源性能提高时,起动频率可以提高。

(4) 最高工作频率。

步进电动机起动后,将脉冲频率逐步升高,在额定负载下,电动机能不失步正常运行的极限频率为最高工作频率。其值随负载而异,它远大于起动频率,两者可相差十几倍以上。当驱动电源性能越好时,步进电动机的最高工作频率越高。

(5) 转矩-工作频率特性。

步进电动机转动后,其输出转矩随工作频率增高而下降,当输出转矩下降到一定程度时,步进电动机就不能正常工作。步进电动机的输出转矩 M 与工作频率 f 的关系曲线(也称矩-频特性曲线)如图 2-82 所示,实线为电动机的起动矩-频特性。可以看出,电动机的转动惯量越大,同频率下的起动转矩 M_q 就越小。虚线为电动机的运行矩-频特性,严格说来,转动惯量对运行矩-频特性也有影响,但不像对起动矩频特性的影响那样显著。此外,步进电动机的矩-频特性与驱动电源性能好坏有很大的关系。

在不同负载下,电动机允许的最高连续运行频率是不同的。一般步进电动机的技术说明书上都指明空载最高连续运行频率和空载起动频率。为了缩短起动时

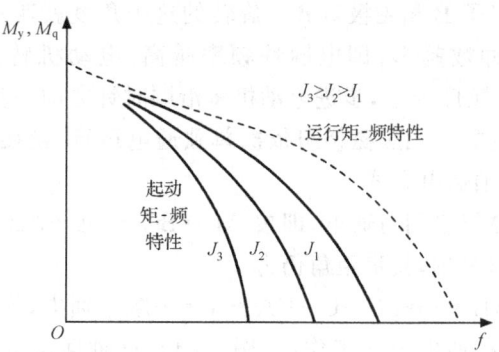

图 2-82 步进电动机的转矩-工作频率特性
M_y-运行转矩;M_q-起动转矩

间,可在一定的起动时间内将电脉冲频率按一定的规律逐渐增加到所允许的运行频率。

3) 步进电动机的工作原理

步进电动机是一种利用数字脉冲信号旋转的电动机,每当送入一个脉冲,电动机就转过一个步距角,电动机的转速与脉冲信号的频率成比例。

图 2-83 所示为 VR 型步进电动机工作原理图。其定子有 6 个均匀分布的磁极,每两个相对磁极组成一相,即有 A-A、B-B、C-C,三相磁极上绕有励磁绕组。假定转子具有均匀分布的四个齿,当 A、B、C 三个磁极的绕组依次通电时,则 A、B、C 三对磁极依次产生磁场吸引转子转动。

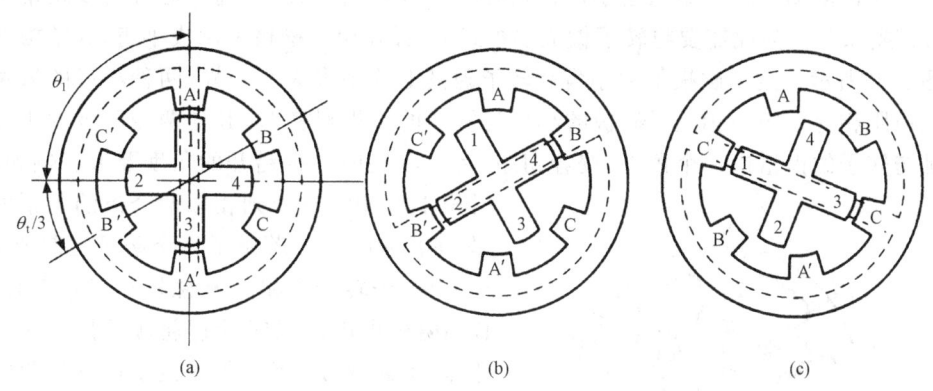

图 2-83 三相 VR 型步进电动机工作原理图

如图 2-83(a)所示,如果先将电脉冲加到 A 相励磁绕组,定子 A 相磁极就产生磁通,并对转子产生磁拉力,使转子的 1、3 两个齿与定子的 A 相磁极对齐。而后再将电脉冲通入 B 相励磁绕组,B 相磁极便产生磁通。由图 2-83(b)可以看出,这时转子 2、4 两个齿与 B 相磁极靠得最近,于是转子便沿着反时针方向转过 30°,使转子 2、4 两个齿与定子 B 相磁极对齐。旋转的这个角度就叫步距角。显然,单位时间内通入的电脉冲数越多,即电脉冲频率越高,电动机转速就越高。如果按 A→C→B→A→…的顺序通电,步进电动机将沿顺时针方向一步一步地转动。

上述步进电动机的三相励磁绕组依次单独通电运行,换接三次完成一个通电循环,称为三相单三拍通电方式。

如果使两相励磁绕组同时通电,即按 AB→BC→CA→AB→…顺序通电,这种通电方式称为三相双三拍,其步距角仍为 30°。

如果按照 A→AB→B→BC→C→CA→A→…顺序通电,换接 6 次完成一个通电循环,称为三相六拍通电方式工作(见图 2-84),这种通电方式的步距角为 15°。如果按 B→BC→C→CA→A 的顺序通电,步进电动机就沿着反时针方向转动。

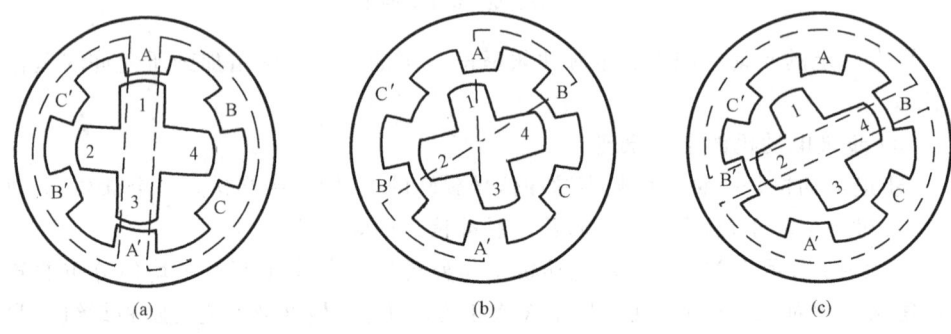

图 2-84 三相六拍步进电动机工作原理图

步进电动机的步距角越小,意味着能达到的位置精度越高。通常的步距角是 1.5°或 0.75°,为此需要将转子做成多极式的,并在定子磁极上制成小齿,其结构如图 2-85 所示。定子磁极上的小齿和转子磁极上的小齿大小一样,两种小齿的齿宽和齿距相等。当一相定子磁极的小齿与转子的小齿对齐时,其他两相磁极的小齿都与转子的齿错过一个角度,按着相序,后一相比前一相错开的角度要大。例如,转子上有 40 个齿,则相邻两个齿的齿距角是 360°/40=9°。若定子每个磁极上制成 5 个小齿,当转子齿和 A 相磁极小齿对齐时,B 相磁极小齿沿反时针超前转子齿 1/3 齿距角,即超前 3°,而 C 相磁极小齿则超前转子 2/3 齿距,即超前 6°。则当励磁绕组组按 A→B→C→A→…顺序以三相单三拍通电时,转子按反时针方向,以 3°步距角转动;如果按照 A→AB→B→BC→C→CA→A→…顺序以三相六拍通电时,步距角减小

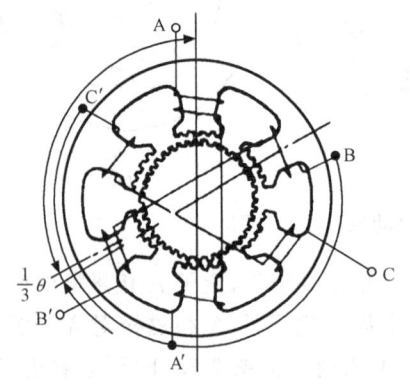

图 2-85 步进电动机结构图

一半为 1.5°。

步进电动机也可以制成四相、五相、六相或更多的相数,以减小步距角并改善步进电动机的性能。为了减小电动机制造的难度,多相步进电动机常做成轴向多段式。例如,五相步进电动机的定子沿轴向分为 A、B、C、D、E 五段。每一段是一相,在此段内只有一对定子磁极。在磁极的表面上开有一定数量的小齿,各相磁极的小齿在圆周方向互相错开 1/5 齿距。转子也分为五段,每段转子具有与磁极同等数量的小齿,但它们在圆周方向并不错开,定子的五段就是电动机的五相。

一个 m 相步进电动机,如其转子上有 z 个齿,则步距角 α 可通过下式计算:

$$\alpha = \frac{360°}{kmz}$$

式中,k 为通电方式系数。当采用单相或双相通电方式时,$k=1$;当采用单双相轮流通电方式时,$k=2$。

4) 步进电动机的特点

根据上述工作原理,可以看出步进电动机具有以下几个基本特点:

(1) 步进电动机受数字脉冲信号控制,输出角位移与输入脉冲数成正比,即

$$\theta = N\beta$$

式中,θ 为电动机转过的角度(°);N 为控制脉冲数;β 为步距角(°)。

(2) 步进电动机的转速与输入的脉冲频率成正比,即

$$n = \frac{\beta}{360°} \times 60f = \frac{\beta f}{6}$$

式中,n 为电动机转速(r/min);f 为控制脉冲频率(Hz)。

(3) 步进电动机的转向可以通过改变通电顺序来改变。

(4) 步进电动机具有自锁能力,一旦停止输入脉冲,只要维持绕组通电,电动机就可以保持在该固定位置。

(5) 步进电动机工作状态不易受各种干扰因素(如电源电压的波动、电流的大小与波形的变化、温度等)影响,只要干扰未引起步进电动机产生"丢步",就不会影响其正常工作。

(6) 步进电动机的步距角有误差,转子转过一定步数以后也会出现累积误差,但转子转过一转以后,其累积误差为"零",不会长期积累。

(7) 易于直接与微机的 I/O 接口相连,构成开环位置伺服系统。

因此,步进电动机被广泛应用于开环控制结构的机电一体化系统,使系统简化,并可靠地获得较高的位置精度。

5) 步进电动机的选用

选用步进电动机时,需要综合考虑机电一体化系统的精度、转矩和转动惯量的设计要求与条件。第一按系统位置精度要求选择步进电动机的步距角;第二按起

动速度、最大工作速度选择步进电动机的起动频率和最高工作频率;第三根据机械结构草图计算机械传动装置及负载折算到电动机轴上的等效转动惯量,然后分别计算各种工况下所需的等效力矩,按起动负载和工作负载确定起动转矩和工作转矩;第四根据步进电动机最大静转矩和起动、运行矩频特性选择合适的步进电动机;第五校验电动机的转矩。

(1) 步矩角的选择是由脉冲当量等因素来决定的。步进电动机的步距角精度将会影响开环系统的精度。

(2) 转矩和惯量匹配条件。

为了使步进电动机具有良好的起动能力及较快的响应速度,通常推荐须保证负载的转动惯量与电动机转子的转动惯量的匹配

$$\frac{T_L}{T_{max}} \leqslant 0.5, \quad \frac{J_L}{J_m} \leqslant 4$$

式中,T_{max} 为步进电动机的最大静转矩(N·m);T_L 为换算到电动机轴上的负载转矩(N·m);J_m 为步进电动机转子的最大转动惯量(kg·m²);J_L 为折算步进电动机转子上的等效转动惯量(kg·m²)。

根据上述条件,初步选择步进电动机的型号。然后,根据动力学公式检查其起动能力和运动参数。

由于步进电动机的起动矩-频特性曲线是在空载下做出的,检查其起动能力时应考虑惯性负载对起动转矩的影响,即从起动惯-频特性曲线上找出带惯性负载的起动频率,然后再查其起动转矩和计算起动时间。当在起动惯-矩特性曲线上查不到带惯性负载时的最大起动频率,可用下式近似计算:

$$f_L = \frac{f_m}{\sqrt{1+\frac{J_L}{J_m}}}$$

式中,f_L 为带惯性负载的最大起动频率(Hz);f_m 为电动机本身的最大空载起动频率(Hz);J_m 为电动机转子转动惯量(kg·m²);J_L 为换算到电动机轴上的转动惯量(kg·m²)。

当 $J_L/J_m=3$ 时,$f_L=0.5f_m$。

不同 J_L/J_m 下的矩-频特性如图 2-86 所示。由此可见,J_L/J_m 比值增大,自起动最大频率越小,其加减速时间将会延长,甚至难于起动,这就失去了快速性。

2. 直流伺服电动机

机电一体化设备中,直流伺服系统是发展最早、最成熟的伺服系统,直流伺服电动机是使用直流供电的电动机,作为驱动元件,其功能是将输入的受控电压/电流量,转换为电枢轴上的角位移或角速度输出。

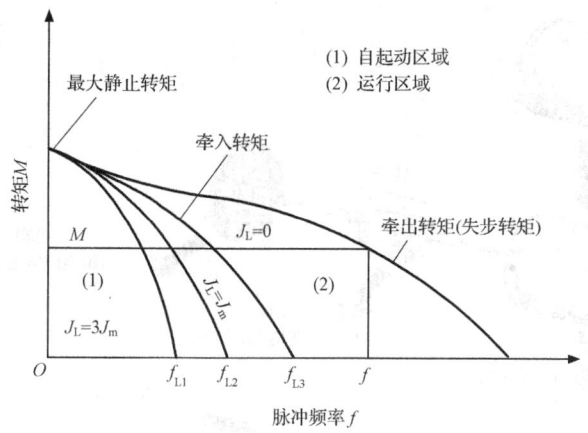

图 2-86　不同 J_L/J_m 下的矩-频特性

1) 直流伺服电动机概述

(1) 直流伺服电动机的工作原理。

首先介绍直流伺服电动机的工作原理。要想使电动机旋转起来,电动机中必须有磁场相互作用,如图 2-87 所示。图 2-87(a)表示磁场具有两种极性,一种是 N 极,一种是 S 极。同极性磁极之间相互作用的是推斥力,N 极和 S 极之间相互作用的则是吸引力。图 2-87(b)表示电动机利用了磁场的这一性质,在电动机的外侧采用了固定不动的永磁体磁极(定子),电动机内侧是一个旋转的铁心线圈(转子),N 极和 S 极总是按一定规律不断切换的电励磁磁极(称为电枢或转子),定子和转子磁极相互作用产生一定方向的力(转矩)。转子 N 极和 S 极的切换是按照定子磁极的位置,通过改变电枢绕组中的电流方向来实现的,如图 2-87(c)所示。

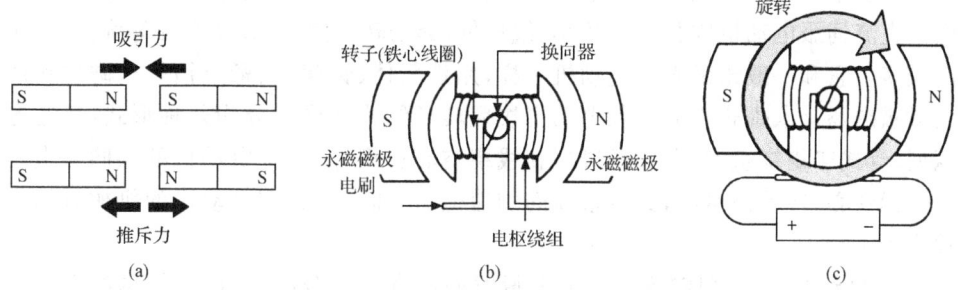

图 2-87　直流伺服电动机的工作原理
(a) 磁极的相互作用；(b) 电动机的结构；(c) 电动机的旋转

电刷的任务就是从电源吸收电流并通过换向器提供给电枢绕组。当励磁绕组和电刷端提供的电流都是直流电流时,电动机转子就会因产生电磁力(电磁转矩)而旋转起来。图 2-88 为直流伺服电动机的结构举例。

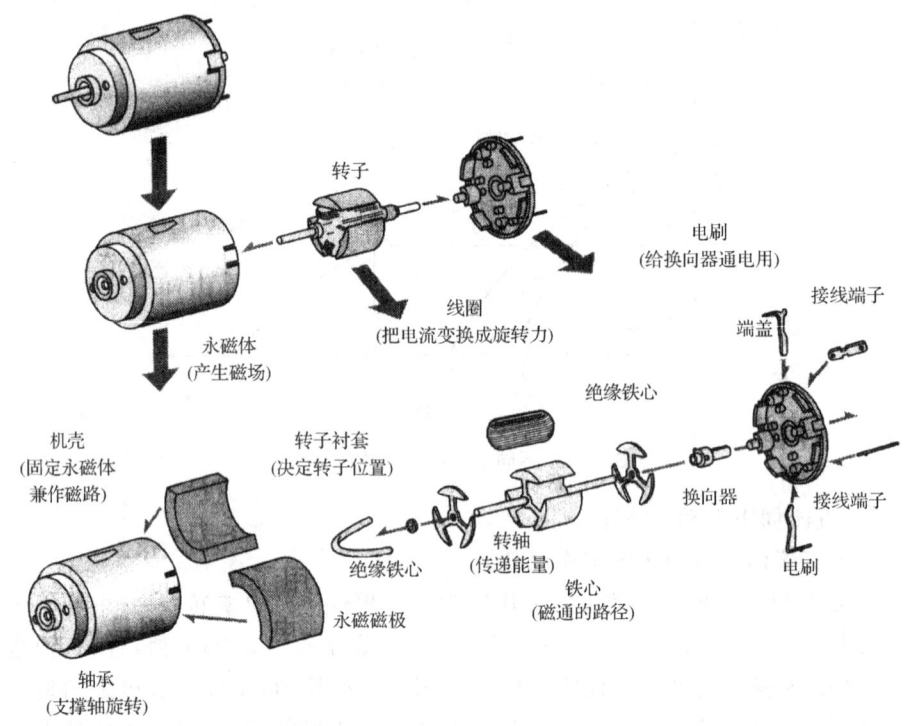

图 2-88 直流伺服电动机的结构

(2) 直流伺服电动机的分类及特点。

直流伺服电动机的品种很多,随着科技的发展,至今还在不断出现各种新产品和新结构。按照定子励磁方式的不同,分为电磁式和永磁式两大类,其中,电磁式按定子绕组的连接方式又有他励式、串励式、并励式和复励式等多种。近年来,永磁式直流伺服电动机因具有尺寸小、线性好、起动转矩大、过载能力强等优点,故应用较多。它和一般永磁直流电动机一样,用铁氧体、铝镍钴、稀土钴等永磁材料产生激磁磁场。永磁式直流伺服电动机按照转子结构不同又分为几种形式:普通电枢型、盘式印刷绕组型、盘式线绕型和线绕空心杯型,后三种电动机的共同特点是转子无铁心,转动惯量小,具有很高的加速能力,如空心杯型电动机的机械时间常数小于1ms。

20世纪70年代研制成功了大惯量宽调速直流伺服电动机,其结构特点是励磁便于调整,易于安排补偿绕组和换向极,电动机的换向性能得到改善,成本低,可以在较宽的速度范围内得到恒转速特性。永久磁铁的宽调速直流伺服电动机的结构如图2-89所示,有不带制动器(a)和带制动器(b)两种结构,电动机定子(磁钢)1采用矫顽力高、不易去磁的永磁材料(如铁氧体永久磁铁),转子(电枢)2直径大并且有槽,因而热容量大,结构上采用了通常凸极式和隐极式永磁电动机磁路的组合,提高了电动机气隙磁通密度。同时,在电动机尾部装有高精度低纹波的测速发电机并可加装光电编码器和旋转变压器及制动器,能获得优良的低速刚度和动态性能。因此,宽调速直流伺服电动机是目前机电一体化闭环伺服系统中应用较广泛的一种控制用电动机。其主要特点是调速范围宽、低速运行平稳、负载特性硬、过载能力强,在一定的速度范围内可以做到恒力矩输出,反应速度快,具有很好的动态响应特性。当然,宽调速直流伺服电动机体积较大,其电刷易磨损,寿命受到一定限制。一般的直流伺服电动机均配有专门的驱动器。

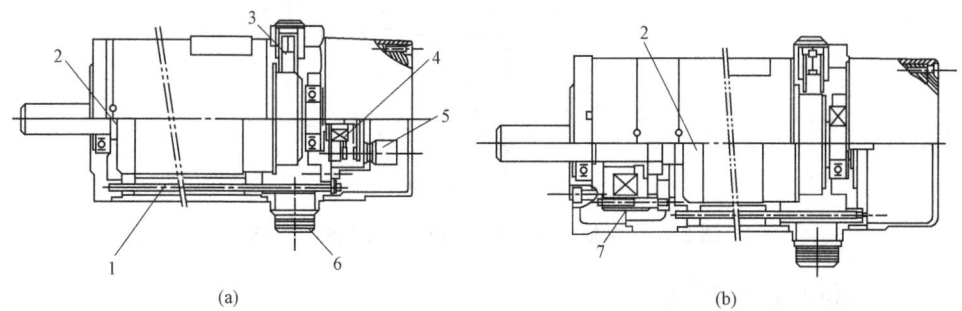

图 2-89 直流伺服电动机
(a) 不带制动器的宽调速直流伺服电动机;(b) 带制动器的宽调速直流伺服电动机
1—定子;2—转子;3—电刷;4—测速电动机;5—编码器;6—航空插座;7—制动组件

综上所述,直流伺服电动机的特点如下:

(1) 稳定性好。直流伺服电动机具有下垂的机械性,能在较宽的速度范围内稳定运行。

(2) 可控性好。直流伺服电动机具有线性的调节特性,能使转速的大小正比于控制电压值;转向取决于控制电压的极性(或相位);控制电压为零时,转子惯性很小,能立即停止。

(3) 响应迅速。直流伺服电动机具有较大的起动转矩和较小的转动惯量,在控制信号增加、减小或消失的瞬间,直流伺服电动机能快速起动、快速加速、快速减速和快速停止。

(4) 控制功率低,损耗小。

(5) 转矩大。直流伺服电动机广泛应用在宽调速系统和精确位置控制系统中,其输出功率一般为 $1\sim 600\mathrm{W}$,也有达数千瓦。电源电压有 6V、9V、12V、24V、27V、48V、110V、220V 等。转速可达 $1500\sim 1600\mathrm{r/min}$,时间常数低于 0.03。

2) 直流伺服电动机的特性

(1) 稳态方程和机械特性。

直流伺服电动机既可采用电枢控制,也可采用磁场控制,多采用前者。这里以电枢控制直流伺服电动机为例对电动机的机械特性加以说明。

① 稳态方程。

A. 电压平衡方程。

图 2-90 为电枢控制直流电动机的等效电路（电枢绕组电感忽略），励磁绕组接于恒定电压 U_f，控制电压 U_a 接到电枢两端，按电压定律可列出电枢回路的电压平衡方程为

$$E_a = U_a - I_a R_a \tag{2-7}$$

式中，E_a 为反电动势；U_a 为电枢电压；I_a 为电枢电流；R_a 为电枢绕组。

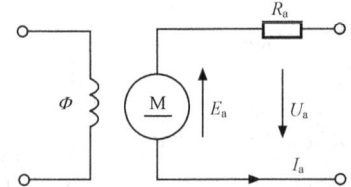

图 2-90　电枢控制直流伺服电动机电路原理图

B. 电枢反电动势方程。

转子切割定子磁场时产生的反电动势 E_a 与 n 之间的关系为

$$E_a = K_e \Phi n \tag{2-8}$$

式中，K_e 为反电动势常数；Φ 为定子磁通。

C. 转矩方程。

转子切割定子磁场所产生的电磁转矩可由下面关系式求得：

$$M = K_m \Phi I_a \tag{2-9}$$

式中，K_m 为转矩常数。

D. 转速方程。

将式(2-7)~式(2-9)联立，消去中间量，可得

$$n = \frac{U_a}{K_e \Phi} - \frac{R_a}{K_e K_m \Phi^2} M \tag{2-10}$$

这也称作直流伺服电动机的稳态方程。

② 机械特性。

电动机的机械特性是指转速与转矩之间的关系，即 $n = f(M)$ 曲线。若电枢电压恒定，则稳态方程可写为

$$n = n_0 - \frac{R_a}{K_e K_m \Phi^2} M \tag{2-11}$$

式(2-11)称为直流伺服电动机的机械特性。式中，$n_0 = \dfrac{U_a}{K_e \Phi}$ 是直流电动机的理想空载转速。当 $n=0$ 时，$M = M_d = \dfrac{K_m \Phi}{R_a} U_a$，称为堵转转矩或起动转矩。

图 2-91 所示为不同电枢电压的机械特性曲线,由机械特性方程知:因负载的作用,转速要降低 Δn,$\Delta n = -\dfrac{R_a}{K_e K_m \Phi^2} M$,即 R_a 越小或 Φ 越大,则电动机的机械特性越硬。在实际的控制中需对伺服电动机外接功放电路,这就引入了功放电路内阻,使电动机的机械特性变软,在设计时应加以注意。

(2) 调节特性。

电动机的调节特性是指转速与电枢电压之间的关系,即 $n = f(U_a)$ 曲线。在稳态方程中,若把转矩看作常数,则

$$n = \dfrac{U_a}{K_e \Phi} - kM$$

图 2-92 给出了调节特性曲线。对不同的转矩,调节特性是斜率为正的直线簇,表明电动机转速随电枢电压的升高而增加。

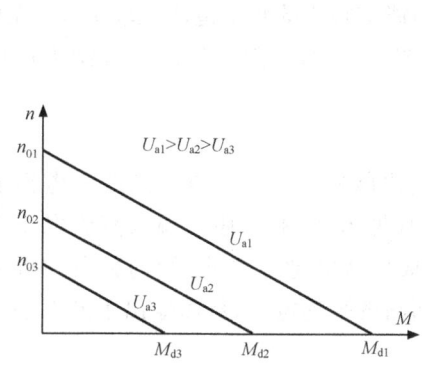

图 2-91　直流伺服电动机机械特性

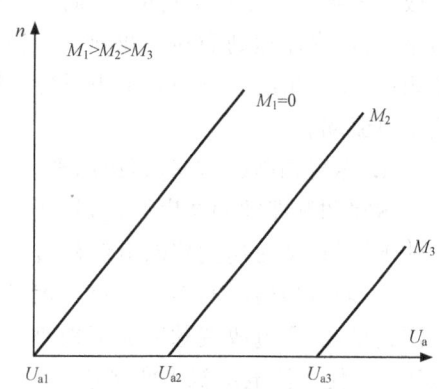

图 2-92　直流伺服电动机调节特性曲线

在调节特性中,过原点的直线 $M_1 = 0$,而实际中由于包括摩擦在内的各种阻力的存在,空载起动时负载转矩不可能为 0。因此对于电枢电压来讲,它有一个最小的限制,称作起动电压,电枢电压小于它则不能起动,该区域称作死区。

另外,图中的直线簇是在假设负载转矩不变的条件下绘制的,在实际应用中这一条件可能并不成立,这就会导致调节特性曲线的非线性,在变负载控制时应予以注意。

3) 直流伺服电动机的调速

调速即速度调节或速度控制,通过自动地改变电动机的转速来满足工作机械对不同转速的要求。提高电动机的调速性能,在提高产品性能等方面具有重要意义。

(1) 直流伺服电动机调速方法选择。

由直流伺服电动机的转速(稳态)方程可知,直流伺服电动机的调速可通过改

变电枢电压、改变磁场的磁通和改变电枢回路电阻三种方法来实现。

① 改变电枢电压。

改变电枢电压后,电动机的机械特性曲线为一簇以 U_a 为参数的平行线,因而在整个调速范围内均有较大的硬度,可以获得稳定的运转速度,所以调速范围较宽,属于恒转矩调速,该调速方法被广泛采用。本节将主要介绍这种调速方法。

调节直流伺服电动机转速和方向,需要对其电枢直流电压的大小和方向进行控制,目前常用的驱动控制有晶闸管直流调速驱动和晶体管脉宽调制(pulse width modulation,PWM)驱动两种方式。晶闸管直流驱动方式主要通过调节触发装置控制晶闸管的触发延迟角,从而控制晶闸管的导通,改变整流电压的大小,使直流电动机电枢电压的变化易于平滑调速。由于晶闸管本身的工作原理和电源的特点,晶闸管导通后需要利用交流信号使其过零关闭,因此,在低整流电压时,其输出是很小的尖峰电压的平均值,从而造成电流的不连续性。脉宽调制驱动系统开关频率高,通常能达到 2000~3000Hz,伺服机构能够响应的频带范围也较宽,与晶闸管相比,其输出电流脉动非常小,接近于纯直流。因此,一般采用脉宽调制进行直流调速驱动。

A. 脉宽调制(PWM)调速原理。

脉宽调制即脉冲宽度调制,是通过改变输出脉冲信号的占空比来改变电枢电压的平均值,从而达到控制电动机转速的目的(见图 2-93)。假设输入直流电压为 U,可以调节导通时间得到一定宽度的与 U 成比例的脉冲方波,给伺服电动机电枢回路供电,通过改变脉冲宽度来改变电枢回路的平均电压,从而输出不同大小的电压 U_a,使直流电动机平滑调速。

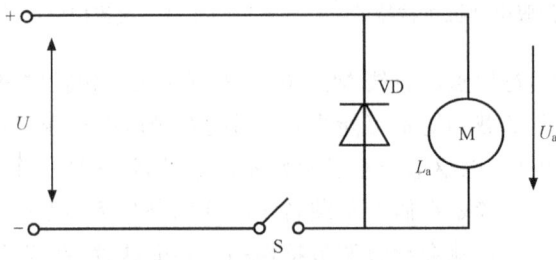

图 2-93 PWM 直流调制驱动原理图

设开关 S 周期性的闭合、断开,闭和开的总周期是 T,在一个周期内,闭合的时间是 τ,断开的时间是 $T-\tau$,若外加电源电压 U 为常数,则电源加到电动机电枢上的电压波形将是一系列方波,其高度为 U,宽度为 τ,则一个周期内的电压平均值为

$$U_a = \frac{1}{T}\int_0^\tau U dt = \frac{\tau}{T} U = \mu U \tag{2-12}$$

式中，μ 为导通率，又称占空系数，$\mu = \tau/T$。

当 T 不变时，只要连续改变 $\tau(0 \sim T)$ 就可以连续地使 U_a 由 0 变化到 U，从而达到连续改变电动机转速的目的。实际应用的 PWM 系统，采用大功率晶体管代替开关 S，其开关频率一般为 2000Hz，即 $T = 0.5\text{ms}$，它比电动机的机械时间常数小得多，因此不至于引起电动机转速脉动。通常选用开关频率为 500～2500Hz，并在电动机电枢旁并联续流二极管，当 S 断开时，由于电感 L_a 的存在，电动机的电枢电流可通过二极管形成回路而继续流动，因此尽管电压呈脉动状，而电流仍然还是连续的。

B. 开关功率放大器。

PWM 信号需连接功率放大器才能驱动直流伺服电动机。为使直流伺服电动机实现双向调速，多采用双极性输出的 H 型桥式晶体管功率放大器（见图 2-94）。

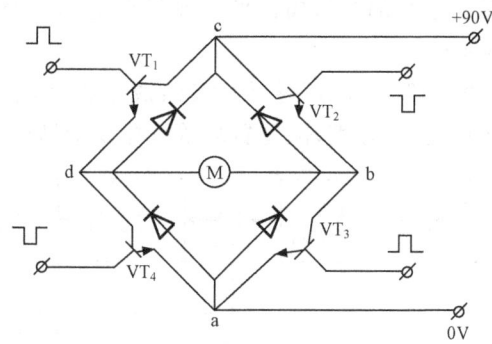

图 2-94　H 型桥式晶体管功率放大器

该功放的工作原理与线性放大桥式电路相似。电桥由四个大功率晶体管 $VT_1 \sim VT_4$ 组成，如果在 VT_1 和 VT_3 的基极上加以正脉冲的同时，在 VT_2 和 VT_4 的基极上加负脉冲，这时 VT_1 和 VT_3 导通，VT_2 和 VT_4 截止，电流沿 +90V→c→VT_1→d→M→b→VT_3→a→0V 的路径流通，设此时电动机的转向为正向；反之，如果在晶体管 VT_1 和 VT_3 的基极上加负脉冲，在 VT_2 和 VT_4 的基极上加正脉冲，则 VT_2 和 VT_4 导通，VT_1 和 VT_3 截止，电流沿 +90V→c→VT_2→d→M→b→VT_4→a→0V 的路径流通，电流的方向与前一情况相反，电动机反向旋转。显然，如果改变加到 VT_1 和 VT_3、VT_2 和 VT_4 这两组晶体管基极上的控制脉冲的正负和导通率 μ，就可以改变电动机的转向和转速。

C. PWM 控制的特点。

a. PWM 脉宽调速驱动器通常采用的功率元件，如双极型晶体管或功率场效应管 MOSFET，都工作在开关状态，因而功耗很低。应用的大功率开关器件少、线路简单、体积小、维护方便且工作可靠。

b. 调速范围宽。其若与脉宽调速直流伺服电动机配合，调速范围可达 6000～

10000r/min,而一般晶闸管驱动装置的调速比仅能达到100～150r/min。

c. 频带宽,快速性好。晶体管的开关频率大大高于可控硅,因而调制频率高,失控时间少,系统的线性度好,响应速度和稳速精度高。

d. 电流脉动小,接近直流,使电动机运行更平稳。

② 改变磁场磁通。

通过控制励磁电压来实现增速,电磁式电动机一般采用弱磁调速的方式。弱磁增速时,由式(2-11)知,机械特性的斜率与磁通平方成反比,机械特性迅速恶化,因此调速范围不能太大,为2～4,主要应用于恒功率负载场合。

③ 改变电枢回路电阻。

通过在电枢回路内串联或并联电阻的方法实现电动机调速,该方法虽简单易行,但由式(2-11)知电动机的转速增加了,机械特性变软,使电动机转速受负载影响加大,且这种办法是通过增加电阻损耗来实现调速,故经济性差,应用受到限制。

4) 直流位置伺服系统

直流位置伺服系统一般采用闭环控制,其组成结构如图2-95所示。由图可见,该控制系统采用了电流环、速度环、位置环等多层反馈结构。

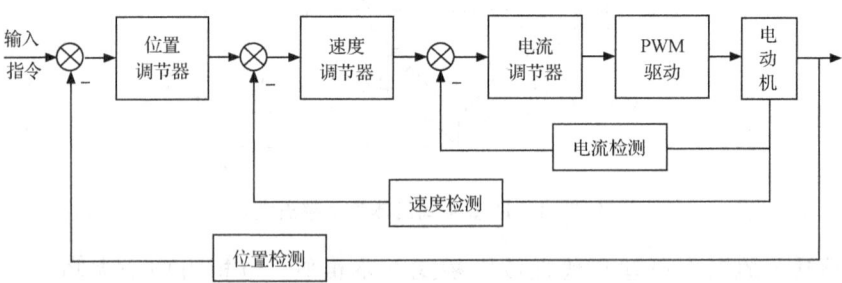

图2-95 直流位置伺服系统结构框图

(1) 电流环。

电流值由电流传感器取自伺服电动机的电枢回路,主要用于对电枢回路的滞后进行补偿,使动态电流按要求的规律变化。采用电流环后,反电势对电枢电流的影响将变得很小,这样在电动机负载突变时,电流负反馈的引入起到了过载保护的作用。

(2) 速度环。

伺服电动机的转速可由测速发电机或光电编码器获得。速度反馈用于调节电动机的速度误差,以实现所要求的动态特性,同时,速度环的引入还会增加系统的动态阻尼比,减小系统的超调,使电动机运行更加平稳。

(3) 位置环。

可采用脉冲编码器或光栅尺等对转角或直线位移进行测量,并将系统的实际位置转换成具有一定精度的电信号,然后与指令信号比较产生偏差控制信号,控制电动机向消除误差的方向旋转,直到达到所要求的位置精度。图2-96为一采用单片机控制的直流位置伺服系统原理图。

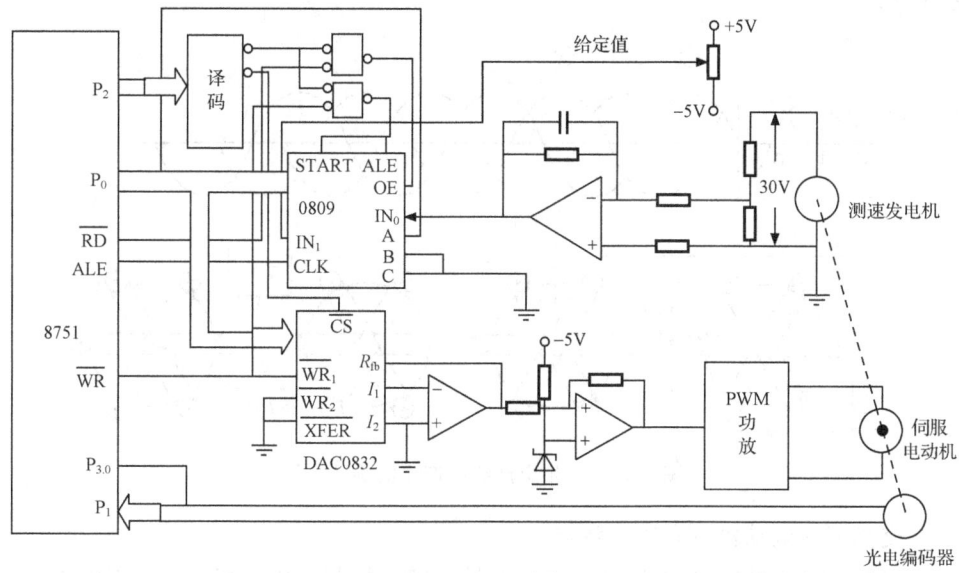

图 2-96 直流位置伺服系统原理图

图中伺服电动机的控制电压由单片机输出后送入DAC0832进行D/A转换,转换后的模拟量经放大和电平转换送入PWM功放电路,产生的PWM波驱动电动机旋转;采用测速发电机对电动机的转速进行测量,经放大后送入0809进行A/D转换,转换后送入单片机;电动机的转角位移由9位绝对式光电编码器直接送入单片机8751的端口,进行位置反馈。控制系统中的速度调节器和位置调节器将由8751的应用程序来完成。

3. 交流伺服电动机

从20世纪70年代后期到80年代以来,随着集成电路、电力电子技术、交流变速驱动技术、微处理器技术和电动机永磁材料制造工艺的发展,永磁交流伺服驱动技术有了巨大的突破,交流伺服驱动技术的发展成为工业领域自动化的基础技术之一,交流伺服电动机和交流伺服控制系统逐渐成为机电一体化系统中伺服装置的主导产品,广泛应用于机电一体化的众多领域。

图2-97所示为三相交流绕组产生旋转磁场的原理图,交流电动机的三组线圈按相互间隔120°配置,当绕组中流过三相交流电流时,各相绕组将按右螺旋定则产生磁场。每一相绕组产生一对N极和S极;三相绕组的磁场合成起来,形成一

对合成磁场的 N 极和 S 极。这个合成磁场是一个旋转磁场,每当绕组中的电流变化一个周期,交流电动机就会旋转一周。旋转磁场的转速 $n(\text{r/min})$ 称为交流电动机的同步转速。当绕组电流的频率为 f,电动机的磁极数为 p,则同步转速 $n=60f/p$。

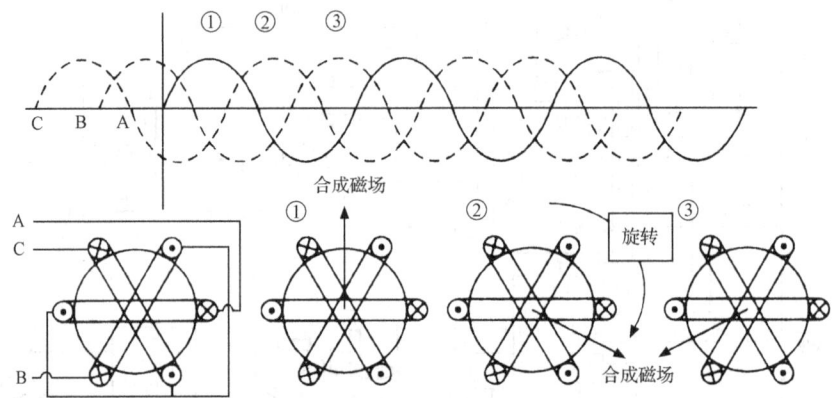

图 2-97 三相交流绕组产生的旋转磁场

交流伺服电动机具有以下特点:

(1) 调速范围宽,交流伺服电动机的转速随着控制电压改变,能在较宽的范围内连续调速。

(2) 转子惯性小,即能够实现迅速起动、停止。

(3) 控制功率小,过载能力强,可靠性好。

1) 交流伺服电动机的分类

交流伺服电动机主要分为两大类:同步交流伺服电动机(SM)和异步交流伺服电动机(IM)。

日本法纳克(FANUC)公司为了满足 CNC 机床和工业机器人的需要于 1982 年开发出永磁同步伺服电动机,其特点是定子为三相绕组,转子为永久磁铁,其转矩产生机理与直流伺服电动机相同。永磁同步电动机的交流伺服控制技术已趋于成熟,具备十分优良的低速性能,并可实现弱磁高速控制,拓宽了系统的调速范围,适应高性能伺服驱动的要求,随着永磁材料性能的大幅度提高和价格的降低,永磁同步伺服电动机在工业生产自动化领域中的应用越来越广泛,目前已成为交流伺服系统的主流。

异步交流伺服电动机即感应式伺服电动机,感应式电动机由定子和转子组成,定子铁心中绕有按一定规律缠绕的导线绕组,其转子一般分为鼠笼式转子和空心杯形转子两种结构形式,其特点和应用范围见表 2-7。定子绕组通入三相交流电后,产生旋转磁场,旋转磁场切割转子中金属导体产生电流,有电流流过的铜条在磁场中受力的作用,使转子产生旋转力矩,驱动转子旋转,转子的旋转方向与旋转磁场的旋转方向相同。

表 2-7 异步交流伺服电动机的特点和应用范围

种 类	产品型号	结构特点	性能特点	应用范围
鼠笼式转子	SL	与普通鼠笼式电动机结构相同,但转子细而长,转子导体采用高电阻率的材料	励磁电流较小,体积较小,机械强度高,但是低速运行不够平稳,有时快时慢的抖动现象	小功率的伺服系统
空心杯形转子	SK	转子制成薄壁圆筒形,放在内外定子之间	转动惯量小,运行平稳,无抖动现象,但是励磁电流较大,体积也较大	要求运行平滑的系统

目前同步交流伺服电动机的伺服系统多用于机床进给传动控制、工业机器人关节传动和其他需要运动和位置控制的场合;异步交流伺服电动机伺服系统多用于机床主轴转速和其他调速系统。

2) 交流伺服电动机的速度控制

交流电动机一般在恒定转速下使用,对于通用机床等机械设备,常采用齿轮减速器来获得所要求的转速。如果采用变频器对转速进行控制,则交流电动机可以在任意转速下运行。对于 CNC 机床来说,变频器是必不可少的。当交流电动机采用变频器控制时,可以实现瞬时正、反转运行,可实现传送带输送系统的并列运行和同步运行,从而实现物流系统运行的合理化和自动化。

(1) 永磁同步交流伺服电动机的速度控制。

永磁同步交流伺服电动机的基本原理是利用电力电子变换器件代替直流伺服电动机中的整流子和电刷。由同步电动机转速公式可知,同步伺服交流电动机可以通过变频进行调速。因此当前的永磁同步交流伺服电动机控制主要是通过变频的 PWM 方式模仿直流电动机的控制来实现。交流伺服电动机首先将工频 50Hz 的交流电整流成为直流电,然后通过可控制门极的 GTR、IGBT 等功率器件经可变频的 PWM 调节逆变为频率可调的、波形类似于正弦的脉动电压,通过调节脉动电压频率就可以实现交流伺服电动机的速度调节,永磁同步伺服电动机的控制构成如图 2-98 所示。

(2) 异步交流伺服电动机的速度控制。

异步交流伺服电动机的转速方程为

$$n = \frac{60f(1-s)}{p} = (1-s)n_0$$

式中,f 为交流电源频率;p 为磁极对数;n_0 为电动机空载转速,$n_0 = \frac{60f}{p}$;s 为转

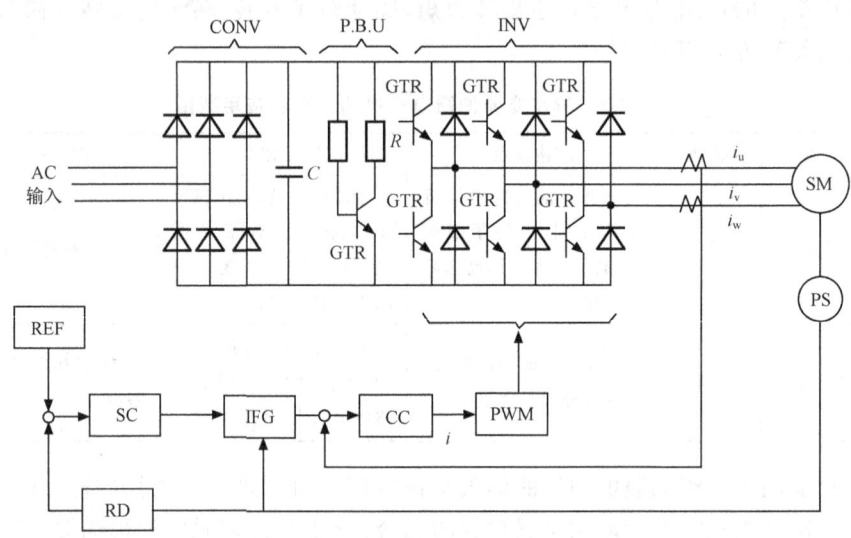

图 2-98 永磁同步伺服电动机控制原理

CONV-整流器;SM-同步电动机;INV-逆变器;PS-磁极位置监测器;REF-速度基准;
IFG-电流函数发生器;SC-速度控制放大器;CC-电流控制放大器;RD-速度变换器;
PWM-脉宽调制器;i_u、i_v、i_w-相电流;P.B.U-再生电力吸收电路

差率,$s = \dfrac{(n_0 - n)}{n_0}$。由上式可知,感应式电动机的速度控制有通过改变转差率调速、变频调速和改变磁极对数调速三种方法。

① 改变定子电压的速度控制。

根据电动机的机械特性,改变输入电压时,其机械特性曲线为一曲线簇。图 2-99 所示为改变感应电动机定子电压时的速度-转矩特性。图中,当定子端电压为 U_1 时,对应于负载转矩 T_L,电动机的转速为 n_1;当定子端电压降低到 U_2 时,电动机显示出与电压 U_2 相适应的速度-转矩特性,此时与负载转矩 T_L 相对应的转

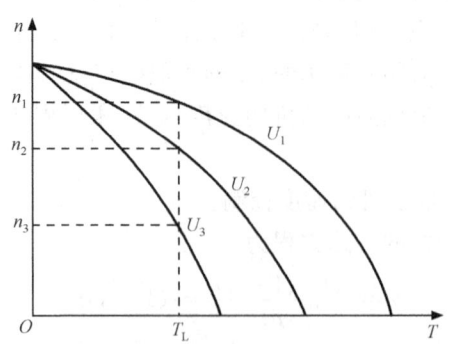

图 2-99 控制定子电压的速度-转矩特性

速为 n_2；同理，将定子端电压降低到 U_3 时，与负载转矩 T_L 相对应的转速降为 n_3。因此，改变感应电动机的定子端电压，就可以实现对电动机转速的控制，其基本原理是利用电动机转差率 s 的改变来达到控制速度的目的。

控制定子电压调速的优点是：①速度控制范围为 1:10；②可以进行制动控制（定子绕组中通入直流电流或通入相序反向的交流电流）。

其缺点是由于转子输入功率与负载转矩成比例，恒转矩负载时，由于转矩与速度无关，所以转子损失与转差率 s 成正比。因此，随着转速的降低，损失增加，效率就会降低。

② 改变定子频率 f 调速。

随着半导体功率器件、微处理器技术的进步，交流变频技术得到迅速发展，通过改变感应式交流电动机的定子的输入电源频率 f 来达到调速控制的目的（故又称变频调速），已在工业生产中日益得到广泛的应用。定子频率控制的基本原理是：通过调节输入到交流电动机定子的电压（或电流）的频率和幅值，来控制交流电动机的转速，以满足实际工作的要求。定子频率控制一般适用于三相感应式交流电动机，根据控制原理不同，交流电动机定子频率控制一般分为转差频率控制、电压与频率比（U/f）控制两种方式。

A. 感应电动机的转差频率控制。

感应电动机转差频率控制的基本原理是：实时检测感应电动机的旋转角频率 ω_m，并进行反馈，将反馈的 ω_m 和给定的转差频率相加（再生时相减），以决定定子电流角频率 ω。

B. 感应电动机的电压与频率比（U/f）控制。

在感应电动机的转差频率控制中，先检测出电动机的旋转速度（旋转频率），再加上转差频率，最后定出定子的电流频率。而在 U/f 控制中，则不需要检测电动机的旋转速度，而是从外部设定定子电压（电流）的频率。由于没有电动机转速的检测和反馈，因此，感应电动机的 U/f 控制系统的转速控制是开环控制。

改变电动机的磁极对数 p，电动机的磁极对数可以制成 1 对、2 对、3 对、……，这在电动机出厂时已确定，因此，改变电动机磁极对数的速度控制方法是有级速度控制，用于电动机速度无连续变化控制要求的场合。

4. 直线电动机

做旋转运动的电动机称为旋转电动机，而做直线运动的电动机则称为直线电动机。如图 2-100 所示，将左边的三相交流感应电动机沿着轴向剖开并把转子与定子拉平，得到了右边的三相交流直线感应电动机。在直线电动机中，对应旋转电动机的定子和转子的分别称作直线电动机的初级和次级。

如果将图 2-100 所示的直线电动机的初级绕组通入三相对称正弦交流电，

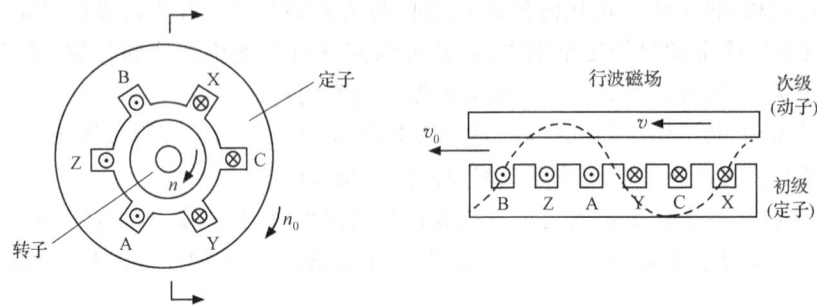

图 2-100　旋转电动机与直线

则同样会产生气隙磁场,由图可见,该气隙磁场沿着展开的直线方向呈正弦分布,并按通电的 A、B、C 相序以 v_0 的速度沿直线移动,称为行波磁场。次级可看成像鼠笼式转子那样由无数导条组成,则在行波磁场的切割下产生感应电流,该电流与行波磁场相互作用即产生轴向推力。若初级固定,则次级将以速度 v 直线运动。

直线电动机可分为直线直流电动机、直线同步电动机、直线感应电动机、直线脉冲电动机以及直线伺服电动机等。如按工作原理分类,除了上述的交流感应式外,还有交流同步式、直流式、步进式、振荡式、压电式等;如按结构形式可分为扁平形、圆筒形(见图 2-101)、圆盘形和圆弧形等。

图 2-101　扁平形和圆筒形直线电动机
(a) 扁平形直线电动机；(b) 圆筒形直线电动机

由旋转交流电动机的同步转速推导得直线交流电动机的同步速度为

$$v_0 = 2f\tau$$

式中,f 为频率；τ 为极距。

与普通三相交流感应电动机一样,直线交流异步电动机同样具有转差率

$$s = \frac{v_0 - v}{v}$$

易知 s 的变化范围为 0~1。

直线电动机具有以下特点:

(1) 结构简单,不需要中间转换传动机构,可实现直接驱动,使系统得到了简化,提高了可靠性,易于维护。

(2) 由于没有离心力的影响,其直线速度不受限制,因此具有高的直线移动速度。

(3) 具有较高的精度,如直线步进电动机的步距精度可以达到 $1\mu m$。

(4) 推力大,反应速度快,加速性能好。

(5) 适应性强,初级铁心密封后可工作于恶劣环境。

(6) 由于直线电动机初级不闭合,故存在端部效应,使磁场波形产生畸变,会导致损耗增加,另外直线电动机的气隙比旋转电动机大,这些都使直线电动机在低速时效率和功率因数下降较明显。

2.4.4 液压/气压伺服系统

液压/气压伺服系统是以液压/气压为能源、由液压/气压控制元件(伺服阀或伺服变量泵)和液压/气压执行元件(液压/气压马达或液压/气压缸)组成的以位移、速度和力等物理量为控制对象的自动控制系统,由于其独特的优点,在实践中得到普遍应用。

1. 液压伺服系统

液压伺服系统除具有一般液压传动的比功率大、易于无级变速、传动平稳、系统刚性大、易实现过载保护等优点之外,还具有响应速度快、动态性能好、伺服精度高等特点,因而在工业领域应用广泛。

液压伺服系统有多种分类方法,按控制信号的不同可分为机液伺服系统、电液伺服系统和气液伺服系统三大类;根据控制元件的种类可划分为节流式控制系统(阀控式)和容积式控制系统(泵控式),若进一步划分,则节流式控制系统又分为阀控液压缸和阀控液压马达两种类型;容积式控制系统则可分为伺服变量泵系统和伺服变量马达系统两类。

液压伺服系统的组成部分主要有液压伺服控制元件、液压执行元件和反馈检测元件等,如图 2-102 所示。

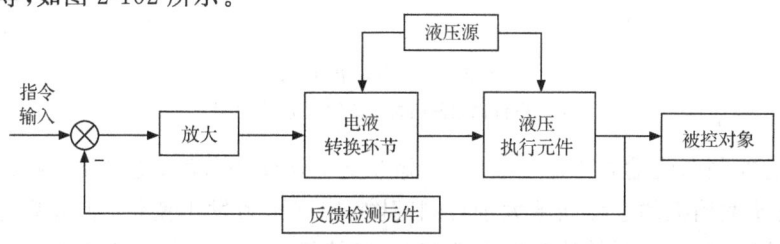

图 2-102 液压伺服系统的组成框图

(1) 液压伺服控制元件。

液压系统的伺服控制元件有开关控制阀、电液伺服阀和电液比例阀三种。开关控制阀仅具有开关或切换油路的功能,最常见的是电磁换向阀;电液伺服阀能将微弱的电信号输入转换成大功率的液压量输出;电液比例阀介于上述两种控制阀之间,它将输入的电气信号转换成机械输出信号,对流量、流动方向和压力进行连续的成比例控制。它在结构上与开关阀类似,在控制方式上则同电液伺服阀相似。电液比例阀具有结构坚固、价格低廉的特点,因此用于响应速度和控制精度要求并不很高的电液开环控制及闭环控制系统。

电液伺服阀是电液伺服系统的核心,它接受电气模拟信号,输出流量和压力,是电液转换元件,同时又具有功率放大作用,它由力矩(力)马达和液压控制阀组成。马达负责把电信号转换为转角位移或直线位移,控制阀接受马达的位移信号,通过阀的运动来控制液压油的压力和流量。常见的控制阀有喷嘴挡板式、射流管式、滑阀式等几种。图 2-103 为力反馈二级电液伺服阀的结构示意和实物图。它由力矩电动机和液压阀两部分组成。液压阀部分采用结构对称的两级结构,前级为双喷嘴挡板阀,功率级是四通滑阀。当无输入电流时,力矩马达没有转角位移输出,挡板处于两个喷嘴的中间位置,两个喷嘴与挡板间的节流阻力相同,输出的控制压力相等,滑阀在反馈杆小球的约束下也处于中间位置,伺服阀无液压能输出。

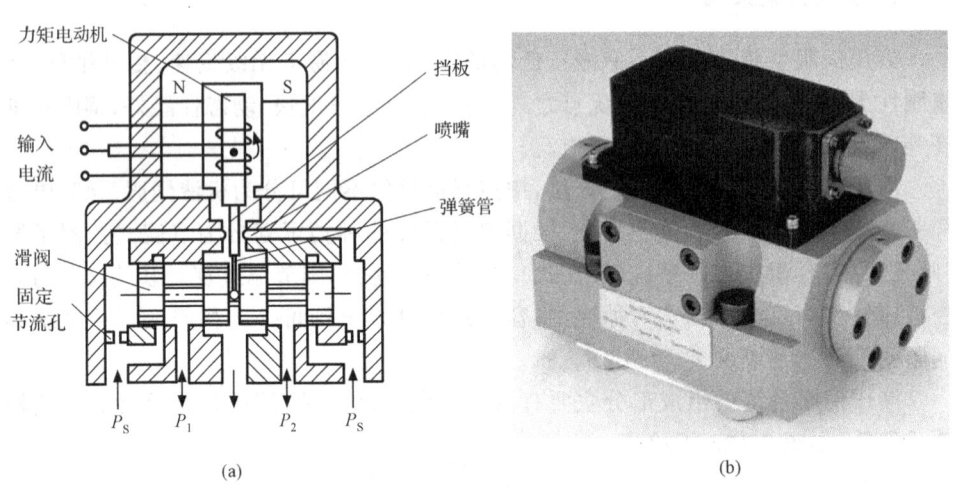

图 2-103 电液伺服阀
(a) 电液伺服阀结构示意图;(b) 实物图

当有控制电流输入力矩马达时,力矩马达输出转角位移,使挡板向右(或左)摆动,造成喷嘴挡板的左侧间隙大于右侧间隙,控制压力发生变化,推动滑阀向左移动。与此同时,由于弹簧管产生弹性变形,对挡板产生一个与位移成正比的反向力矩,当该反向力矩与力矩电动机的输出转矩平衡时,滑阀停止在一个具有一定开口的平衡位置,并有相应的流量输出。若想使伺服阀的输出流量反向,则只需力矩电动机的控制电流反向即可。

由上述分析可知,借助于喷嘴和挡板,滑阀的位移与力矩电动机的输入电流的大小成比例,随着滑阀开口的变化,伺服阀的输出流量也跟随变化,所以这是一种控制输出流量的电液伺服阀,也称为电液流量伺服阀,与此相应的还有电液压力伺服阀。

电液伺服阀已广泛应用于电液位置、速度、加速度和力伺服系统,以及伺服振动发生器中,与电液比例阀相比较,电液伺服阀具有快速的动态响应和良好的静态特性,如分辨率高、滞后小、线性度好等,它是一种高性能、高精度的电液控制部件。但它对液压油的质量很敏感,液压油中的杂质等都将影响系统的工作可靠性和寿命。

(2) 液压执行元件。

液压执行元件主要有以下三类(见图 2-104):把液压能量转换为直线运动的液压缸,如图 2-104(a)所示;把液压能量转换为连续旋转运动的液压马达,如图 2-104(b)所示;把液压能量转换为摆动的液压摆动马达,如图 2-104(c)所示。

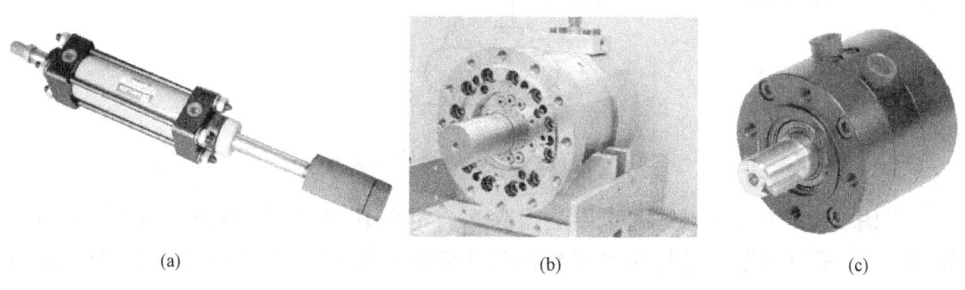

图 2-104 液压执行元件
(a) 液压缸;(b) 液压马达;(c) 液压摆动马达

(3) 反馈检测元件。

检测元件测得被控的物理量,与输入指令相减后送入放大环节,指令偏差驱动伺服阀等电液转换元件,产生流量、压力等液压量,进而驱动油缸等液压执行元件输出运动。

2. 气压伺服系统

气压伺服系统与液压伺服系统的工作原理基本相同,不同的是气压伺服系统的工作介质是压缩空气,而液压伺服系统的工作介质是液压油或水。由于两种介质的密度差异很大,两种系统的控制特性差异也很大。

具有代表性的气压驱动装置是气缸和气动马达。当采用气缸驱动时,需要气体压缩机等外部装置,如图 2-105 所示。利用这些装置产生的压缩空气所产生的力来推动气缸中的活塞运动,可以获得很大的功率和行程,同时,还可以获得较快的响应速度。但是,由于空气压缩性,所以很难实现高精度的位置控制。从图中可以看出,气缸一般有一两个空气出入口(称为空气口),利用来自空气口的压缩空气推动活塞和载荷前进或后退。通常,在载荷的端部装配被驱动体,并使之运动。

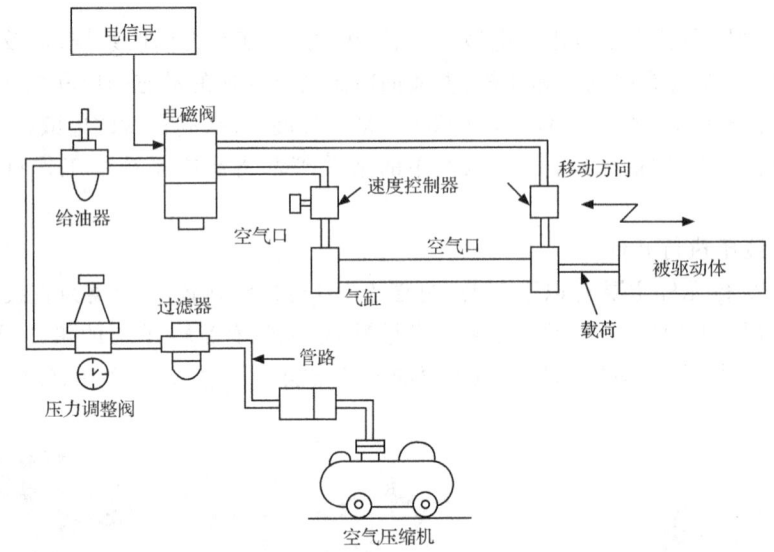

图 2-105 气缸驱动用外部装置

在图 2-105 中,过滤器的作用是滤除来自空气压缩机压缩空气中的灰尘和水分等杂质;压力调整阀是用来使供给的气压稳定的调整装置;给油器可以为气缸内提供雾状润滑油,用作气缸内部的润滑以及防腐蚀等,因而也称为润滑器;电磁阀则是利用电信号来对空气流动进行切换的装置;速度控制器是一种用来改变气缸工作速度的空气流量阀。这里的电磁阀也可以利用计算机来进行控制。

其中气压控制阀主要有开关控制阀和比例控制阀,它们的工作原理与电液开关阀和电液比例阀类似,都是通过电磁铁把电控信号转换成控制阀的阀芯位移,实现流量、流动方向和压力的控制。同样,气压控制阀与气压缸或气压马达构成气压控制系统,需要气压泵站为其提供一定压力的压缩空气才能工作。

气压伺服系统与电气、液压伺服系统比较有许多特点:首先气源充足,无污染;其次空气黏性很小,宜于远距离传输及控制;最后气压伺服系统工作压力低,适合于开环控制系统,相对液压传动而言有动作迅速、响应快的特点。但是气压信号传递时的工作频率和响应速度较低,空气的压缩性会产生较大失真和延迟,系统精度较低、噪声较大,并且因系统工作压力较低,不易获得较大的推力。

气压伺服系统适用于石油、化工、农药及矿山机械等特殊环境,对于无油的气压伺服系统则尤其适用于无线电元器件、食品及医药的生产过程。

思考题与习题

2-1 机电一体化系统对传动机构的基本要求是什么?

2-2 丝杠螺母机构的传动形式及其特点是什么?

2-3 滚珠丝杠副的组成及特点有哪些?

2-4 如何选择滚珠丝杠副?

2-5 齿轮传动的各级传动比的分配原则是什么?输出轴转角误差最小原则的含义是什么?

2-6 已知某 4 级齿轮传动系统,各齿轮的转角误差为 $\Delta\phi_1 = \Delta\phi_2 = \cdots = \Delta\phi_8 = 0.005\mathrm{rad}$,各级减速比相同,即 $i_1 = i_2 = \cdots = i_4 = 1.5$,求:(1)该传动系统的最大转角误差 $\Delta\phi_{max}$;(2)为缩小 $\Delta\phi_{max}$,应采取何种措施?

2-7 谐波齿轮传动有何特点?

2-8 齿轮传动的齿侧间隙的调整方法有哪些?

2-9 对机械执行机构的基本要求有哪些?

2-10 简述各类传感器的特性及选用原则。

2-11 简述伺服电动机的种类、特点和应用。

2-12 简述机电一体化系统中的执行元件的分类及其特点。

2-13 简述直流伺服电动机的 PWM 调速换向的工作原理。

第3章 机电一体化的计算机控制技术

随着微电子技术和计算机技术的发展,计算机在速度、存储量、位数、接口和系统应用软件等方面的性能都有了很大的提高。同时,批量生产、技术进步使计算机的成本大幅度下降。计算机因其优越的特性而广泛地应用于工业、农业、国防及日常生活的各个领域。例如,卫星跟踪天线的控制、电气传动装置的控制、数控机床、工业机器人、飞机和大型油轮的自动驾驶仪等。计算机控制技术是自动控制理论与计算机技术相结合的产物,计算机强大的信息处理能力使得控制技术提高到一个新的水平,计算机的引入对控制系统的性能、结构以及控制理论都产生了深远的影响,两者的结合产生数字控制系统。

机电一体化产品与非机电一体化产品的本质区别在于前者具有计算机控制的伺服系统。计算机作为伺服系统的控制器,将来自各传感器的检测信号与外部输入命令进行采集、存储、分析、转换和处理,然后根据处理结果发出指令,控制整个系统运行。同模拟控制器相比,计算机能够实现更加复杂的控制理论和算法,具有更好的柔性和抗干扰能力。

本章将重点介绍机电一体化系统中应用的计算机控制技术。

3.1 概　　述

1. 计算机控制系统的组成

计算机控制系统是由硬件和软件两大部分组成。硬件是由计算机主机、接口电路、输入/输出通道及外部设备等组成,如图 3-1 所示。

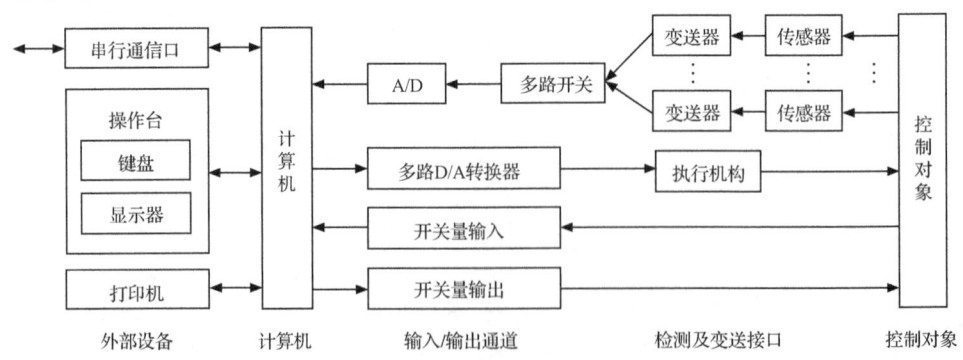

图 3-1　计算机控制系统的组成

计算机是整个控制系统的核心。它接收从操作台来的命令，对系统的各参数进行巡回检测，执行数据处理、计算、逻辑判断和报警处理等，并根据计算的结果通过接口输出控制指令。

接口与输入/输出通道是计算机与被控对象进行信息交换的桥梁。计算机输入数据或向外发送命令都是通过接口与输入/输出通道进行的。由于计算机只能接收数字量，而被控对象的参数既有数字量又有模拟量，因此需要把模拟量转换成数字量。因此输入/输出通道可分为数字量通道和模拟量通道。

计算机控制系统中最基本的外部设备是操作台，它是人机对话的联系纽带。通过它可发出各种操作命令，显示系统的工作状态和数据，并可输入各种数据。一般操作台包括开关（如电源开关、功能选择开关等）、功能键（如起动键、显示键、打印键等）、显示器（用于显示系统工作状态和各种被控参数）和数据键（用于输入数据或修改系统的参数）。计算机控制系统还常配有串行通信口、打印机、CRT显示终端等其他外部设备。

计算机控制系统需要使用各种传感器把各种被测参数转换为电量信号送到计算机中。同时，也需要各种执行机构按计算机的输出命令去控制对象。

软件主要是指支持系统运行并对系统进行管理和控制的程序系统。对于计算机控制系统来讲，软件可分为两大类：实时软件和开发软件。实时软件是指在进行实际控制时使用的软件；开发软件是指在开发、测试控制系统时使用的软件。

实时软件可分为系统软件和应用软件两大类；系统软件是通用的软件，一般是由计算机设计者提供，专门用来使用和管理计算机。对计算机控制系统来讲，最主要的系统软件为实时多任务操作系统。另外还可能使用数据库、中文系统、文件管理系统等。应用软件是面向用户本身的程序，如控制系统中各种A/D、D/A转换程序，数据采样滤波程序、计算程序以及各种控制算法程序等。

开发软件包括各种语言处理程序（如汇编程序、编译程序）、服务程序（如装配程序、编辑程序）、调试和仿真程序等。它一般仅在开发计算机控制系统时使用，调试完成后，在实际运行时一般不使用开发软件。

计算机控制系统的原理如图3-2所示。

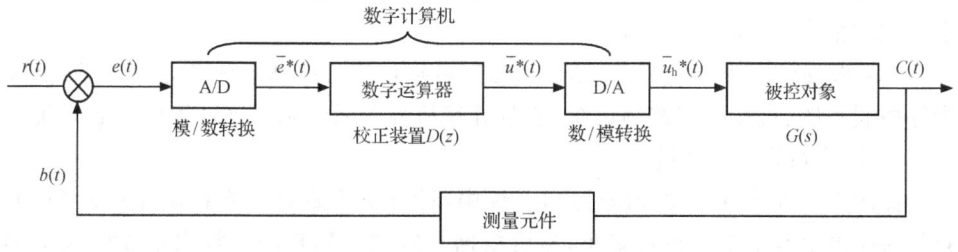

图3-2 计算机控制系统原理图

2. 计算机控制系统的特点

计算机控制系统与通常的连续控制系统间的主要差别是:前者可实现过去连续控制系统难以实现的更为复杂的控制规律,如非线性控制、逻辑控制、自适应和自学习控制等。计算机控制系统的特点主要体现在以下四个方面:

(1) 具有完善的输入/输出通道。它包括模拟量输入/输出通道和数字量或开关量输入/输出通道等,这是计算机有效发挥其控制功能的重要保证。

(2) 具有实时控制功能。即具备完善的中断系统、实时时钟及高速数据通道,以保证对被控对象的状态、参数变化以及紧急情况具有迅速响应的能力,并能够实时地在微型机与被控对象之间进行信息交换。

(3) 可靠性高。对环境适应性强,以满足生产现场的要求。

(4) 具有丰富、完善、能正确反映被控对象运动规律并对其进行有效控制的软件系统。

3.2 计算机在控制系统中的应用

1. 计算机控制系统的分类

(1) 由于机电一体化技术的应用范围很广,复杂程度也不一样,因此有各种各样的控制器。根据计算机在控制系统中的作用分为以下四种。

① 过程控制系统。过程控制系统根据生产流程对设备的状态数据进行采集与巡回检测,然后按照预定的控制规律对生产过程进行控制。过程控制系统一般都是开环系统,在轻工业、食品、制药及机械等行业广泛应用。

② 伺服系统。伺服系统是基本的机电一体化控制系统。伺服系统要求输出信号能够稳定、快速、准确地复现输入信号的变化规律。输入信号一般是电信号,输出的则是位移、速度等机械量。

③ 顺序控制系统。顺序控制系统按照动作的逻辑次序来安排操作顺序。

④ 数字控制系统。数字控制系统根据零件编程或路径规划,由计算机生成数字形式的指令,再驱动机器运动。

(2) 根据计算机在控制中的应用方式,可把计算机控制系统划分为四类:操作指导控制系统、直接数字控制系统、监督计算机控制系统和分级计算机控制系统。

① 操作指导控制系统。

如图 3-3 所示,在操作指导控制系统中,计算机不直接用来控制生产对象,而只是对生产过程的参数进行采集,然后根据一定的控制算法计算出供操作人员参考、选择的操作方案和最佳设定值等,操作人员根据计算机的输出信息去改变控制器的设定值,或者根据计算机输出的控制量执行相应的操作。操作指导控制系统的优点是结构简单,控制灵活安全,特别适用于未摸清控制规律的系统,常被用于计算机控制系统研制的初级阶段,或用于试验新的数学模型和调试新的控制程序等。由于最终需人工操作,故不适用于快速过程的控制。

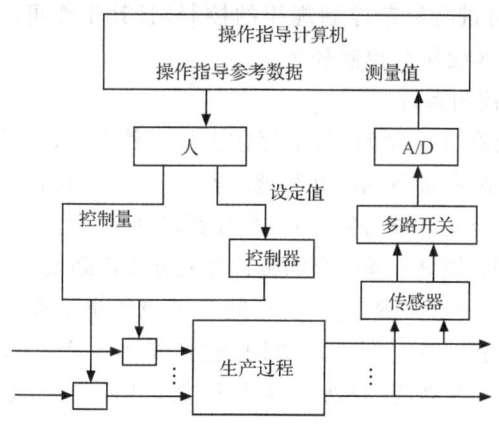

图 3-3　计算机操作指导控制系统框图

② 直接数字控制系统。

直接数字控制(direct digital control,DDC)系统是计算机用于工业过程控制最普遍的一种方式,其结构如图 3-4 所示。计算机通过输入通道对一个或多个物理量进行巡回检测,并根据规定的控制规律进行运算,然后发出控制信号,通过输出通道直接控制调节阀等执行机构。

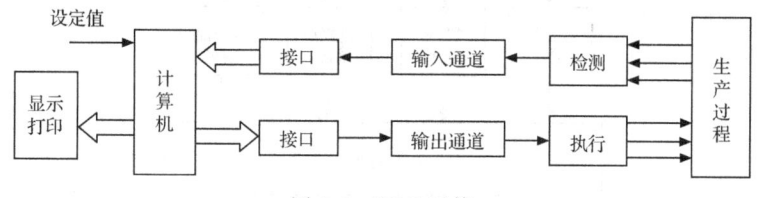

图 3-4　DDC 系统

在 DDC 系统中的计算机参加闭环控制过程,它不仅能完全取代模拟调节器,实现多回路的 PID(比例、积分、微分)调节,而且不需改变硬件,只需通过改变程序就能实现多种较复杂的控制规律,如串级控制、前馈控制、非线性控制、自适应控制和最优控制等。

③ 监督计算机控制系统。

在监督计算机控制(supervisory computer control,SCC)系统中,计算机根据工艺参数和过程参量的检测值,按照所设计的控制算法进行计算,得出最佳设定值并直接传送给常规模拟调节器或者 DDC 计算机,最后由模拟调节器或 DDC 计算机控制生产过程。

通常在 SCC 系统中选用具有较强计算能力的计算机,其主要任务是输入采样和计算设定值。由于它不参与频繁的输出控制,所以有时间进行复杂规律控制算式的计算。因此,SCC 能进行最优控制、自适应控制等,并能完成某些管理工作。SCC 系统的优点是可进行复杂控制规律的控制,且其工作可靠性较高,当 SCC 出现故障时,下级仍可继续执行控制任务。

④ 分级计算机控制系统。

在生产过程中既存在控制问题,也存在大量的管理问题。同时,设备一般分布在不同的区域,各工序、各设备同时并行地工作,基本相互独立,故整个系统是比较复杂的。这种系统的特点是功能分散,用多台计算机分别执行不同的控制功能,既能进行控制又能实现管理。图 3-5 是一个四级计算机分级控制系统。其中过程控制级为最底层,对生产设备进行直接数字控制;车间管理级负责本车间各设备间的协调管理;工厂管理级负责全厂各车间生产协调,包括安排生产计划、备品备件等;企业(公司)管理级负责总的协调,安排总生产计划,进行企业(公司)经营方向的决策等。

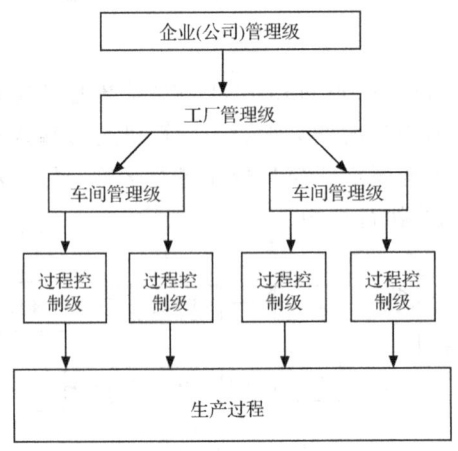

图 3-5 计算机分级控制系统

2. 典型的机电一体化控制系统

1) 计算机过程控制系统

用计算机对温度、压力、流量、液面和速度等过程参数进行测量与控制的系统称为计算机过程控制系统。图 3-6 介绍了工业炉计算机控制的典型情况,其燃料为燃料油或者煤气,为了保证燃料在炉膛内正常燃烧,必须保持燃料和空气的比值恒定。图中描述了燃料和空气的比值控制过程,它既可防止空气太多时过剩空气带走大量热量；又可防止空气太少时由于燃料燃烧不完全而产生过多一氧化碳或炭黑。为了保持所需的炉温，将测得的炉温送入数字计算机进行计算，进而控制燃料和空气阀门的开度。为了保持炉膛压力恒定，避免在压力过低时从炉墙的缝隙处吸入大量过剩空气，或在压力过高时大量燃料通过缝隙逸出炉外，同时还采用了压力控制回路。测得的炉膛压力送入计算机，进而控制烟道出口挡板的开度。此外，为了提高工业炉的热效率，还需对炉中排出的废气进行分析，一般是用氧化锆传感器测量烟气中的微量氧，通过计算而得出其热效率，并用以指导燃烧调节。

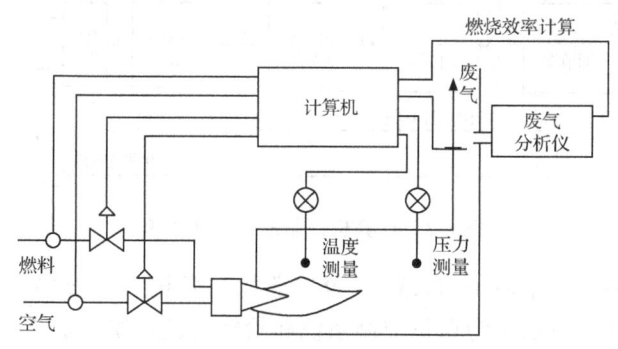

图 3-6　工业炉的计算机控制

2) 微型计算机控制的电动机调速系统

微型计算机具有极好的快速运算、信息存储、逻辑判断和数据处理能力，因此电动机调速系统中的许多控制要求很容易在计算机中实现。例如，变流装置的非线性补偿、起动和调速时选用不同的控制方式或不同的控制参数、四象限运行时的逻辑切换、在 PWM 型逆变器、交-交变频或某些生产机械传动控制中要求的电压、电流基准曲线等。由于采用计算机控制，系统的性能可得到大幅提高。

图 3-7 是计算机控制的双闭环直流调速系统的原理图。其中晶闸管触发器、速度调节器和电流调节器均由计算机实现。

3) 计算机数字程序控制系统

采用计算机来实现顺序控制和数字程序控制是其在自动控制领域中应用的一个重要方面。它广泛地应用于机床控制、自动线生产控制、运输机械控制和交通管理等许多工业自动控制系统中。

顺序控制是使生产机械或生产过程按预先规定的时序（或现场输入条件等）而实现顺序动作的自动控制系统。目前这类系统中多采用可编程序控制器。可编程序控制器使用方便，可靠性高，应用广泛。

数字程序控制系统是指能根据输入的指令和数据，控制生产机械按规定的工作顺序、运动轨迹、运动距离和运动速度等规律而自动完成工作的自动控制系统。数字程序控制系统（通常简称数控）一般用于机床控制系统中。

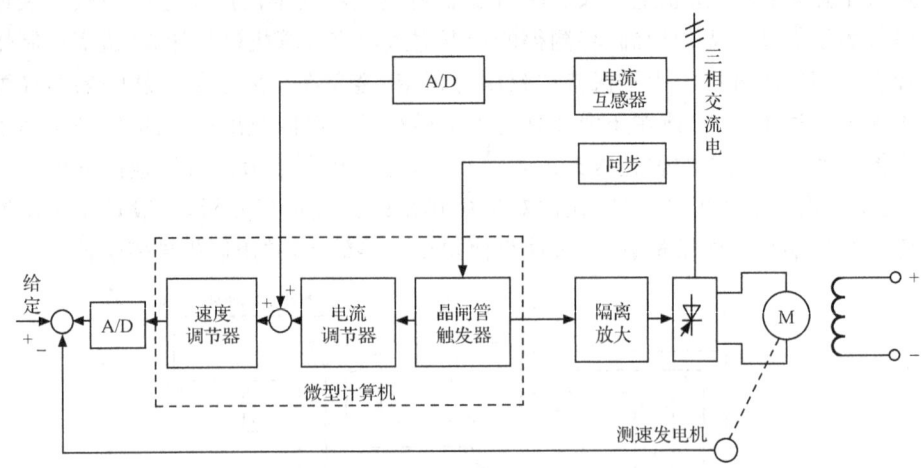

图 3-7 计算机控制的双闭环系统

目前数控系统多采用 16 位或 32 位工业控制微机系统或多微处理机系统控制。它按运动轨迹可以分为点位控制系统和轮廓(轨迹)控制系统。点位控制系统中,被控机构(如刀具)在移动中不进行加工,对运动轨迹没有具体要求,只要能准确定位即可,它适用于数控钻床、冲床等类机床的控制。轮廓控制系统中,被控机构按加工件的设计轮廓曲线连续地移动,并在移动中进行加工,最终将工件加工成所需的形状,它适用于数控铣床、车床、线切割机、绣花机等设备的自动控制。

在图 3-8 中表示出一个在线、开环、实时的简单机床数字程序控制系统的构成框图。根据所使用的软件,该系统既可以设计成平面点位控制系统,又可设计成平面轮廓控制系统。图 3-8 中微型计算机是系统的核心部件,它完成程序和数据的输入、存储、加工轨迹计算和步进电动机控制程序、显示程序及故障诊断程序等控制程序的执行等。

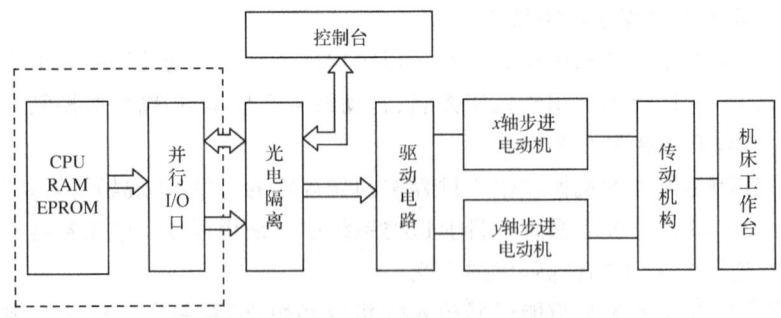

图 3-8 简单机床数字程序控制系统构成

4) 工业机器人

工业机器人是一种应用计算机进行控制的替代人进行工作的高度自动化系统,它主要由控制器、驱动器、夹持器、手臂和各种传感器组成。工业机器人计算机系统能够对力觉、触觉、视觉等外部反馈信息进行感知、理解和决策,并及时按要求驱动运动装置、语音系统完成相应任务。图 3-9 所示为智能机器人的一般结构,它是一个多级的计算机控制系统。可以说,没有计算机,就没有现代的工业机器人。

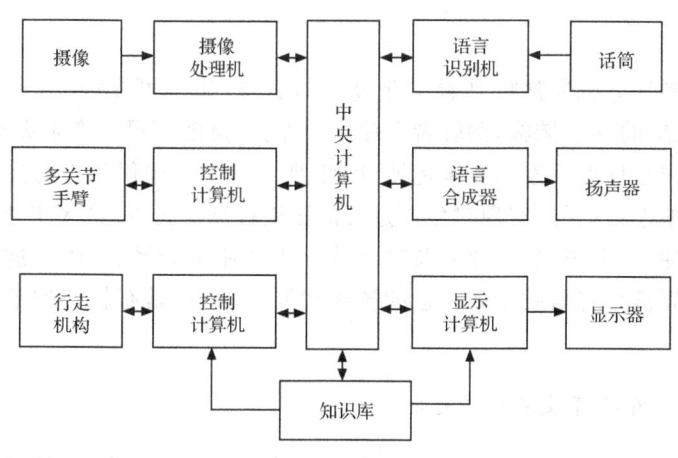

图 3-9 智能机器人的一般结构

3.3 工业控制计算机

工业领域中,由于现场存在各种干扰,环境条件恶劣,普通的计算机在工业现场不能正常运行。许多传统的控制结构和方法已被计算机控制系统所取代,其中所使用的计算机就是适应工业现场的工业控制计算机,它是处理来自检测传感器的输入信息、并把处理结果输出到执行机构去控制生产过程、同时可对生产过程进行监督、管理的计算机系统。对于强电磁干扰、电源波动、振动冲击和粉尘等有一定的防护作用,具有较好的抗干扰性,可靠性。应用于工业控制的计算机主要有单片微型计算机、可编程序控制器、总线式工业控制机和分布式计算机控制系统等类型。

3.3.1 工业控制计算机的基本要求

工业控制计算机的应用对象及使用环境的特殊性,决定了工业控制机主要满足以下一些基本要求。

1. 实时性

实时性是指计算机控制系统能在限定的时间内对外来信号做出反应的能力。为满足实时控制要求,通常既要求从信息采集到生产设备得到控制作用的时间尽可能短,又要求系统能实时地监视现场的各种工艺参数,并能进行在线修正,对紧急事故能够及时处理。因此,工业控制计算机应具备较完善的中断处理系统以及快速信号通道。

2. 高可靠性

工业控制计算机通常控制着工业过程的运行,如果可靠性低,运行时发生故障,又没有相应的冗余措施,则轻者会使生产停顿,重者有可能产生灾难性的后果。很多生产过程是日夜不停地连续运转,因此要求与这些过程相连的工业控制机也必须无故障地连续运行,实现对生产过程的正确控制。另外,许多工业现场的环境恶劣,振动、冲击、噪声、高频辐射及电磁波干扰往往十分严重,以上这一切都要求工业控制计算机具有高质量和很强的抗干扰能力,并且具有较长的平均无故障间隔时间。

3. 硬件配置的可装配可扩充性

工业控制计算机的使用场合千差万别,系统性能、容量要求、处理速度等都不相同,特别是与现场相连的外围设备的接口种类、数量等差别更大,因此宜采用模块化设计方法,使其硬件具有可扩展性。

4. 可维护性

工业控制计算机应有很好的可维护性,这要求系统的结构设计合理,便于维修,系统使用的板级产品一致性好,更换模板后,系统的运行状态和精度不受影响;软件和硬件的诊断功能强,在系统出现故障时,能快速准确地定位,并保证发生故障时故障不会扩散。

作为计算机控制系统的设计者,应根据机电一体化系统(或产品)中的信息处理量、应用环境、市场状况及操作者特点,优选出经济合理的工业控制计算机。

3.3.2 工业控制计算机的常用类型

电子技术、计算机技术的进步推动着机电一体化技术的进步和发展。电子元器件、大规模集成电路和计算机技术的每一次最新进展,都极大地促进机电一体化技术的发展。在计算机发展的初期,机电一体化系统(或产品)只能使用单板机,如简易数控机床改造中应用的计算机控制系统。随着PC(个人计算机)机功能的增强、价格的下降,逐渐出现了由 PC 机作为控制器的微机控制系统。但是普通的 PC 机是为了商业应用而设计的,对于恶劣工业环境,其性能大打折扣,影响它的进一步使用。为了改进普通 PC 机在恶劣环境下的适应性,出现了工业 PC 机,为了替代传统的继电器逻辑器件,可编程序控制器应运而生。随着半导体器件集成度的提高,集成有 CPU、ROM/RAM 和大量丰富外围接口电路的单片机已成为当前在机电一体化产品中应用非常广泛的计算机芯片。

综上所述,目前常用的有基于普通 PC 机、单片机、可编程序控制器和工业 PC 机等多种类型的控制系统。表 3-1 是常用工业控制计算机的性能比较。

表 3-1 常用工业控制计算机的性能比较

计算机机型 比较项目	普通 PC 机	单片机	可编程序控制器	工业 PC 机
控制系统的设计	一般不用作工业控制(标准化设计)	自行设计(非标准化)	标准化接口配置相关接口模板	标准化接口配置相关接口模板
系统功能	数据、图像、文字处理	简单的逻辑控制和模拟量控制	逻辑控制为主,也可配置模拟量模板	逻辑控制和模拟量控制功能
硬件设计	无需设计(标准化整机,可扩展)	复杂	简单	简单
程序语言	多种语言	汇编语言	梯形图	多种语言
软件开发	复杂	复杂	简单	较复杂
运行速度	快	较慢	慢	很快
带负载能力	差	差	强	强
抗干扰能力	差	差	强	强
成本	较高	很低	较高	很高
适用场合	实验室环境的信号采集及控制	家用电器、智能仪器、单片机简单控制	逻辑控制为主的工业现场控制	较大规模的工业现场控制

3.3.3 单片微型计算机

单片微型计算机简称为单片机,它是将 CPU、RAM、ROM 和 I/O 接口集成在一块芯片上,同时还具有定时/计数、通信和中断等功能的微型计算机。自 1976 年 Intel 公司首片单片机问世以来,随着集成电路制造技术的发展,单片机的 CPU 依次出现了 8 位和 16 位机型,并使运行速度、存储器容量和集成度不断提高。单片机的发展经过了 4 位机、8 位机、16 位机和 32 位机几个阶段,现已经发展到 64 位单片机,但 8 位、16 位单片机仍在市场中占据主流地位。特别是随着嵌入式控制系统的兴起,其功能不断增强。世界各大半导体生产厂商都将注意力转移到 8 位、16 位单片机。8 位、16 位单片机也向低功耗、高速度、集成有先进的模拟接口和数字信号处理器的方向发展。当前较常用的单片机一般具有数十 KB 的闪存、16 位的 A/D 转换器及看门狗等功能,而各种满足专门需要的单片机也可由生产厂家定做。

目前单片机的发展趋势是高集成度、高运行速度、低功耗、小体积、使用方便灵活等,真正做到"单片"。它广泛用于数显、数字通信产品、智能化仪表、简易数控机床以及其他小型机电产品中。但单片机没有自开发能力,必须借助 PC 机和专用仿真开发系统进行开发。单片机的编程与调试不如 PC 机方便,开发周期较长。特别是这类控制系统的硬件制作质量和抗干扰措施难以达到较高的标准,环境的适应性较差,在工业现场使用时要特别注意预先采取防护措施。同时,由于单片机的数据处理能力和接口限制,在大型工业控制系统中,一般只能辅助中央计算机系统测试一些信号的数据信息和完成单一量控制。

单片机的生产厂家和种类很多,如美国 Intel 公司的 MCS 系列、Zilog 公司的 SUPER 系列、Motorola 公司的 6801 和 6805 系列,日本 National 公司的 MN6800 系列、HITACHI 公司的 HD6301 系列等,其中 Intel 公司的 MCS 单片机产品在国际市场上占有最大的份额,在我国也获得最广泛的应用。单片机的理论知识在相关课程已有详细介绍,这里不再赘述。

3.3.4 可编程序控制器

1. 可编程序控制器概述

1) 可编程序控制器(PLC)的由来与发展

在现代化生产过程中,许多自动控制设备、自动化生产线,均需要配备电气控制装置。例如,电动机的起动与停止控制、液压系统的控制、机床的自动控制以及机器人的自动控制等。以往的电气控制装置主要采用继电器、接触器或电子元器件来实现,由连接导线将这些元器件按照一定的工作程序组合在一起,以完成一定的控制功能,这种控制叫做接线程序控制。接线程序控制的电气装置体积大,生产周期长,接线复杂,故障率高,可靠性差。并且控制功能略加变动,就需重新进行硬件组合、增减元器件、改变接线。由于工业技术的快速发展,人们对这些自动控制装置提出了更通用、更灵活、更经济和更可靠的要求。

1968 年,美国通用汽车(GM)公司为适应生产工艺不断更新的需要,提出一种设想:把计算机的功能完善、通用、灵活等优点和继电器控制系统的简单易懂、操作方便、价格便宜等优点结合起来,制成一种通用控制装置。这种通用控制装置把计算机的编程方法和程序输入方式加以简化，采用面向控制过程、面向对象的语言编程，使不熟悉计算机的人也能方便地使用，并提出10项招标指标。

美国数字设备公司(DEC)根据这一设想，于1969年研制成功了第一台PDP-14可编程序控制器，并在汽车自动装配线上试用获得成功。该设备用计算机作为核心设备，用存储的程序控制代替了原来的接线程序控制。其控制功能是通过存储在计算机中的程序来实现的，这就是人们常说的存储程序控制。由于当时主要用于顺序控制，只能进行逻辑运算，故称为可编程序逻辑控制器(PLC)。

这项新技术的成功使用，在工业界产生了巨大影响。1971年，日本从美国引进了这项新技术，并很快研制成功了日本第一台DCS-8可编程序控制器。1973~1974年德国和法国也研制出了可编程序控制器。我国于1977年研制成功了以MC14500微处理器为核心的可编程序控制器，并开始在工业中应用。

进入20世纪80年代，随着微电子技术和计算机技术的迅猛发展，也使得可编程序控制器逐步形成了具有特色的多种系列产品。系统中不仅使用了大量的开关量，也使用了模拟量，其功能已经远远超出逻辑控制、顺序控制的应用范围，故称为可编程序控制器(programmable controller, PC)。但由于PC容易和个人计算机(personal computer, PC)混淆，所以人们还沿用PLC作为可编程序控制器的英文缩写名字。

同计算机的发展类似，目前PLC正朝着两个方向发展。一是朝着小型、简易、价格低廉的方向发展，如日本OMRON公司的CQM1、德国西门子(SIEMENS)公司的S7-200等一类PLC(见图3-10)。这种PLC可以广泛地取代继电器控制系统，用于单机控制和规模比较小的自动化生产线控制。二是朝着大型、高速、多功能和多层分布式全自动网络化方向发展。这类PLC一般为多处理器系统，有较大的存储能力和功能很强的输入/输出接口。这样的系统不仅具有逻辑运算、定时、计数等功能，还具备数值运算、模拟调节、实时监控、记录显示、计算机接口、数据传送等功能，而且还能进行中断控制、智能控制、过程控制、远程控制等。通过网络可与上位机通信，配备数据采集系统、数据分析系统、彩色图像系统的操纵台，可管理和控制生产线、生产流程、生产车间或整个工厂，实现自动化工厂的全面要求，如日本OMRON公司的CV2000、德国西门子公司的S5-115U、S7-400等一类PLC。

图3-10 西门子S7系列PLC

2) PLC的特点

国际电工委员会(IEC)对PLC做了如下的定义："PLC是一种数字运算操作的电子系统，专为在工业环境下应用而设计。它采用可编程序的存储器,用来在其内部存储执行逻辑运算、顺序控制、定时、计数和算术运算等操作的指令,并通过数字式、模拟式的输入和输出,控制各种类型的机械或生产过程。PLC 及其有关设备,都应按易于与工业控制系统形成一个整体,易于扩充其功能的原则设计"。PLC 之所以被广泛使用,是与它突出的特点和优越的性能分不开的。归纳起来,PLC 主要具有以下特点。

(1) 可靠性高。

为了满足工业生产对控制设备安全可靠性的要求,PLC 采用了微电子技术,大量的开关动作由无触点的半导体电路来完成。PLC 选用的电子器件一般是工业级,有的甚至是军用级,平均无故障时间很长。例如,三菱 F1 和 F2 PLC 平均无故障时间可达到 30 多年。可以毫不夸张地说,到目前为止没有任何一种工业控制设备可以达到 PLC 这样高的可靠性。随着元器件水平的提高,PLC 可靠性还在继续提高,尤其是近年来开发出的多机冗余系统和表决系统更进一步增加了 PLC 的可靠性。事实上,如果某种控制装置可以连续运行 20 年以上不出问题,在当前技术更新瞬息万变的世界上,则可认为是永远不会坏的装置了。PLC 完善的自诊断功能,能及时诊断出 PLC 系统的软件、硬件故障,并能保护故障现场,保证了 PLC 控制系统的工作安全性。由于 PLC 是用存储在其内部的程序来实现控制的,其控制程序的设计本身就从各个方面考虑了 PLC 的工作可靠性、安全性和稳定性,这又进一步加强了 PLC 的可靠性。

(2) 环境适应性强。

PLC 具有良好的环境适应性,可应用于十分恶劣的工业现场。在电源瞬间断电的情况下,仍可正常工作,具有很强的抗空间电磁干扰的能力,可以抗峰值高达 1000V、脉宽 10μs 的矩形波空间电磁干扰,具有良好的抗振能力和抗冲击能力。一般对环境温度要求不高,在环境温度为 -20~65℃、相对湿度为 35%~85% 的情况下可正常工作。

(3) 灵活通用。

在完成一个控制任务时,PLC 具有很高的灵活性。首先,PLC 产品已经系列化,结构形式多种多样,在机型上有很大的选择余地;其次,同一机型的 PLC 其硬件构成具有很大的灵活性,用户可根据不同任务的要求,选择不同类型的输入/输出模块或特殊功能模块组成不同硬件结构的控制装置;最后,PLC 是利用应用程序实现控制的,在应用程序编制上有较大的灵活性。在实现不同的控制任务时,PLC 具有良好的通用性。相同硬件构成的 PLC 用不同的软件可完成不同的控制任务。在被控对象的控制逻辑需要改变时,利用 PLC 可以很方便地实现新的控制要求,而利用一般继电器控制是很难实现的。

(4) 使用方便、维护简单。

PLC 控制的输入模块、输出模块、特殊功能模块都具有即插即卸功能,连接十分容易。对于逻辑信号,输入和输出均采用开关方式,不需要进行电平转换和驱动放大;对于模拟信号,输入和输出均采用传感器、仪表和驱动设备的标准信号。各个输入和输出模块与外部设备的连接十分简单。整个连接过程仅需要一把螺钉旋具即可完成。

PLC 的用户界面十分友好,给使用者带来了很大的方便。PLC 提供标准通信接口,可方便地构成 PLC-PLC 网络或计算机-PLC 网络。

PLC 应用程序的编制和调试非常方便,PLC 的编程语言常用的有梯形图、语句表和功能块图等,其中梯形图语言与继电器控制线路图很相似,即使没有计算机知识的人也很容易掌握。

PLC 具有监控功能。利用编程器或监视器可对 PLC 的运行状态、内部数据进行监视或修改。PLC 控制系统的维护非常简单。利用 PLC 的诊断功能和监控功能,可迅速查找到故障点,对大多数故障都可及时予以排除。

3) PLC 的基本性能指标

(1) 输入/输出点数(I/O 点数)。指 PLC 外部输入/输出端子数,这是 PLC 的一项非常重要的技术指标,常用 I/O 点数来表征 PLC 的规模大小。

(2) 扫描速度。一般指 PLC 执行一条指令的时间,单位为 μs/步;有时也以执行一千条指令的时间来计算,单位为 ms/千步。

(3) 内存容量。一般指 PLC 存储用户程序的多少。

(4) 指令条数。指令条数(指令种类)的多少是衡量 PLC 软件功能强弱的主要指标。

(5) 内部寄存器。内部寄存器的配置情况是衡量 PLC 硬件功能的一个指标。

(6) 高功能模块。将高功能模块与主模块搭配,可实现一些特殊功能。常用的高功能模块有 A/D 模块、D/A 模块、高速计数模块、位置控制模块、通信模块、高级语言编辑模块等。

另外,使用 PLC 时,还应考虑电源电压、抗噪声性能、直流输出电压、环境温度、湿度、质量和外形尺寸等性能指标。

4) PLC 的分类

(1) 按 PLC 的结构形式分为整体式和组合式。

① 整体式结构 PLC。将中央处理器 CPU、电源部件、输入/输出单元集中制造在一起,结构紧凑,体积小,价格低,小型 PLC 常采用这种结构。

② 组合式结构 PLC。将各部分模块(CPU 模块、电源模块、I/O 模块等)分开制造,使用时将这些模块分别插入机架底座的插槽中,像积木一样组合起来,系统配置灵活方便,易于扩展,大中型 PLC 通常采用这种结构。

(2) 按控制规模分为小型机、中型机、大型机和超大型机。

① 小型机。I/O 点数在 128 点以下,内存容量在几 KB 左右,具有逻辑运算、

定时、计数等功能,适用于开关量控制的场合。

② 中型机。I/O 点数在 128~512 点,内存容量在几十 KB 左右,除具有小型机的功能外,还增加了数据处理功能,并可配置模拟量输入/输出模块,适用于小规模控制系统。

③ 大型机。I/O 点数在 512~896 点,内存容量达几百 KB。

④ 超大型机。I/O 点数在 896 点以上,内存容量在 1000KB 以上。

大型机和超大型机除具有中、小型机的功能外,又增加了联网通信、记录打印等功能,增强了编程终端的处理能力,适用于大规模的过程控制,可构成分布式控制系统。

5) PLC 的典型产品

目前,PLC 在国际市场上已经成为非常畅销的工业控制产品,采用 PLC 设计自动控制系统已成为世界潮流。PLC 的生产厂家和品种很多,其中著名的厂商有美国的 AB(ALLEN-BRADLY)公司、GE 公司等;欧洲有德国的西门子公司,法国的 TE 公司等;日本有 OMRON、三菱、富士等公司;中国从 20 世纪 70 年代后期相继引进了 PLC 控制系统和 PLC 生产线,进入 90 年代,PLC 的应用已渗透到国民经济的各部门和工业生产的各个领域。

德国西门子公司的 PLC SIMATIC S5 系列产品在中国较早形成市场,在大部分工业生产过程自动化控制领域都得到过成功的应用,并开发了占有世界市场的一些标准的硬件和软件。1996 年西门子公司推出 SIMATIC S7 系列的 PLC,它包括小型 PLC S7-200、中型 PLC S7-300、大型 PLC S7-400。S7 系列 PLC 产品的性能和使用范围各不相同,但均具有以下特点:

(1) PLC 的核心 CPU 芯片已经升级到 Intel 80486,甚至采用 Pentium 处理器。

(2) 采用模块化紧凑设计,可按积木式结构进行系统配置,功能扩展非常灵活方便。

(3) 以极快的速度处理自动化控制任务,S7-200 和 S7-300 的扫描速度为 $0.37\mu s$/指令。

(4) 有很强的网络功能,可用多个 PLC,按照工艺或控制方式连接成工业网络,构成完整的生产过程控制系统,既可实现总线联网也可实现点到点通信。如果采用相同的通信协议,可同时并行使用 SIMATIC S5 和 S7 系列 PLC。

(5) 在软件方面,允许在 Windows 操作平台下,使用相关的程序软件包、标准的办公室软件和工业通信网络软件,可使用 C++等高级语言环境。编程工具更为开放,可使用普通计算机或笔记本电脑,人机界面十分友好。

从某种意义上说,SIMATIC S7 系列 PLC 代表了现代 PLC 发展的方向。

2. PLC 的组成

PLC 是以微处理器为核心的数字式电子、电气自动控制装置,其实质是一种工业控制专用计算机。各种 PLC 的具体结构虽然多种多样,但其组成的原理基本相同,即均以微处理器为核心,并辅以外围电路和 I/O 单元等硬件所组成。与一般计算机相同,PLC 各种控制功能的实现,不仅依赖于硬件,而且要靠软件的支持。虽然 PLC 是作为继电接触控制系统的替代产品出现的,但它与继电器控制逻辑的工作原理有很大的差别。

PLC 的组成与一般计算机基本相同,主要由中央处理器(CPU)、存储器、输入单元、输出单元、电源等部分组成,其组成结构框图如图 3-11 所示。

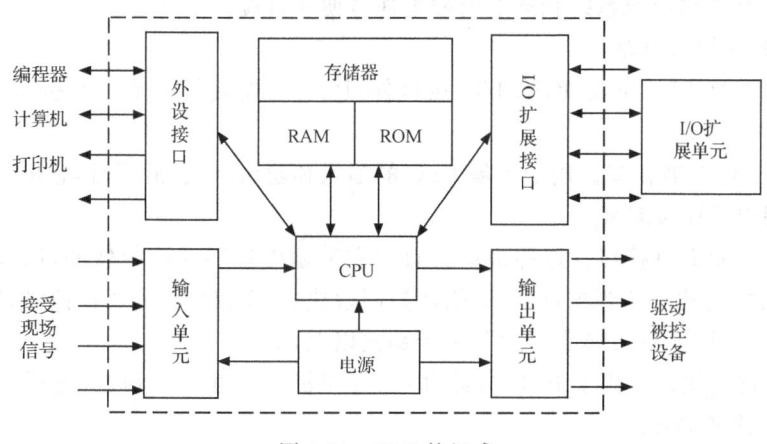

图 3-11 PLC 的组成

对于整体式结构 PLC,所有部件都封装在同一机箱内;对于组合式结构 PLC,各功能部件分别独立封装,通过总线相互连接,安装在机架的插槽内。

1) CPU

和一般计算机一样,CPU 是 PLC 的运算和控制核心,控制其他所有部件的运行,功能相当于人的大脑。

2) 存储器

存储器用来存储数据和程序。它包括随机存储器(RAM)和只读存储器(ROM)。PLC 配有系统程序存储器和用户程序存储器,分别用于存储系统程序和用户程序。

3) 输入/输出(I/O)单元

输入/输出(I/O)单元是 CPU 与现场 I/O 设备或其他外部设备之间的连接部件。PLC 提供了各种操作电平和输出驱动能力的 I/O 模块和各种用途的 I/O 功能模块供用户选用。

4）电源

电源包括系统电源和后备电池,其中后备电池可在停电时继续保持几十小时的供电。PLC 一般使用 220V 交流电源,经电源模块转换后的直流 5V 电源供 PLC 内部使用,直流 24V 电源供输入/输出端和各种传感器使用。

5）编程器

编程器是人-机对话的工具,用来输入、修改和调试用户程序、监控 PLC 的运行情况、调整内部寄存器的参数等。编程器可分为简易编程器和图形编程器两种,简易编程器只能输入助记符程序;而图形编程器可直接输入梯形图。

目前,许多 PLC 都可利用一条通信电缆与计算机的串行口相连,配以厂家提供的编程软件,进行用户程序的输入和调试。由于计算机功能强,CRT 屏幕大,使程序输入和调试以及系统状态的监控更加方便和直观。

6）其他接口电路

为了扩展 PLC 的功能,除 I/O 接口外,PLC 还配置了其他一些接口,主要有以下几种:

(1) I/O 扩展接口。用于扩展 PLC 的输入和输出点数,需要时,它可将主机与 I/O 扩展单元连接起来。

(2) 智能 I/O 接口。这种接口具有独立的微处理器和控制软件,用于适应和满足复杂控制功能的要求,如位置闭环控制模块、PID 调节器的闭环控制模块和高速计数器模块(其计数频率可达几十千赫兹以上)等。

(3) 通信接口。用于 PLC 与计算机、打印机等外部设备相连;也可构成集散型控制系统或局域网。

(4) A/D、D/A 接口。由于 CPU 只能处理数字信号,当输入/输出信号为模拟量时,则需要 A/D、D/A 接口来进行信号转换。

3. PLC 的编程语言

PLC 的编程语言有语句表(statement list)、梯形图(ladder diagram)、控制系统流程图(control system flowchart)等。在一些高档 PLC 中,还可提供专用的高级语言和通用计算机程序设计语言。其中语句表和梯形图最为常用。

语句表类似于计算机汇编语言的形式,通过指令助记符来编程。

梯形图是一种图形语言,它是以寄存器控制系统的电气原理图为基础演变而来的,易于理解和使用。各厂家生产的 PLC 使用的指令助记符有可能不同,但梯形图的设计与编程方法基本上大同小异。

梯形图与传统寄存器控制电路的电气原理图相似,均是通过触点的开、闭组合控制线圈的通电、断电,从而实现对生产机械运行的控制。梯形图有如下特点:梯形图中的寄存器、定时器等"电器"不是物理意义上的那种电磁寄存器,而是 PLC

机内部的电子电路构成的寄存器单元,是根据计算机对信息的"存-取"原理来读出寄存器的状态或在一定条件下改变它的状态。读出寄存器的状态为高电位或低电位,相当于寄存器触点的通与断,而改变寄存器的状态,相当于寄存器线圈的通电与断电。在梯形图中没有真实的电流流动,为了便于分析 PLC 的周期扫描原理以及控制信息在存储空间分布的情况,假设在梯形图中有"电流"流动,为了区别于真实的电流,称为能流。能流在梯形图中只能是单方向流动,即从左到右流动,并且按先上后下的顺序从左到右流动,不会产生反流。在梯形图中,最左边的竖线称为起始母线,若与母线相连的触点闭合,可使能量流流过该器件,到下一个器件,若触点打开将阻止能流通过。

画梯形图的要求如下:
(1) 每一个逻辑行必须从起始母线画起;
(2) 寄存器线圈不能直接接在左边的母线上;
(3) 在梯形图中寄存器线圈只能使用一次,而其触点可以使用的个数是无限的;
(4) 梯形图必须按照计算机执行程序时的顺序依次画出。

下面通过实例可进一步了解 PLC 的工作原理和梯形图的上述特点。

有三个开关 S1、S2、S3。控制要求:只有开关 S1 和 S2 都接通时,小灯 HL1 才亮。当 HL1 亮 2s 后,小灯 HL2 开始亮。当开关 S3 接通时两个小灯就同时熄灭。

如果用接线程序控制需要两个具有常开触点的开关、一个具有常闭触点的开关、两个具有常开触点的继电器、一个具有通电延时闭合的时间继电器和两个小灯。电气控制线路如图 3-12 所示。

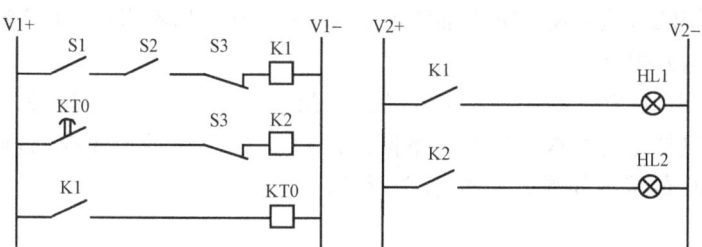

图 3-12　接线程序控制的电气控制线路

这种接线程序控制的原理是,只有开关 S1 和 S2 都闭合而且 S3 也闭合,继电器 K1 线圈才能带电。继电器 K1 的常开触点闭合,会使小灯 HL1 得电而发光。当小灯 HL1 发光时(K1 闭合),起动时间继电器 KT0,当时间继电器 KT0 延时 2s 后,其延时的常开触点 KT0 闭合。当开关 S3 仍然为闭合状态时,K2 的继电器线圈带电。当继电器 K2 的常开触点闭合时,小灯 HL2 得电而发光。若开关 S3 断开,小灯全部熄灭。接线程序控制就是按接线的程序反复不断地依次检查各个输入开关的状态,根据接线的程序把结果赋给输出的。

PLC 的工作原理与接线程序控制十分相近。所不同的是 PLC 的控制是由存储程序实现的。图 3-13 就是能够实现上述功能的 PLC 存储程序原理图,左图为梯形图。其中 I0.0 代表开关 S1 的状态。S1 闭合,I0.0 的常开触点就接通。I0.1 代表开关 S2 的状态,S2 闭合,I0.1 的常开触点就接通。I0.2 代表开关 S3 的状态,S3 断开时,I0.2 的常闭触点是接通的。S3 闭合时,I0.2 的常闭触点是断开的。Q0.0 是输出继电器 1 的线圈。Q0.0 带电,其常开触点 Q0.0 接通,从而使小灯 HL1 带电而发光。

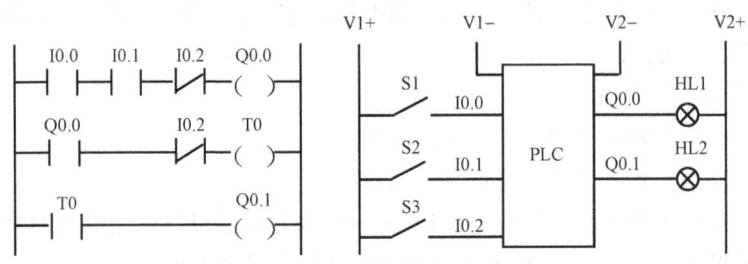

图 3-13　存储程序控制

Q0.1 则是输出继电器 2 的线圈。Q0.1 带电,其常开触点 Q0.1 接通,从而使小灯 HL2 带电而发光。T0 是定时器。Q0.0 的常开触点接通时,起动定时器 T0。当延时到 2s 时,T0 的常开触点闭合,使输出继电器 Q0.1 的线圈带电,从而使得小灯 HL2 带电发光。当开关 S3 断开时,使得反映该开关状态的输入触点 I0.2 为 ON;而 I0.2 的非为 OFF。梯形图中用的是 I0.2 的非,当开关 S3 断开时,I0.2 的常闭触点要开断,这就使得输出继电器 Q0.0 和 Q0.1 均不得电,而导致小灯 HL1 和 HL2 断电而熄灭。

应当指出,在存储程序控制中的梯形图虽然与接线程序控制中的继电器接线十分相似,但是它们的本质是截然不同的。前者是 PLC 的程序控制,而后者是接线控制,PLC 的接线如图 3-13 中右图所示。

4. PLC 的基本指令

SIMATIC S7-200 系列 PLC 的指令系统是非常丰富的,主要分为位逻辑指令、定时器和计数器指令、程序控制指令、传送和比较指令、运算指令、特殊功能指令、堆栈和时钟指令等几个系列。本节只是简单介绍位逻辑、定时器和计数器、程序控制等一些基本的指令,详细内容可参考相关的教程或手册。

1) 位逻辑指令

(1) 标准触点指令。

常开触点是指在线圈不带电时,其触点是断开的(触点的状态是 OFF 或 0),而线圈带电时,其触点是闭合的(触点的状态是 ON 或 1)。常闭触点是指在线圈不带电时,其触点是闭合的(触点的状态是 ON 或 1),而线圈带电时,其触点是断开的(触点的状态是 OFF 或 0)。在程序执行过程中,标准触点起开关触点的作用。

(2) 立即触点指令。

含有立即触点的指令叫做立即触点指令。当立即触点指令执行时,CPU 直接读取其物理输入的值,而不是更新映像寄存器。在程序执行过程中,立即触点起开关的触点作用。

(3) 输出操作指令。

输出操作指令是把前面各逻辑运算的结果复制到输出线圈,从而使输出线圈驱动的输出常开触点闭合,常闭触点断开。输出操作时,CPU 是通过输入/输出映像区来读/写输出状态的。

(4) 立即输出指令。

含有立即输出的指令叫做立即输出指令。当执行立即输出指令时,CPU 直接读取其物理输入的值,而不是更新映像寄存器。立即输出操作是把前面各逻辑运算的结果复制到标准输出线圈,从而使立即输出线圈驱动的立即输出常开触点闭合,常闭触点断开。

(5) 逻辑与操作指令。

逻辑与操作指令是指两个元件的状态都是 1 时才有输出,两个元件中只要有一个为 0,就无输出。语句表中操作码用"A"表示。

(6) 逻辑或操作指令。

逻辑或操作指令是指两个元件的状态只要有 1 个是 1 就有输出,只有当两个元件都是 0 时才无输出。语句表中操作码用"O"表示。

(7) 取非操作指令。

取非操作指令是把源操作数的状态取反作为目标操作数输出。

上述 7 个指令的梯形图和语句表分别如图 3-14 所示,bit 为触点位地址。

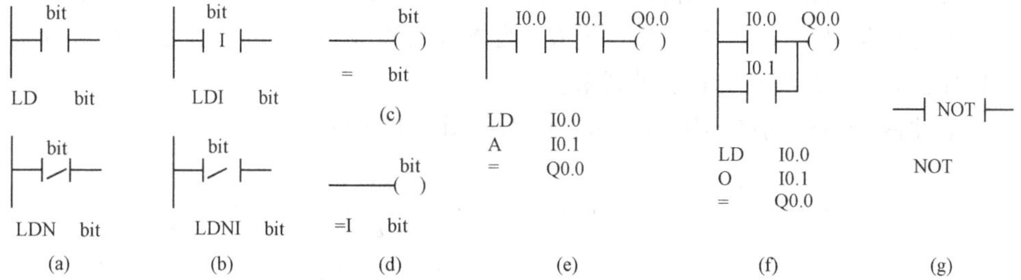

图 3-14 触点、输出及逻辑指令

(8) 串联电路的并联操作指令。

串联电路的并联连接是指多个串联电路之间又构成了或的逻辑操作。在执行程序时,先算出各个串联支路(与逻辑)的结果,然后再把这些结果的或传送到输出。语句表中操作码用“OLD”表示。

(9) 并联电路的串联操作指令。

并联电路的串联连接是指多个并联电路之间又构成了与的逻辑操作。在执行程序时,先算出各个并联支路(或逻辑)的结果,然后再把这些结果的与传送到输出。语句表中操作码用“ALD”表示。

上述两个指令的梯形图和语句表分别如图 3-15 所示。

```
LD   I0.0      LD   I0.4
A    I0.1      A    I0.5
LD   I0.2      OLD
A    I0.3      =    Q0.0
OLD
```

(a)

```
LD   I0.0      LD   I0.4
O    I0.1      O    I0.5
LD   I0.2      ALD
O    I0.3      =    Q0.1
ALD
```

(b)

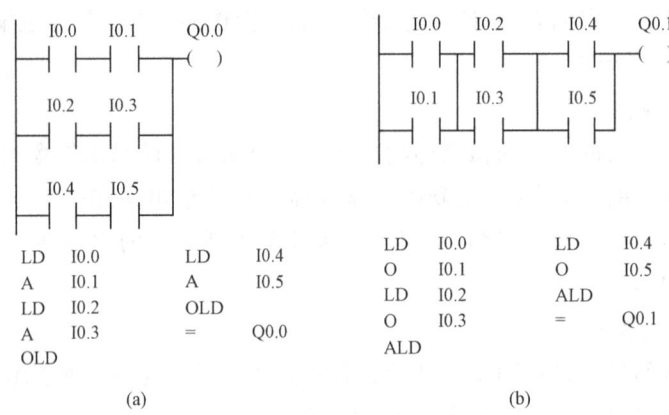

图 3-15　串、并联电路的并、串联操作

(10) 置位与复位操作指令。

置位操作的语句表是由操作码 S、置位线圈的位地址 bit 和置位线圈数目 n 构成。当置位信号为 1 时,被置位线圈置 1。当置位信号变为 0 以后,被置位位的状态可以保持,直到使其复位的信号到来。在执行该指令时,应当注意被置位的线圈数目是从指令中指定的位元件开始共有 n 个。

复位操作的语句表是由操作码 R、复位线圈的位地址 bit 和复位线圈数目 n 构成。当复位信号为 1 时,被复位位置 0。当复位信号变为 0 以后,被复位位的状态可以保持,直到使其置位的信号到来。

上述两个指令的梯形图和语句表分别如图 3-16 所示。

S　bit, n

(a)

R　bit, n

(b)

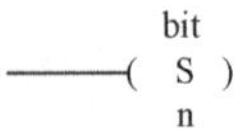

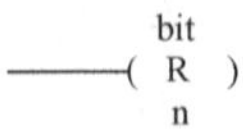

图 3-16　置位与复位操作指令

(11) 上微分操作指令。

上微分是指某一位操作数的状态由 0 变为 1 的过程,即出现上升沿的过程,上微分指令在这种情况下可形成一个 ON、一个扫描周期的脉冲。这个脉冲可用来起动一个控制程序、运算过程、结束一段控制等。上微分操作的梯形图由常开触点加上微分符"P"构成,其语句表由操作码"EU"构成,如图 3-17 所示。下微分操作指令与上微分操作指令相对应不难理解,此处不再赘述。

2) 定时器和计数器指令

定时器和计数器是 PLC 的重要元件,S7-200 PLC 共有三种定时器和三种计数器。定时器可分为接通延时定时器(TON)、断开延时定时器(TOF)和带有记忆接通延时定时器(TONR)。计数器可分为增计数器(CTU)、减计数器(CTD)和增减计数器(CTUD)。这里只介绍接通延时定时器和增计数器指令。

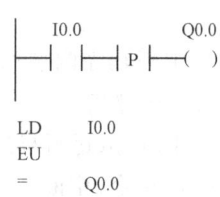

图 3-17 上微分操作指令

(1) 接通延时定时器指令。

当定时器的起动信号 IN 的状态为 0 时,定时器的当前值 SV=0,定时器 Tn 的状态也是 0,定时器没有工作。当 Tn 的起动信号由 0 变为 1 时,定时器开始工作,每过一个时基时间,定时器的当前值 SV=SV+1,当定时器的当前值 SV 等于大于定时器的设定值 PT 时,定时器的延时时间到了,这时定时器的状态由 0 转换为 1,在定时器输出状态改变后,定时器继续计时,直到 SV=32767(最大值)时,才停止计时,SV 将保持不变。只要 SV>PT,定时器的状态就为 1,如果不满足这个条件,定时器的状态应为 0。

当 IN 信号由 1 变为 0,则 SV 被复位(SV=0),Tn 状态也为 0。当 IN 从 0 变为 1 后,维持的时间不足以使得 SV 达到 PT 时,Tn 的状态不会由 0 变为 1。

(2) 增计数器指令。

增计数器在复位端信号为 1 时,其计数器的当前值 SV=0,计数器的状态也为 0。当复位端的信号为 0 时,其计数器可以工作。每当一个输入脉冲到来时,计数器的当前值做加 1 操作,即 SV=SV+1。当当前值大于等于设定值(SV≥PV)时,计数器的状态变为 1,这时再来计数脉冲时,计数器的当前值仍不断地累加,直到 SV=32767 时,停止计数,直到复位信号到来,计数器的 SV 等于零,计数器的状态变为 0。

接通延时定时器和增计数器指令的梯形图和语句表分别如图 3-18(a)、(b)所示。

3) 程序控制指令

(1) 结束指令。

根据先前逻辑条件终止用户程序。结束指令可在主程序内使用,但不能在子

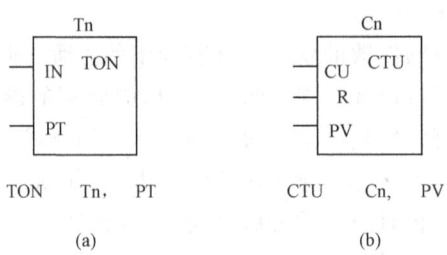

图 3-18 接通延时定时器和增计数器指令

程序或中断程序内使用。

(2) 暂停指令。

使 PLC 从运行模式进入停止模式,立即终止程序的执行。如果在中断程序内执行暂停指令,中断程序立即终止,并忽略全部等待执行的中断。对程序剩余部分进行扫描,并在当前扫描处完成从运行模式到停止模式的转换。

(3) 跳转操作指令。

可以使程序跳转到具体的标号(n)处。当跳转条件满足时,程序由 JMP 指令控制转至标号 n 的程序段去执行。如果完成转移,堆栈顶的值总是逻辑 1。

(4) 子程序调用与返回指令。

S7-200 PLC 把程序主要分为三大类:主程序(OB1)、子程序(SBR n)和中断程序(INT n)。子程序由子程序标号开始,到子程序返回指令结束。

子程序调用指令由子程序调用允许端 EN、子程序调用助记符 SBR 和子程序标号 n 构成。子程序返回指令由子程序返回条件和子程序返回助记符 RET 构成。

当子程序调用允许时,程序转至子程序入口处执行,并在满足返回条件时返回,或者执行到子程序末尾而返回。子程序调用与返回指令的梯形图和语句表分别如图 3-19(a)、(b)所示。

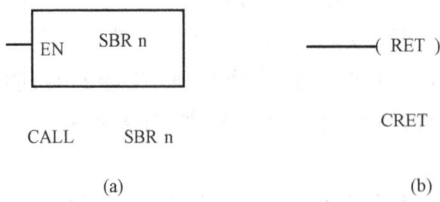

图 3-19 子程序调用与返回指令

(5) 循环操作指令。

循环操作执行 FOR 与 NEXT 之间的指令。必须指定循环计数(INDX)、起始值(INIT)及结束值(FINAL)。每次执行 FOR 与 NEXT 之间的指令后,INDX 数值加 1,并将结果与结束值比较。如果 INDX 大于结束值,则循环终止。循环操作指令的梯形图和语句表分别如图 3-20 所示。

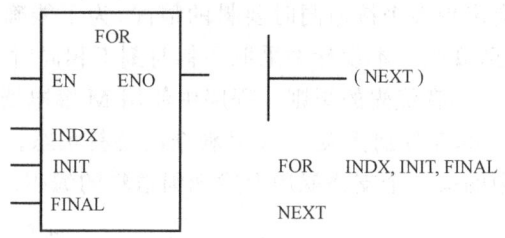

图 3-20 循环操作指令

例 3-1 图 3-21 所示是一个供料控制系统。运料小车负责向四个料仓送料,送料路上从左向右共有 4 个料仓(1 号仓～4 号仓)位置开关,其信号分别由 PLC 的输入端 I0.0、I0.1、I0.2、I0.3 检测,当信号状态为 1 时,说明运料小车到达该位置,否则说明小车没有在这个位置。小车行走受两个信号的驱动,Q0.0 驱动小车左行,Q0.1 驱动小车右行。料仓的要料信号由 4 个手动按钮发出,从左到右(1 号仓～4 号仓)分别为 I0.4、I0.5、I0.6、I0.7。试设计一个驱动小车自动运料的控制程序。

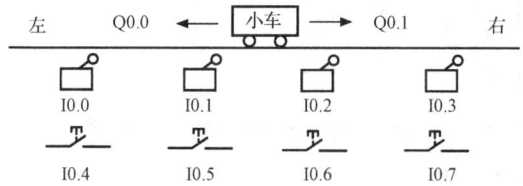

图 3-21 供料控制系统示意图

为了设计运料小车的控制程序,首先要对小车的驱动条件进行分析。这里要抓住三点:一是要料的料仓位置(由 M0.0～M0.3 决定);二是运料小车当前所处的位置(由 I0.0～I0.3 决定);三是运料小车的右行、左行、停止控制(由 Q0.0 和 Q0.1 决定)。

① 小车运行条件。

运料小车右行条件:小车在 1、2、3 号仓位,4 号仓要料;小车在 1、2 号仓位,3 号仓要料;小车在 1 号仓位,2 号仓要料为小车右行条件。

运料小车左行条件:小车在 4、3、2 号仓位,1 号仓要料;小车在 4、3 号仓位,2 号仓要料;小车在 4 号仓位,3 号仓要料为小车左行条件。

运料小车停止条件:要料仓位与小车的车位相同时,应该是小车的停止条件。

运料小车的互锁条件:小车右行时不允许左行起动,同样小车左行时也不允许右行起动。

② 编制控制程序。

料仓要料状态的编程:要料信号取决于 I0.4～I0.7,这些信号都是手动按钮产生的。实际中可能会出现多个按钮同时要料的情况,为了能确定把要料权交哪个料仓,必须要确定排队规则。本设计中采取要料时刻不相同时,先要料者优先。要料时刻相同时,料仓号小者优先的规则。程序中使用 M 继电器来代表料仓的要料状态。其中 M0.0～M0.3 分别代表 1～4 号料仓的要料状态。如图 3-22 所示供料控制程序的梯形图中的头 4 个支路就用上述规则送料的编程。

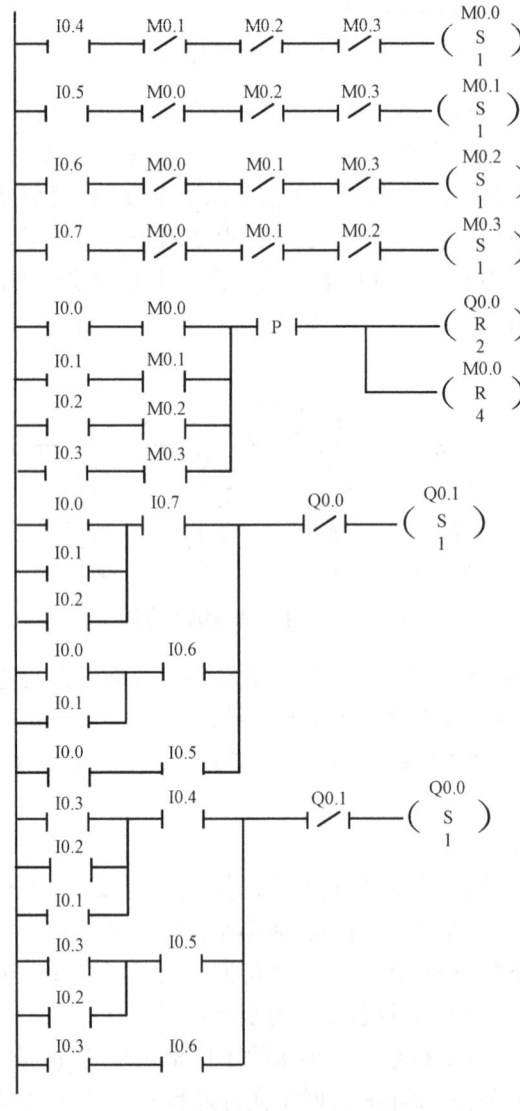

图 3-22 供料控制系统的控制程序

小车停止状态的编程:梯形图中第 5 条支路是小车到位停止的编程。有小车停止以后,要清除料仓的要料状态信号。

小车右行的编程:梯形图中第 6 条支路是小车右行的编程。

小车左行的编程:梯形图中第 7 条支路是小车左行的编程。

例 3-2　用按钮控制人行道的设计。

① 控制描述。通常车道上只允许车辆通行,道口处车道指示灯保持绿色灯亮(Q0.2=1),这时不允许人跨越车道,人行道指示灯保持红色灯亮(Q0.3=1)。在车道两侧各设有一个人行道开关,当有人想通过人行横道时,需要用手按动"走人行道"开关,要"走人行道"信号通过 I0.0 或 I0.1 送到 S7-200 中,S7-200 在接到有人要"走人行道"时,开始执行如下时序程序。

当有行人要通过横道(I0.0=1 或 I0.1=1)时,车道的绿灯继续保持亮 30s,然后绿灯灭而黄灯亮(Q0.1=1)10s,10s 过后,红灯亮(Q0.0=1),车辆停。当车道红灯亮 5s 后,人行道的红灯灭(Q0.3=0),绿灯亮(Q0.4=1)15s,行人可以过横道,这 15s 中的后 5s 人行道的绿灯应闪烁,表示行人通行时间就要到了。人行道绿灯闪烁之后,人行道红灯亮,再过 5s 车道绿灯亮,恢复车辆通行。一个控制时序结束,直到下一个人行道开关被按下,再起动"走人行道"的时序程序,如图 3-23 所示。

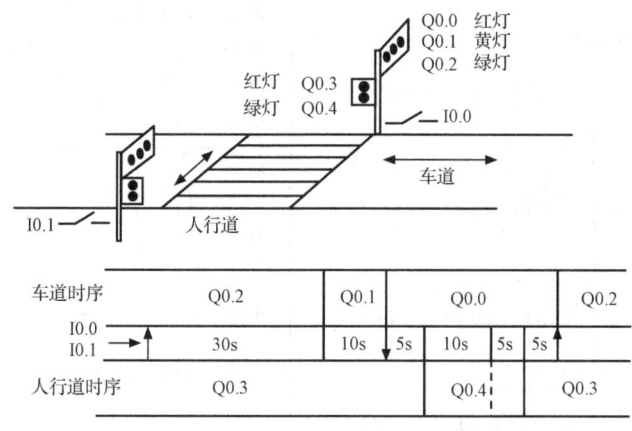

图 3-23　人行道控制示意图

② 控制程序分析。系统的起动是由 I0.0 或 I0.1 的要走人行道输入开始,根据时序图的要求,由定时器 T101、T102、T103、T104 组成 30s、40s、45s 和 55s 延时。

时序控制中的人行道闪烁 5s 的控制可用 S7-200 中的特殊继电器 SM0.5(秒时钟脉冲)和计数器 C0 实现控制,因 C0 的增计数输入是一个秒脉冲,故当其 SV=PV 时,C0 为 1,事实上,C0=1 还意味着时序已经到了第 60 秒。

车道绿灯的时间由两段组成,其一是周期开始头 30s,这段可由 M0.0 和 T101

的非相与实现；其二是在控制周期之外，可由 M0.0 的非实现。

车道黄灯亮的时间是从第 30～第 40 秒，这段时间可由 T101 和 T102 的非相与实现。

车道红灯亮的时间是从第 45 秒到周期结束，这可由 T103 和 T105 的非相与实现。

人行道红灯亮的时间由三段组成，其一是从周期开始到第 45 秒，这段可由 M0.0 和 T103 的非相与实现；其二是人行道绿灯闪烁之后 5s，这可由 M0.0 和 C0 相与控制；其三是周期之外，可由 M0.0 的非控制。

人行道绿灯亮的时间由两段组成，其一是从第 45～第 55 秒，这段可由 T103 和 T104 的非相与实现；其二是人行道绿灯闪烁是从第 55 秒开始到 C0=1 这可由 T104 和 C0 的非相与以后再和 SM0.5 相与控制。图 3-24 给出了梯形图表示的程序。

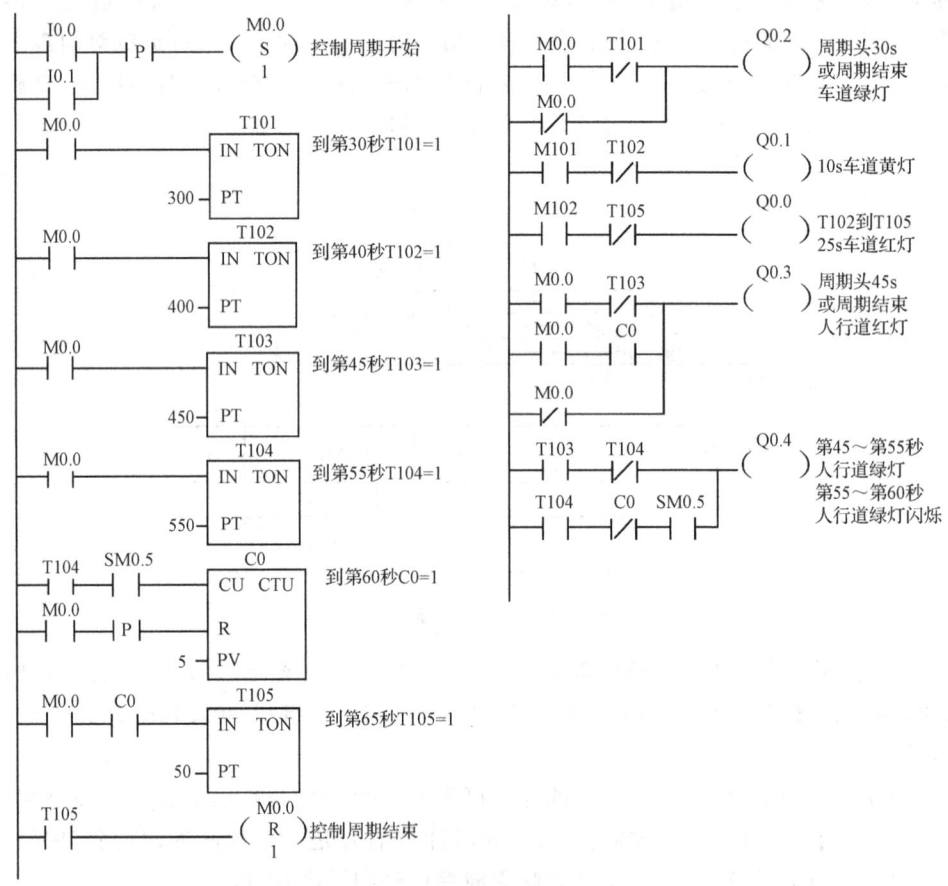

图 3-24 人行道控制程序

5. PLC 控制系统的设计

1) PLC 控制系统设计原则

任何一种控制系统都是为了实现被控制对象(生产设备或过程)的工艺要求,以提高生产效率和产品质量。所以,在设计 PLC 控制系统时应遵循如下原则:

(1) 最大限度地满足被控对象的控制要求。设计前,设计人员除充分理解被控对象的各种技术要求外,应深入现场进行实地的调查研究,收集资料,访问有关的技术人员和实际操作人员,然后拟定设计方案,并请有关专家论证,最后确定方案付诸实施。

(2) 在满足控制要求的条件下,力求使 PLC 控制系统简单、经济和使用及维护方便。

(3) 保证控制系统稳定、可靠。

(4) 在选择 PLC 容量时,应适当留有裕量以便于发展生产和改进工艺的需要。

2) PLC 控制系统设计内容

PLC 控制系统是由 PLC 与用户输入、输出设备连接而成的,因此 PLC 控制系统设计有如下内容:

(1) 选择用户输入设备如按钮、操作开关、限位开关和传感器等;输出设备如继电器、接触器、信号灯等执行机构;由输出设备驱动的控制对象如电动机、电磁阀等。这些设备已在第 1 章作了介绍。

(2) PLC 是该控制系统的核心部件,正确选择 PLC 为保证整个控制系统的技术指标和质量是至关重要的。选择 PLC 应包括机型、容量、I/O 模块和电源等。

(3) 分配 I/O 点,绘制输入/输出端子的连接图。

(4) 设计控制程序,它包括设计梯形图、语句表(即程序清单)或控制系统流程图。控制程序是控制整个系统工作的软件,对保证系统工作正常、安全、可靠起关键作用。因此 PLC 控制系统的设计必须经过反复调试,直至满足要求。

(5) 如果必要的话,需设计操作台、电气柜、模拟显示盘和非标准电器等。

(6) 编制控制系统的技术文件。包括设计说明书、使用说明书、电气图及电气元件明细表等。在 PLC 控制系统中,一般而言,把电气原理图、电器布置图、电气安装图和 PLC 的 I/O 连接图等统称"硬件图";把 PLC 控制系统中的程序图即梯形图部分称为"软件图"。向用户提供"软件图",便于用户修改程序,并有利于用户在维修时分析和排除故障。

3) PLC 控制系统设计的基本思路

设计 PLC 控制系统的基本思路有如下几个方面:

(1) 深入了解和分析被控对象的工艺条件和控制要求,如控制的基本方式,需要完成的动作(动作顺序、动作条件、必需的保护和连锁等)、操作方式(手动、自动、连续、单周期和单步等)。

(2) 根据被控对象对 PLC 控制系统的功能要求和所需要的输入、输出信号的点数等,选择合适类型的 PLC。

(3) 根据控制要求所需的用户输入、输出设备,确定 PLC 的 I/O 点数,并设计 I/O 端子的接线图。

(4) 对较复杂的控制系统,根据生产工艺要求,画出工作循环图表,如有必要再画出详细的状态流程图表,它能清楚地表明动作的顺序和条件。

(5) 根据工作循环图表或动态流程图表设计出梯形图。如果被控对象已经有了继电器控制线路图,可将它变换为梯形图。设计梯形图,这是程序设计的关键一步,也是比较困难的部分。要设计好梯形图,首先应熟悉控制要求,同时还要有一定的电气设计的实践经验。

(6) 根据梯形图编制程序指令。

(7) 用 PLC 的编程器将指令键入 PLC 的用户程序存储器,并检查键入的指令是否正确。

(8) 调试程序。如果控制系统是由几个部分组成,应先做局部调试,然后再进行整体调试;若控制程序的步序较多,先进行分段调试,后连接起来总调。

(9) 在进行 PLC 程序设计时,同时可进行控制台(柜)的设计和现场施工。待上述工作完成后,就可进行联机调试,直至满足要求。

(10) 编制技术文件。

以上是一个 PLC 控制系统设计的大体思路,根据控制系统的规模、控制要求的繁简、控制程序步序的多少,上述的步序有的可省略。总之,应视情况而定。

3.3.5 总线工业控制计算机

总线工业控制计算机(简称总线工控机)是目前工业领域应用相当广泛的工业控制计算机,它具有丰富的过程输入/输出接口功能、迅速响应的实时功能和环境适应能力。总线工控机的可靠性较高,如 STD 总线工控机的使用寿命达到数十年,平均故障间隔时间(MTBF)超过上万小时,且故障修复时间(MTTR)较短。总线工控机的标准化、模板式设计大大简化了设计和维修的难度,且系统配置的丰富的应用软件多以结构化和组态软件形式提供给用户,使用户能够在较短的时间内掌握和熟练应用。近年来的工业控制计算机是基于 PC 总线(PCI 和 PC104)的工业控制计算机 IPC。

下面介绍两类在工业现场得到广泛使用的工业控制机。

1. STD 总线工控机

STD 总线最早是由美国的 Pro-log 公司在 1978 年推出的,是目前国际上工业控制领域最流行的标准总线之一,也是我国优先重点发展的工业标准微机总线之一,它的正式标准为IEEE-961标准。按STD总线标准设计制造的模块式计算机系统,称为STD总线工控机。

开发STD总线的最初目的是为了推广一个面向工业控制的8位机总线系统。STD标准可以支持几乎所有的8位处理机,如Intel的8080,Motorola的6800,Zilog公司的Z80,National公司的NSC800等。在16位机大量生产之后,改进型的STD总线可支持16位处理机,如8086、68000、80286等。为了进一步提高STD总线系统的性能,近年来已推出了STD32位总线标准。

STD总线工控机采用了开放式的系统结构,模块化是STD总线工控机设计思想中最突出的特点,其系统组成没有固定的模式和标准机型,而是提供了大量的功能模板,用户根据需要,通过对模板的品种和数量的选择与组合,即可配置成适用于不同工业对象、不同生产规模的生产过程的工业控制机。现在STD工业控制机已广泛应用于工业生产过程控制、工业机器人、数控机床、钢铁冶金和石油化工等领域,成为我国中小型企业和传统工业改造方面主要的机型之一。

典型STD总线工控机系统的构成如图3-25所示,其突出特点是,模块化设计,系统组成、修改和扩展方便;各模块间相对独立,使检测、调试和故障查找简便迅速;有多种功能模板可供选用,大大减少了硬件设计工作量;系统中可运行多种操作系统及系统开发的支持软件,使控制软件开发的难度大幅降低。因此,在用STD总线进行控制系统设计时,主要硬件设计工作是选择合适的标准化功能模板,并将这些模板通过STD总线连接成所需的控制装置。下面分别介绍各种模板的特点。

(1) 数字量I/O模板。数字量I/O模板用于处理开关信号的输入和输出,其主要功能是滤波、电平转换、电气隔离和功率驱动等。工业上常用的开关信号有BCD码、计数和定时信号、各种开关的状态、指示灯的亮和灭、晶闸管的导通和截止、电动机的起动和停止等。这些开关信号可通过数字量I/O模板经总线与CPU模板相连。针对不同的开关信号,有各种各样的数字量I/O模板可供选用。图3-26是一种典型的数字量I/O模板电路原理的框图。

(2) 模拟量I/O模板。模拟量I/O模板用于处理模拟信号的输入和输出,其主要功能是对微处理机和被控对象之间的模拟信号进行A/D和D/A转换。STD总线工控机也有多种多样的模拟量I/O模板可供选用,图3-27所示是一种光电隔离型A/D模板的结构示意图,D/A模板的结构与之类似。在模板选用时主要考虑系统中信号的最高频率、电平范围、信号数量等参数及系统对信号的转换速度、精度及分辨率等要求,以既满足控制系统需要又不造成过多的浪费为原则。

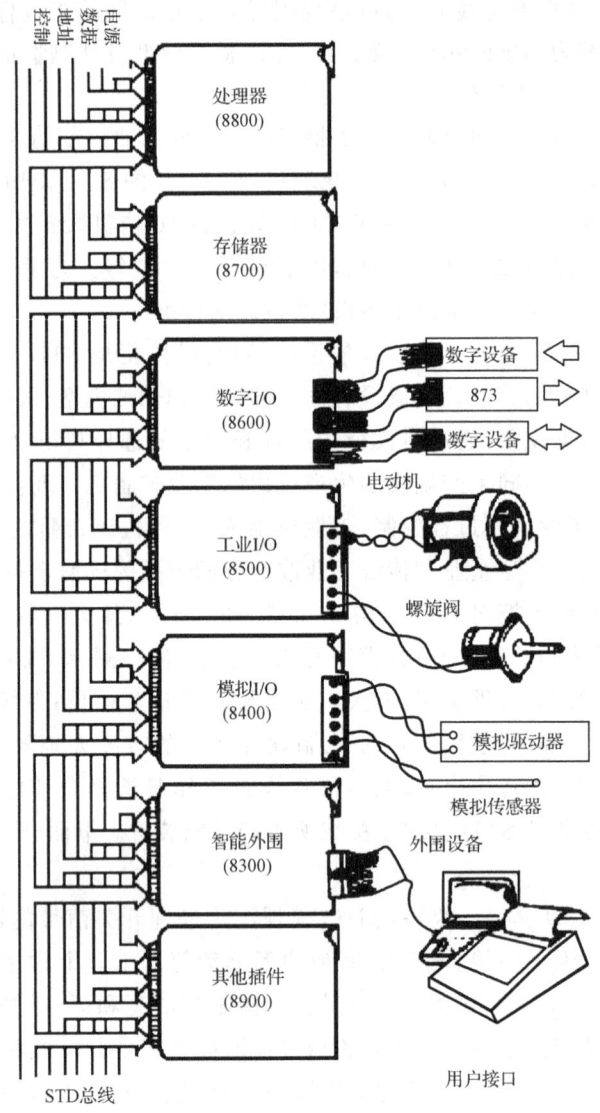

图 3-25 STD总线工控机系统的构成

(3) 信号调理模板。信号调理模板用来在传感器与 A/D 转换器之间、D/A 转换器与执行元件之间对信号进行调理,其主要功能有非电量转换、信号形式变换、信号放大、滤波、线性化、共模抑制及隔离等。典型的信号调理模板有热电偶、热电阻、I/U(电流/电压)转换、前置放大板、隔离放大板等。图 3-28 是信号调理模板的应用实例,信号调理模板应根据传感器与执行机构的要求来选配,并应充分地考虑信号的信噪比、放大增益的可调范围、零点的调整方法、滤波的通带增益和阻带衰减率等参数。

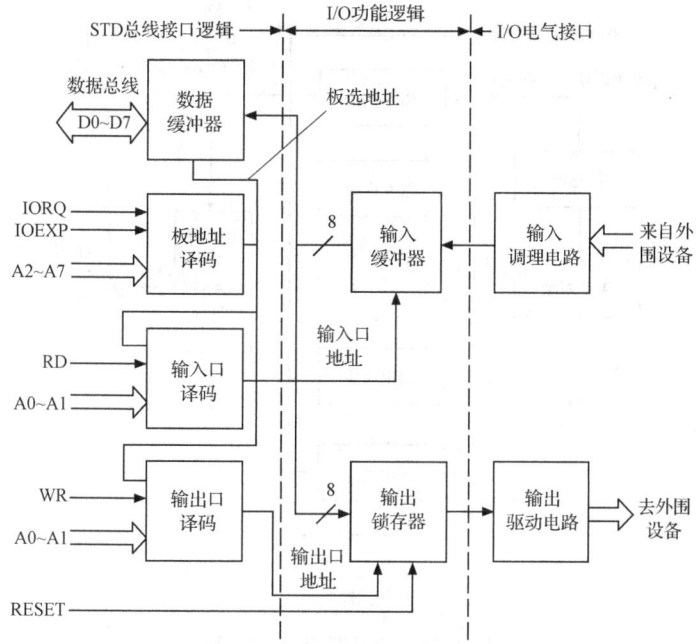

图 3-26 数字量 I/O 模板原理框图

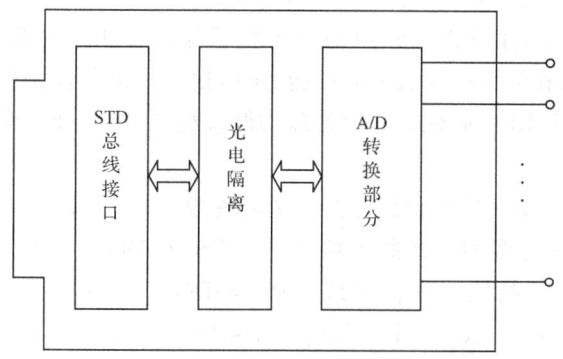

图 3-27 光电隔离型 A/D 模板的结构示意图

(4) CPU 模板。STD 总线所支持的微处理器有 Z80、8080、8086、80286、80386、80486 以及 MCS51/96 系列单片机等。选用时应根据所设计的控制算法的复杂程度、计算工作量、采样周期等情况来选择合适字长和执行速度的 CPU 模板,或选择带有专门算法或 DMA(直接存储器存取)通道的 CPU 模板。

(5) 存储器模板。CPU 板上一般都有一定容量的工作存储器,但有些控制系统往往还需要选用专用的存储器扩展插件,如有电池支持的 RAM 插件、EPROM

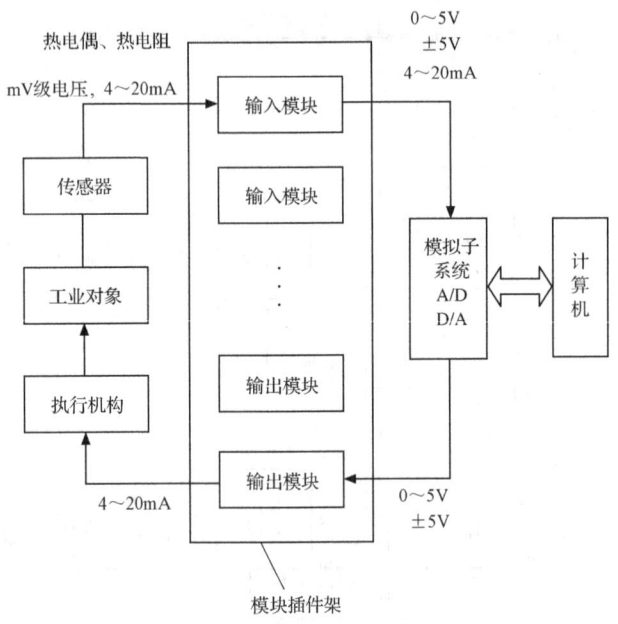

图 3-28　信号调理模板应用

插件和 EEPROM 插件等。存储器的扩展应根据控制系统的程序量、需存储的数据量、程序和数据存储的运行方式来合理选择。

(6) 其他特殊功能模板。STD 总线工控机还可提供多种具有特殊功能的模板,如步进电动机和伺服电动机控制模板、机内仪表和远程仪表接口模板等。当系统中有该类型的控制时,应优先选用特殊功能模板,以减少硬件设计工作量并获得较高的性价比。

STD 总线工控机系统的设计除简单的硬件设计外,主要是软件设计。STD 总线工控机上可以运行多种丰富的支持软件,如 STD-DOS(一种与 MS-DOS 兼容、专用于 STD 总线工控机的操作系统)、ROM-DOS(一种与 MS-DOS 兼容、并将 DOSAA 代码固化在 EPROM 中运行的操作系统)、VRTX 嵌入式实时多任务操作系统等,并提供丰富的标准算法程序库,因此软件的开发也是相对比较容易的,通常只需开发适用于所设计控制系统的应用软件即可。应用软件开发的主要工作是:借助于支持软件提供的各种开发工具,利用程序库中所提供的各种标准计算和控制算法程序,针对所设计系统的特点和要求,开发出专用的接口软件,将选用的各种标准模块和算法程序连接并拼装成所需的控制系统应用软件。

2. PC 总线工控机

IBM 公司的 PC 总线微机最初是为了个人或办公室使用而设计的,它早期主要用于文字处理或一些简单的办公室事务处理。早期产品基于一块大底板结构，加上几个 I/O 扩充槽。大底板上具有 8088 处理器、存储器和控制逻辑电路等。I/O 扩充槽是用来外接打印机、显示器、内存扩充和软盘驱动器接口卡等。

随着微处理器的更新换代，为了充分利用 16 位机（如 Intel 80286）等的性能，通过在原 PC 总线的基础上增加一个 36 引脚的扩展插座，形成了 AT 总线，这种结构也称为 ISA 工业标准结构（industry standard architecture）。

PC/AT 总线的 IBM 兼容计算机由于价格低廉，使用灵活，软件资源非常丰富，因而在国内更是主要流行机种之一。研制出的与 PC/AT 总线兼容的如数据采集、数字量和模拟量 I/O 等模板，可在实验室或一些过程闭环控制系统中使用。但是未经改进的 PC/AT 总线微机，其设计组装形式不适于在恶劣工业环境下长期运行。例如，PC/AT 总线模板的尺寸不统一、没有严格规定的模板导轨和其他固定措施，抗振动能力差；大底板结构功耗大，没有强有力的散热措施，不利于长期连续运行；I/O 扩充槽少（5～8 个），不能满足许多工业现场的需要。

为克服上述缺点，使 PC/AT 总线微机适用于工业现场控制，近年来许多公司推出了 PC/AT 总线工业控制机，一般对原有微机作了以下改进：

(1) 机械结构加固，使微机的抗振性好。

(2) 采用标准模板结构。改进整机结构，用 CPU 模板取代原有的大底板，使硬件组成模块化，便于维修更换，也便于用户组织硬件系统。

(3) 加上带过滤器的强力通风系统，加强散热，增加系统抵抗粉尘的能力。

(4) 采用电子软盘取代普通的软磁盘，使之能够适于在恶劣的工业环境下正常工作。

(5) 根据工业控制的特点，常采用实时多任务操作系统。

采用 PC 总线工控机有许多优点，尤其是支持软件特别丰富，各种软件包异常丰富，可大大减少软件开发的工作量，而且 PC 机联网方便，容易构成多微机控制与管理一体化的综合系统、分级计算机控制系统和集散控制系统。

3.4 数字 PID 控制技术

在工程实际中，应用最为广泛的调节器控制规律为比例、积分、微分控制，简称 PID 控制，又称 PID 调节。PID 控制器问世至今已有近 70 年历史，它以结构简单、稳定性好、工作可靠、调整方便而成为工业控制的主要技术之一。在工业过程中，由于控制对象的精确数学模型难以建立，系统的参数又经常发生变化，运用现代控制理论分析综合要耗费很大代价进行模型辨识，还往往不能得到预期的效果，这时应用 PID 控制技术最为方便。也就是说当人们不完全了解一个系统和被控对象，或不能通过有效的测量手段来获得系统参数时，最适合用 PID 控制技术，并根据经验进行在线整定。随着计算机特别是计算机技术的发展,PID 控制算法更易于采用计算机实现。由于软件系统的灵活性,PID 算法可得到修正而更加完善。在本节中,我们将着重介绍数字 PID 控制算法以及与此有关的问题。

3.4.1 数字 PID 控制算法

PID 控制器就是根据反馈系统的偏差,利用比例(P)、积分(I)、微分(D)计算出控制量实现控制的。模拟 PID 调节器是一种线性调节器,这种调节器是将设定值 w 与实际输出值 y 进行比较构成控制偏差

$$e = w - y$$

将偏差的比例、积分、微分通过线性组合构成控制量(见图 3-29),所以简称为 PID 调节器。其中比例调节起纠正偏差的作用,其反应迅速;积分调节能消除静差,改善系统静态特性;微分调节有利于减少超调,加快系统的过渡过程。此三部分作用配合得当,可使调节过程快速、平稳、准确,收到较好的效果。在实际应用中,根据对象的特性和控制要求,可灵活地改变其结构,取其中一部分环节构成控制规律。例如,比例(P)调节器、比例积分(PI)调节器、比例微分(PD)调节器等。

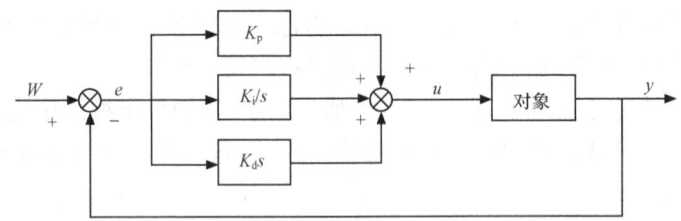

图 3-29 模拟 PID 控制

模拟 PID 调节的微分方程式为

$$u(t) = K_p \left[e(t) + \frac{1}{T_i} \int_0^t e(t) \, dt + T_d \frac{de(t)}{dt} \right] \quad (3\text{-}1)$$

式中,$e(t)$ 为调节器的输入,即给定量与输出量的误差;$u(t)$ 为调节器的输出;K_p 为比例系数;T_i 为积分时间常数;T_d 为微分时间常数。

式(3-1)表示的调节器的输入函数及输出函数均为模拟量,计算机不能进行直接运算。为此,必须将连续形式的微分方程化成离散形式的差分方程。

取 T 为采样周期,k 为采样序号,$k=0,1,2,\cdots,K$,因采样周期 T 相对于信号变化周期是很小的,这样可用矩形面积法计算面积,用向后差分代替微分,则可得

$$u(k) = K_p \left\{ e(k) + \frac{T}{T_i} \sum_{j=0}^{k} e(j) + \frac{T_d}{T} [e(k) - e(k-1)] \right\} \quad (3\text{-}2)$$

式(3-2)称为 PID 位置控制算法。按此式计算 $u(k)$ 时,输出值与过去的所有状态

有关,计算时要占大量的内存和花费大量的时间,为此,将式(3-2)化成递推形式

$$\Delta u(k) = u(k) - u(k-1) = d_0 e(k) + d_1 e(k-1) + d_2 e(k-2) \quad (3\text{-}3)$$

式中

$$d_0 = K_\mathrm{p}\left(1 + \frac{T}{T_\mathrm{i}} + \frac{T_\mathrm{d}}{T}\right)$$

$$d_1 = -K_\mathrm{p}\left(1 + \frac{2T_\mathrm{d}}{T}\right)$$

$$d_2 = K_\mathrm{p}\frac{T_\mathrm{d}}{T}$$

式(3-3)称为 PID 增量式控制算法,该式和式(3-2)在本质上是一样的,但增量式算法具有下述优点:

(1) 计算机只输出控制增量,误差动作影响小。

(2) 在进行手动/自动切换时,控制量冲击小,能够较平滑地过渡。

(3) 大大节约计算机的内存和计算时间。

在式(3-3)所示的 PID 增量式控制算法基础上,针对应用时的各种问题,出现了许多数字 PID 算法的改进形式。工程应用时应根据实际情况查阅相关文献合理选用。

3.4.2　PID 控制器的参数选择

本节讨论的数字 PID 控制的采样周期,相对于系统的时间常数来说是很短的,所以其调节参数的整定,可按模拟 PID 调节器的方法来选择。

在选择调节器参数前,应首先确定调节器的结构,以保证被控系统的稳定,并尽可能消除静差。因此,对于有自平衡性的对象来说,应选择包含有积分环节的调节器(I、PI 或 PID 调节器);而对于无自平衡性的对象,则应选择不包含积分环节的调节器(P、PD 调节器)。对某些有自平衡性的对象,也可选择比例或比例微分调节器,但这时会产生静差,如果选择合适的比例系数,可使系统静差保持在允许范围内。对于具有纯滞后性质的对象,则往往应加入微分环节。

选择调节器的参数,必须根据工程问题的具体要求来考虑。在工业过程控制中,要求被控过程是稳定的,对给定量的变化能迅速和光滑地跟踪,超调量小,在不同干扰下系统输出应能保持在给定值,控制变量不宜过大,在系统与环境参数发生变化时控制应保持稳定。显然,要同时满足上述要求是很困难的。人们必须根据具体过程的要求,满足主要方面,并兼顾其他方面。

PID 调节器的设计,可用理论方法,也可通过实验。用理论方法设计调节器的前提是要有被控对象的准确模型,这在工业过程中一般较难做到。即使花了很大代价进行系统辨识,所得的模型也只是近似的,加上系统的结构和参数都在随着时间变化,在近似模型基础上设计的最优控制器在实际过程中就很难说是最优的。

因此,在工程上,PID调节器的参数常常通过实验来确定,或者通过凑试,或者通过实验结合经验公式来确定。

1. **凑试法确定 PID 调节参数**

凑试法是通过模拟或闭环运行(如果允许的话)观察系统的响应曲线(如阶跃响应),然后根据各调节参数对系统响应的大致影响,反复凑试参数,以达到满意的响应,从而确定 PID 调节参数。

增大比例系数 K_p 一般将加快系统的响应,在有静差的情况下有利于减小静差。但过大的比例系数会使系统有较大的超调,并产生振荡,使稳定性变坏。

增大积分时间 T_i 有利于减小超调,减小振荡,使系统更加稳定,但系统静差的消除将随之减慢。

增大微分时间 T_d 亦有利于加快系统响应,使超调量减小,稳定性增加,但系统对扰动的抑制能力减弱,对扰动有较敏感的响应。

在凑试时,可参考以上参数对控制过程的影响趋势,对参数实行下述先比例,后积分,再微分的整定步骤。

(1) 首先只整定比例部分。即将比例系数由小变大,并观察相应的系统响应,直至得到反应快、超调小的响应曲线。如果系统没有静差或静差已小到允许范围内,并且响应曲线已属满意,那么只需用比例调节器即可,比例系数可由此确定。

(2) 如果在比例调节的基础上系统的静差不能满足设计要求,则须加入积分环节。整定时首先置积分时间 T_i 为一较大值,并将经第一步整定得到的比例系数略为缩小(如缩小为原值的 0.8 倍),然后减小积分时间,使在保持系统良好动态性能的情况下,静差得到消除。在此过程中,可根据响应曲线的好坏反复改变比例系数与积分时间,以得到满意的控制过程与整定参数。

(3) 若使用比例积分调节器消除了静差,但动态过程经反复调整仍不能满意,则可加入微分环节,构成 PID 调节器。在整定时,可先置微分时间 T_d 为零。在第二步整定的基础上,增大 T_d,同时相应地改变比例系数和积分时间,逐步凑试,以获得满意的调节效果和控制参数。

应该指出,所谓"满意"的调节效果,是随不同的对象和控制要求而异的。此外,PID 调节器的参数对控制质量的影响不十分敏感,因而在整定中参数的选定并不是唯一的。事实上,在比例、积分、微分三部分产生的控制作用中,某部分的减小往往可由其他部分的增大来补偿。因此,用不同的整定参数完全有可能得到同样的控制效果。从应用的角度看,只要被控过程主要指标已达到设计要求,那么即可选定相应的调节器参数为有效的控制参数。表 3-2 给出了一些常见被调量的 PID 调节器参数选择范围。

表 3-2　常见被调量的 PID 调节器参数经验选择范围

被调量	特　点	K_p	T_i/min	T_d/min
流量	对象时间常数小,并有噪声,故 K_p 和 T_i 均较小,不用微分	1～2.5	0.1～1	
温度	对象为多容系统,较大滞后,常用微分	1.6～5	3～10	0.5～3
压力	对象为容量系统,滞后一般不大,不用微分	1.4～3.5	0.4～3	
液位	在允许有静差时,不必用积分,不用微分	1.25～5		

2. 实验经验法确定 PID 调节参数

用凑试法确定 PID 调节参数,需要进行较多的模拟或现场实验。为了减少凑试次数,也可利用人们在选择 PID 调节参数时已取得的经验,并根据一定的要求事先做一些实验,以得到若干基准参数,然后按照经验公式,由这些基准参数导出 PID 调节参数,这就是实验经验法。下面我们介绍其中常用的几种方法。

(1) 扩充临界比例法。这一方法适用于有自平衡性的被控对象。首先,我们将调节器选为纯比例调节器,形成闭环,改变比例系数,使系统对阶跃输入的响应达到临界振荡状态(稳定边缘)。将这时的比例系数记为 K_r,临界振荡的周期记为 T_r。根据齐格勒-尼科尔斯(Ziegler-Nichols)提供的经验公式,就可由这两个基准参数得到不同类型调节器的调节参数(见表 3-3)。

表 3-3　临界比例法确定的模拟调节器的参数

调节器类型	K_p	T_i	T_d
P 调节器	$0.5K_r$		
PI 调节器	$0.45K_r$	$0.85T_r$	
PID 调节器	$0.6K_r$	$0.5T_r$	$0.12T_r$

这种临界比例法给出了模拟调节器的参数整定。它用于数字 PID 调节器时,所提供的参数原则上也是适用的,但根据控制过程准连续性的程度,可将这一方法进一步扩充。扩充时,我们首先要选定控制度。所谓控制度,就是以模拟调节为基准,将数字控制效果与其相比。控制效果的评价函数通常采用误差平方积分,即

$$控制度 = \frac{\int_0^\infty e^2 \mathrm{d}t (数字控制)}{\int_0^\infty e^2 \mathrm{d}t (模拟控制)}$$

对于模拟系统,其误差平方面积可由记录仪上的图形直接计算。对于数字系统则可用计算机计算。通常,当控制度为 1.05 时,就可认为数字控制与模拟控制效果相同。

根据所算的控制度,调节器的参数与采样周期可由表 3-4 提供的经验公式给出。

表 3-4 临界比例法确定采样周期及数字调节器参数

控制度	调节器类型	T	K_p	T_i	T_d
1.05	PI	$0.03T_r$	$0.53K_r$	$0.88T_r$	—
	PID	$0.014T_r$	$0.63K_r$	$0.49T_r$	$0.14T_r$
1.2	PI	$0.05T_r$	$0.49K_r$	$0.91T_r$	—
	PID	$0.043T_r$	$0.47K_r$	$0.47T_r$	$0.16T_r$
1.5	PI	$0.14T_r$	$0.42K_r$	$0.99T_r$	—
	PID	$0.09T_r$	$0.34K_r$	$0.43T_r$	$0.2T_r$
2.0	PI	$0.22T_r$	$0.36K_r$	$1.05T_r$	—
	PID	$0.16T_r$	$0.27K_r$	$0.4T_r$	$0.22T_r$

(2)阶跃曲线法。这一方法适用于多容量自平衡系统。首先它要通过实验测定系统对幅值为 u_0 的阶跃输入的响应曲线,以此确定基准参量 K_r、T_u(见图 3-30)。根据这两个基准参量及表 3-5 提供的经验公式,便可确定不同类型调节器的参数。

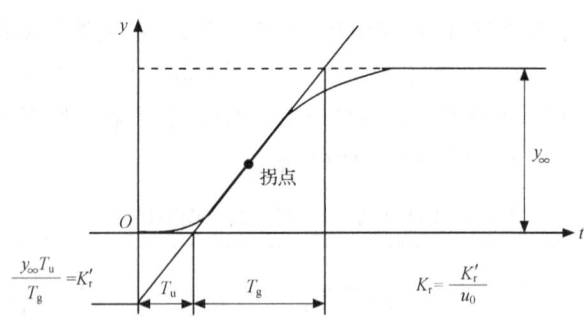

图 3-30 阶跃曲线法确定基准参数

表 3-5 阶跃曲线法确定数字调节器参数

调节器类型	K	T_i	T_d
P 调节器	$1/K_r$		
PI 调节器	$0.8/K_r$	$3T_u$	
PID 调节器	$1.2/K_r$	$2T_u$	$0.42T_u$

阶跃曲线法相对于临界比例法的优点在于:系统不需在闭环下运行,只需在开环状态下测得它的阶跃响应曲线。

以上用不同经验公式得到的调节参数,实际上只是提供了调节过程衰减度为 1/4 时整定参数的大致取值范围。通常认为 1/4 的衰减度能兼顾到稳定性和快速性,但如果要求更大的衰减,则必须对参数另作调整。对 PID 调节参数的选择有各种不同的经验公式,如有针对不同特定系统的,有针对现成公式修正的,这里就不逐一介绍了,有兴趣的读者可参考相关文献。

3. 采样周期的选择

以上我们讨论的数字 PID 控制算法与一般的采样控制不同,它是一种准连续控制,是建立在用计算机对连续 PID 控制进行数字模拟的基础上的控制。这种控制方式要求采样周期与系统时间常数相比充分小。采样周期越小,数字模拟越精确,控制效果就越接近于连续控制。但采样周期的选择是受到多方面因素影响的。下面我们简要地讨论一下应怎样选择合适的采样周期。

从对调节品质的要求来看,似乎应将采样周期取得小些,这样在按连续系统 PID 调节选择整定参数时,可得到较好的控制效果。但实际上调节质量对采样周期的要求有充分的裕度。根据香农采样定理,采样周期只需满足

$$T \leqslant \frac{\pi}{\omega_{\max}}$$

式中,$\omega_{\max}$ 为采样信号的上限角频率。那么采样信号通过保持环节仍可复原或近似复原为模拟信号,而不丢失任何信息。因此香农采样定理给出了选择采样周期的上限,在此范围内,采样周期越小,就越接近连续控制,采样周期大些也不会失去信号的主要特征。

从执行元件的要求来看,有时需要输出信号保持一定的宽度。例如,当通过数模转换带动步进电动机时,输出信号通过保持器达到所要求的控制幅度需要一定时间,在这段时间内,要求计算机的输出值不应变化,因此采样周期必须大于这一时间。否则,上一输出值还未实现,马上又转换为新的输出值,执行元件就不能按预期的调节规律动作。

从控制系统随动和抗干扰的性能要求来看,则要求采样周期短些,这样,给定值的改变可迅速地通过采样得到反映,而不致在随动控制中产生大的时延。此外,对低频扰动,采用短的采样周期可使之迅速得到校正并产生较小的最大偏差。对于中频干扰信号,如果采样周期选大了,干扰就有可能得不到控制和抑制。因此,如果干扰信号的最大频率是已知的,我们也可根据香农采样定理来选择采样周期,以使干扰尽可能得到调节。

从计算机的工作量和每个调节回路的计算成本来看,一般要求采样周期大些。特别当计算机用于多回路控制时,必须使每个回路的调节算法都有足够的时间完成。因此,在用计算机对动态特性不同的多个回路进行控制时,人们可充分利用计算机软件灵活的优点,对各回路分别选用相适应的采样周期,而不必强求统一的最小采样周期。

从计算机的精度看,过短的采样周期是不合适的。这是因为工业控制用的微型机字长一般较短,且为定点机,如果采样周期过短,前后两次采样的数值之差可能因计算机精度不高而反映不出来,使调节作用因此而减弱。此外,在用积分部分

消除静差的调节回路中,如果采样周期 T 太小,将会使积分部分的增益 T/T_i 过低,当偏差 e_i 小到一定限度时,由增量算法式(3-3)得到的 Te_i/T_i 就有可能受到计算精度限制而始终为零,积分部分不能继续起消除残差的作用,这部分残差将被保留下来。因此,T 的选择必须大到使由计算机精度造成的"积分残差"减小到可以接受的程度。

从以上的分析可看到,各方面因素对采样周期的要求是不同的,甚至是互相矛盾的。我们必须根据具体情况和主要的要求做出折中选择。

在工业过程控制中,大量被控对象都具有低通的性质。表 3-6 列出了常用被调量的经验采样周期。

表 3-6 常见被调量的经验采样周期

被调量	采样周期 T/s
流量	1
压力	5
液位	10
温度	20

3.5 嵌入式系统技术

3.5.1 嵌入式系统概述

嵌入式系统是以应用为中心,以计算机技术为基础,软件硬件可裁减,在功能、可靠性、成本、体积和功耗等方面都有严格要求的专用计算机系统,是嵌入到对象体中的计算机系统。在手机、电视机、电冰箱、汽车、数码相机和医疗器械等产品中都可见到嵌入式系统的身影。

嵌入式系统到目前为止还没有一个公认的统一的定义,比较权威的是 IEEE (国际电气和电子工程师协会)对于嵌入式系统的定义:嵌入式系统是"用于控制、监视或者辅助操作机器和设备的装置"(devices used to control, monitor, or assist the operation of equipment, machinery or plants)。可以看出此定义是从应用上考虑的,嵌入式系统是软件和硬件的综合体,还可以涵盖机电等附属装置。

嵌入式系统是面向用户、面向产品、面向应用的,因此嵌入式系统与通用计算机系统相比,具有以下重要特征。

1) 面向特定应用

嵌入式系统与通用型计算机系统的最大不同点就是嵌入式系统大多工作在为特定用户群设计的系统中,通常都具有低功耗、体积小和集成度高等特点,能够把通用 CPU 中许多由板卡完成的任务集成在芯片内部，从而使嵌入式系统设计趋于小型化，其移动能力也大大增强。

2) 高度密集

嵌入式系统是将先进的计算机技术、半导体技术及微电子技术与各个领域的具体应用相结合后的产物。这就决定了它必然是一个技术密集、经验密集、资金密集、高度分散但管理集中、不断创新的知识集成系统。

3) 生命周期长

嵌入式系统和具体应用系统有机地结合在一起，它的升级换代也是和具体产品同步进行，嵌入式系统产品一旦进入市场，具有较长的生命周期。因此在嵌入式系统设计时应该充分考虑系统的安全性、可靠性和软硬件的可升级性。

4) 程序固化

为了提高执行速度，增强系统的可靠性，嵌入式系统的软件一般都固化在存储器芯片或嵌入式处理器当中，而不是存储于磁盘等载体中，这点就与通用计算机系统有本质的区别。

3.5.2 嵌入式系统的组成

嵌入式系统组成如图 3-31 所示，它包括硬件和软件两部分。硬件包括处理器/微处理器(MPU)、存储器(RAM、ROM、FLASH)、电源模块、外围电路及外设器件、I/O端口、图形控制器等；软件部分包括操作系统(OS)和应用程序。嵌入式的操作系统要求具有实时和多任务操作等特征，它控制着应用程序与硬件的交互作用，而应用程序又控制着系统的运作和行为，有时设计人员把这两种软件组合在一起。

1. 嵌入式处理器

嵌入式处理器是控制系统运行的硬件单元，是嵌入式系统的核心。早在 20 世纪七八十年代，嵌入式微处理器就已应用于工业控制等领域，第一款嵌入式微处理器是 Intel 公司在 1971 年推出的 4004，紧接着在 1976 年 Intel 公司推出了 8048，Motorola 同时推出了 68HC05，Zilog 公司推出了 Z80 系列，这些早期的单片机均含有 256 字节的 RAM、4K 的 ROM、4 个 8 位并口、1 个全双工串行口、两个 16 位定时器。在 80 年代初，Intel 公司进一步完善了 8048，在它的基础上研制成功了 8051。嵌入式处理器一般具备以下特点：

(1) 对实时多任务有很强的支持能力，能完成多任务并且有较短的中断响应时间，从而使内部的代码和实时内核的执行时间减少到最低限度。

(2) 具有很强的存储区保护功能。这是由于嵌入式系统的软件结构已模块化，为了避免在软件模块之间出现错误的交叉作用，需要设计强大的存储区保护功能，同时也有利于软件诊断。

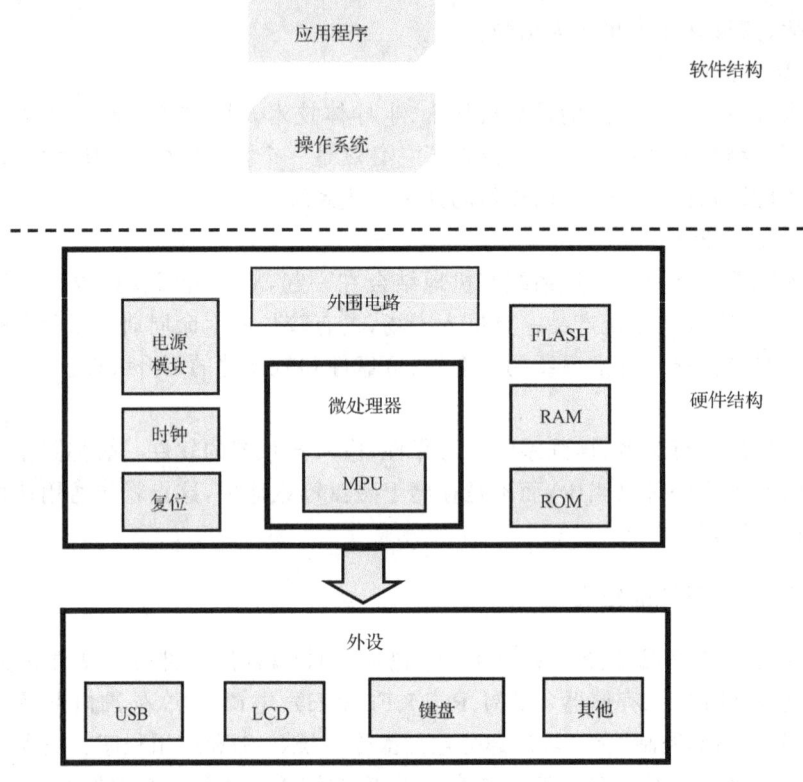

图 3-31 嵌入式系统结构图

(3) 可扩展的处理器结构,能最迅速地拓展开发出满足应用的、高性能的嵌入式微处理器。

(4) 嵌入式微处理器必须功耗很低,尤其是用于便携式的无线及移动的计算和通信设备中,靠电池供电的嵌入式系统更是如此,如需功耗只有 mW 甚至 μW 级。

据不完全统计,全世界嵌入式处理器的品种总量已经超过 1000 多种,当前有 4 位、8 位、16 位、32 位、64 位的嵌入式处理器,主要可以分成以下几类:

(1) 嵌入式微处理器。嵌入式微处理器(embedded MPU)的基础是通用计算机中的 CPU,为满足嵌入式应用的特殊要求,嵌入式微处理器虽然在功能上与标准微处理器基本是一样的,但嵌入式微处理器具有体积小、重量轻、成本低、可靠性高的优点。嵌入式微处理器目前主要有 Aml86/88、386EX、SC-400、Power PC、68000、MIPS、ARM 系列等。

(2) 嵌入式微控制器。嵌入式微控制器(embedded MCU)又称单片机,就是将整个计算机系统集成到一块芯片中。嵌入式微控制器一般以某种微处理器内核为核心,芯片内部集成 ROM/EPROM、RAM、总线、定时/计数器、WatchDog(看门狗)、I/O、A/D 或 D/A 等必要的外设,与嵌入式微处理器相比,微控制器的最大特点是单片化,体积大大减小,从而使功耗和成本下降,可靠性提高,微控制器是目前嵌入式系统的主流,微控制器的片上外设资源一般比较丰富,适合于控制,因此称微控制器。具有代表性的通用系列微控制器包括 8051、MCS-96/196/296、MC68HC05 等,还有许多半通用系列,如支持 USB 接口的 MCU 8XC930、C540、C541 等。

(3) 嵌入式数字信号处理器(embedded DSP)。嵌入式数字信号处理器对系统结构和指令进行了特殊设计,使其适合于执行数字信号处理算法,编译效率较高,指令执行速度也较高。在嵌入式系统中,数字滤波、FFT(快速傅里叶变换)、谱分析等算法的应用越来越广泛,这些算法一般运算量较大,特别是向量运算、指针线性寻址等操作较多,这些正是嵌入式数字信号处理器的优势。嵌入式数字信号处理器比较有代表性的产品是 Texas Instruments 的 TMS320 系列和 Motorola 的 DSP56000 系列。

(4) 嵌入式片上系统(embedded SOC)。随着 EDA 的推广和 VLSI 设计的普及,以及半导体工艺的迅速发展,在一个硅片上能够实现一个复杂的系统,这就是 SOC。这样除个别无法集成的器件以外,整个嵌入式系统大部分均可集成到一块或几块芯片中,应用系统电路板将变得很简洁,对于小体积、低功耗和提高可靠性非常有利。

2. 嵌入式外围设备

目前常用的嵌入式外围设备按功能可分为存储设备、通信设备和显示设备。存储设备有静态易失型内存(RAM、SRAM)、动态内存(DRAM)和非易失型内存(ROM、EPROM、E^2PROM、FLASH)三种。绝大多数通信设备都可在嵌入式系统中应用,包括串行通信接口(RS-232)、通用串行总线接口(USB)、以太网接口(Ethernet)、串行外围设备接口(SPI)、红外线接口(IrDA)、现场总线(I^2C)等。而常用的显示外围设备有阴极射线管(CRT)、液晶显示器(LCD)和触摸板等。

3. 嵌入式操作系统

在嵌入式系统的大型开发应用中,为了方便嵌入式应用软件的设计开发,常常需要移植一个嵌入式操作系统来完成内存分配、中断处理、任务间通信和定时器响应,并提供多任务处理等功能,但是嵌入式操作系统同时也占用了宝贵的嵌入式资源。目前大多数嵌入式开发还是在单片机上直接进行,没有采用嵌入式操作系统,但是单片机程序中仍然需要一个主程序负责调度各个任务。一般在大型嵌入式系统或需要多任务的场合才考虑使用嵌入式操作系统。

实时操作系统(RTOS)是嵌入式操作系统的主要形式,RTOS是针对不同处理器进行优化设计的高效率、实时多任务内核。嵌入式系统的实时性需要RTOS调度一切可利用的资源完成实时控制任务,着眼于提高计算机系统的使用效率,满足对时间的限制和要求。具体来说,RTOS是一段嵌入在目标代码中的程序,在系统复位后首先执行,相当于用户的主程序,其他的应用程序都建立在RTOS之上。RTOS还是一个标准的内核,将CPU时间、终端、I/O、定时器等资源都包装起来,留给用户一个标准的API,并根据各个任务的优先级,在不同任务之间合理地分配CPU时间。RTOS可以面对几十个系列的嵌入式处理器(MPU、MCU、DSP、SOC)等提供类同的API接口,这是基于RTOS开发设备无关的应用程序的基础。

当今世界上嵌入式操作系统种类繁多,可分为商用型和免费型。商用型的嵌入式操作系统功能强、可靠性高、价格昂贵、有良好的售后服务和技术支持;而免费型的实时嵌入式操作系统源码公开,开放性好并可免费使用。1981年Ready System发展了世界上第1个商业嵌入式实时内核(VTRX32),它包含了许多传统操作系统的特征,包括任务管理、任务间通信、同步与相互排斥、中断支持、内存管理等功能。随后,出现了如Integrated System Incorporation (ISI)的PSOS、IMG的VxWorks、QNX公司的QNX、Palm OS、WinCE、嵌入式Linux、Lynx、uCOS、Nucleus,以及国内的Hopen、Delta OS等嵌入式操作系统。

4. 嵌入式应用软件

嵌入式应用软件是针对特定应用领域,基于某一固定的硬件平台,以达到用户预期目标的计算机软件。嵌入式应用软件和普通应用软件有一定区别,不仅要求其准确性、安全性和稳定性等方面能满足实际应用的需要,而且还要尽可能地进行优化,以减少对系统资源的消耗,降低硬件成本。

3.5.3 嵌入式系统的应用

嵌入式系统具有广阔的应用前景,嵌入式系统的应用主要可分为如下几类。

1. 信息家电

家用电器将向着数字化和网络化方向发展。电视机、电冰箱、微波炉等家电都将可将嵌入式微处理器作为控制系统,并通过控制中心与因特网连接,转变为智能网络家电。

2. 移动计算设备

移动计算设备包括手机、掌上电脑、PDA等各种移动设备。由于其易于使用、携带方便、价格便宜等特点,移动计算设备已经得到广泛应用。

3. 网络设备

网络设备包括路由器交换机、网络接入盒、网页服务器等。其价格低廉,将为企业提供更为廉价的网络接入方案。

4. 工业控制、电网监测等

嵌入式系统在工控监测领域有很大的发展空间,目前已经有大量的 16 位、32 位嵌入式微处理器应用在工业过程控制和电网监测系统等领域。

目前,随着市场对嵌入式应用技术和产品的需求不断增长,随着半导体技术和系统设计方法的进步,嵌入式系统的发展表现出以下几大趋势:

(1) 嵌入式系统由各自独立的软硬件开发逐渐成为一项系统工程,嵌入式系统开发商在提供系统软硬件本身的同时,提供硬件开发工具和软件开发包(SDK)。

(2) 随着科学技术的发展,常需要在单一功能的设备上添加更多的功能,因而系统结构更加复杂。芯片设计厂商在采用更强大的处理器的同时,逐步采用片上系统(SOC)的概念,在一块芯片上同时集成 CPU、DSP 和 USB 等功能模块。

(3) 可靠性及应用水平越来越高。嵌入式系统逐步运用于工业现场控制、军事设备控制等领域。嵌入式系统应用的环境越来越复杂,人们对系统可靠性的要求也越来越高。

(4) 互联网链接成为必然趋势。未来的嵌入式设备为适应网络发展的要求,在系统上需提供各种网络通信接口。

(5) 更加精简的系统软硬件配置。利用最低资源实现最适当的功能,是嵌入式系统的精髓所在。现场可编程逻辑器件(FPGA)为用户提供可裁减的硬件功能模块,再加上操作系统的可配置内核,尽可能地减少系统所占用的资源,确保性能和成本的最优化。

3.5.4 嵌入式系统的设计

1. 嵌入式系统设计要求

嵌入式系统受限于功能和具体的应用环境,如对外部事件必须保证在规定时间内进行响应,且有体积、重量、功率和成本等方面的限制,需要具备令人满意的安全性、可靠性等。以下为嵌入式系统设计时需要重点考虑的因素:

(1) 实时性强。嵌入式系统面向特定的用户,不仅要求得到正确的处理结果,而且对得到结果的时间延迟也有明确的限制,如信号处理系统、紧急任务处理系统等都是实时性要求很强的系统,因此设计时必须充分考虑到系统实时性的要求。

(2) 可靠性高。由于嵌入式系统是嵌入到其他设备上,要完成某些特定的任务或功能,如有严重的误操作、部件损坏等情况都可能造成系统的瘫痪,因此要求系统本身应具有较高的可靠性。

(3) 功耗低。嵌入式系统面向应用的特点决定了嵌入式系统必须在一定条件下满足便携的要求,这对整个系统的功耗提出了要求。只有功耗低的嵌入式系统才能更加方便、持久地应用于需电池供电的设备领域,如移动通信设备、便携式设备等。

(4) 环境适应能力强。嵌入式系统的工作环境往往是不可控、难以预测的,而且有时还比较恶劣,特别是强热源、冲击源、强光源和电磁场等,都会对系统产生影响。因此在设计嵌入式系统时应当充分考虑如何减小甚至消除各种可能情况的干扰。

(5) 系统成本低。成本对于任何一个系统来说都是一个关键因素,嵌入式系统也不例外,因此在设计嵌入式系统时应当在满足系统要求的前提下,尽可能的降低成本,这样的系统才更加具有市场竞争力。

(6) 嵌入式软件开发的标准化。嵌入式系统的应用程序可以在没有操作系统环境下,直接在芯片上运行。但对于复杂的大型嵌入式系统,为了合理地调度多任务,利用系统资源、系统函数以及与专家库函数的接口,用户必须首先自行选配嵌入式实时操作系统(real-time embedded operating system)开发平台,这样才能保证程序执行的实时性和可靠性,减少开发时间,保障软件质量。

(7) 嵌入式系统开发的开发工具和环境。嵌入式系统设计硬件完成以后,需利用开发工具和环境才能进行软件开发,并能对系统程序功能进行修改。这些工具和环境一般包括基于通用计算机的软硬件设备、各种逻辑分析仪以及混合信号示波器等。开发时往往有主机和目标机的概念之分,主机用于程序的开发,目标机是程序的最终执行机,开发时主机与目标机需要进行通信与交互。

2. 嵌入式系统设计方法

传统的嵌入式系统的设计方法是将系统划分为硬件和软件两个独立的部分,由硬件工程师和软件工程师按照拟订的设计流程分别完成。这种设计方法一般首先考虑的是硬件部分的设计,只能改善硬件、软件各自的性能,但随着系统复杂程度的增加,以及产品更新换代的加快,将使得硬件和软件后期的集成与测试周期延长,成本提高。上述传统设计方法割裂了软件和硬件的开发过程,针对这一缺陷,近年来提出了一种软硬件协同设计的思想,典型的软硬件协同设计的过程如图 3-32 所示。

首先,应用独立于任何硬件和软件的功能性规格方法对系统进行描述,采用统一的规格语言(VHDL、CSP)设计,其作用是对硬件/软件进行统一表示,便于功能

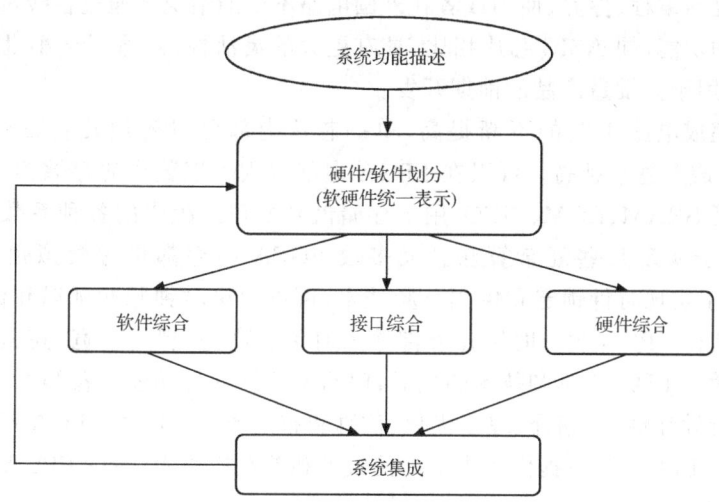

图 3-32 嵌入式系统的软硬件协同设计方法

的划分和综合；然后，在此基础上对硬件/软件进行划分，即对硬件/软件的功能模块进行分配。软硬件协同设计的过程可归纳如下：

(1) 需求分析和描述。
(2) 设计建模。
(3) 软硬件划分。
(4) 软硬件协同设计。
(5) 软硬件实现和综合。
(6) 软硬件协同测试和验证。

软硬件协同设计方法的使用，使得软件工程师和硬件工程师协同工作成为可能。通过协同设计，特别是协同验证技术，软件工程师能够尽早地在真实的硬件上进行测试，而硬件工程师也能够尽早地在原型设计周期中验证他们的设计，从而使得在集成阶段出现的软硬件问题被尽早发现并消除。

3. 硬件平台的选择

嵌入式开发硬件平台的选择主要是微处理器芯片的选择。目前市场上常见的嵌入式处理器主要有 ARM、Power CP、DPS 等，它们在各自的领域都取得了巨大的成功。但是，随着微电子技术的发展，系统设计工程师更倾向于自己设计专用集成电路(ASIC)芯片，而且希望在实验室就能设计出合适的 ASIC 芯片。大规模可编程逻辑器件和硬件描述语言等电子设计自动化(EDA)技术的发展满足了电子技术应用的这种需求。

现场可编程逻辑器件(FPGA)能够将大量逻辑功能集成于单个芯片之中，用户可以反复地编程、擦除、使用或者在外围电路不变的情况下通过在线可编程技术实现不同的功能，同 ASIC 芯片相比，具有更大的灵活性，既适用于小批量产品开发，也可以用于大批量产品的前期开发。

随着集成电路工艺的不断提高，单一芯片内部可以容纳几百万个晶体管，FPGA 的集成度越来越高。可以在 FPGA 内部嵌入一定数量的存储器，这些存储器可以包括 SRAM、ROM、FIFO，用于存储信号处理过程中的各种系数和中间数据，或者用于实现某些复杂算法。大多数 FGPA 内部都包含模拟锁相环电路（PLL），用于实现时钟锁定和倍频分频技术，可以解决时钟脉冲延迟和偏斜问题。倍频技术使得 FPGA 内部时钟比外部输入时钟更高，实现高带宽、高速度实时信号处理。随着 EDA 工具和技术的发展，FPGA 开发软件功能日益强大，用户可以方便地进行设计输入、编译、综合优化、仿真和布局布线。同时 FPGA 厂商和第三方供应商为 FPGA 开发提供了丰富的函数库和参数模块库，使得 FPGA 的应用更加广泛和方便。

FPAG 为电子系统提供了一个数字系统实现的全硬件基础，用户可以根据工程实际的需要自行设计电路系统，实现系统集成。同时，由于 FPGA 开发所需费用低，因此有着广阔的应用前景。FPAG 不断向高集成度、高速度和低价位方向迈进，其应用领域正在不断扩大。

4. 嵌入式操作系统的选择

很多早期的嵌入式系统不采用操作系统，使用一个简单的循环控制程序对外界的控制请求进行处理。在嵌入式系统越来越复杂、应用范围越来越广泛的情况下，每添加一项功能，都有可能需要对整个系统重新设计。因此，操作系统成为现代嵌入式系统的必备平台。

在现代嵌入式系统中，软件的核心就是嵌入式操作系统。嵌入式操作系统为整个系统提供统一的基本操作系统特性和软件资源支持，同时又满足目标系统的特定运行性能要求，而且达到隔离与系统结构无关的应用层软件的目的。因此，嵌入式操作系统除了具备任务调度和管理、系统资源管理等功能外，还要满足针对多应用的运行平台的特定要求，如系统资源限制、实时性、可靠性等。

在嵌入式系统开发中，嵌入式操作系统是实现各种系统功能的关键，也是计算机技术最活跃的研究方向之一。不同的应用对嵌入式操作系统有不同的要求，并且随着计算机技术的发展，这些要求也在不断变化。通常，应用系统对嵌入式操作系统的基本要求是体积小、运行速度快、可靠、具有良好的实时性、可移植性和可裁减性。嵌入式操作系统的选择主要从以下几个方面考虑：

（1）是否支持所用的硬件平台。在确定嵌入式系统硬件平台之后，选择支持该硬件平台的操作系统。目前大多数嵌入式操作系统都具备支持多种处理器的能力。

(2) 可移植性。可移植性即操作系统相关性。在进行嵌入式软件开发时,可移植性是必须慎重考虑的问题。良好的可移植性可以使软件在不同系统、不同平台上运行。

(3) 开发工具的支持程度。选择嵌入式操作系统时必须考虑相关的开发工具。仿真器、编译器和连接器等都不同程度的影响着操作系统。因此选择能与操作系统协同工作的在线仿真器,将使系统开发更加方便。

目前常见的嵌入式操作系统包括以下几个方面:

(1) Windows CE。Windows CE 是从整体上为有限资源的平台设计的多线程、完整优先权、多任务的操作系统,它的模块化设计允许它对于各种设备进行定制。但是 Windows CE 有占用存储空间大、非实时、效率低下的缺点。而且 Windows CE 采用版税制,产品成本较高。

(2) PalmOS。PalmOS 市场应用方向为手持式移动设备,在掌上电脑和 PDA 市场上独占其霸主地位。

(3) uClinux。uClinux 是一个以整体式结构为基础的、多任务、多进程的操作系统。它是对 Linux 经过小型化裁减后,应用于嵌入式系统领域的操作系统。具有源代码开放、内核完全开放、稳定性高和无许可证费用的优点。uClinux 采用层次式结构,具有强大的网络功能,拥有丰富的软件开发工具,可支持绝大多数微处理器芯片。uClinux 内核采用模块化设计,开发人员在设计内核时把这些内核模块作为可选的选项,在编译系统内核时指定,根据实际需要选择功能支持模块和删除不需要的功能模块。通过对 uClinux 内核的重新配置,可减小系统运行所需要的内核空间,从而缩减资源使用量。

3.6 计算机控制系统的设计

不同产品所需要的控制功能、控制形式和动作控制方式也不尽相同。由于采用计算机作为机电一体化系统或产品的控制器,因此其控制系统的设计就是选用计算机、设计接口、选用控制形式和动作控制方式的问题。这不仅需要计算机控制理论、数字电路和软件设计等方面的知识,也需要一定的生活和生产工艺知识。通常,由机电一体化系统设计人员首先提出总的设计要求,然后由各专业人员通力协作。

3.6.1 计算机控制系统的选择

计算机控制系统作为机电一体化产品的核心,须具备以下基本条件:

(1) 实时的信息转换和控制功能。机电一体化产品的计算机系统和普通的信息处理系统及用作科学计算的信息处理机不同,它能提供各种数据实时采集和控制功能,即稳定性好、反应速度快。

(2) 人机交互功能。一般的控制器都具有输入指令、显示工作状态的界面。较复杂的系统还有程序调用、编辑处理等功能,以利于操作者方便地用接近于自然语言方式来控制机器,机器的功能也更加完善。

(3) 机电部件接口的功能。这些机电部件主要是被控制对象的传感器和执行机构。接口包括机械和电气的物理连接。按信号的性质分,有开关量、数字量和模拟量接口;按接口的功能分,有主要完成信息连接传递的通信接口和能独立完成部分信息处理的智能接口;按通信方式来分,有串行接口和并行接口等。控制器必须具有足够的接口满足与被控制机电设备的运动部件、检测部件连接的需要。

(4) 对控制软件运行的支持功能。简单的控制器经常采用汇编语言实现控制功能,控制器的微处理器可以采用裸机形式,即全部运行程序均以汇编形式编写固化。对于较复杂的控制要求,需要有监控程序或操作系统支持,以利于充分利用现有的软件产品,缩短开发周期,完成复杂的控制任务。

1. 专用与通用的抉择

专用控制系统适合于大批量生产的机电一体化产品。在开发新产品时,如果要求具有机械与电子有机结合的紧凑结构,也只有专用控制系统才能做到。专用控制系统的设计问题,实际上就是选用适当的通用 IC 芯片来组成控制系统,以便与执行元件和检测传感器相匹配,或重新设计制作专用集成电路,把整个控制系统集成在一块或几块芯片上。对于多品种、中小批量生产的机电一体化产品来说,由于还在不断改进,结构还不十分稳定,特别是对现有设备进行改造时,采用通用控制系统比较合理。通用控制系统的设计,主要是合理选择主控制计算机机型,设计与其执行元件和检测传感器之间的接口,并在此基础上编制应用软件的问题。

实质上,这就是通过接口设计和软件编制来使通用计算机专用化的问题。

2. 硬件与软件的权衡

无论是采用通用控制系统还是专用控制系统,都存在硬件和软件的权衡问题。有些功能,如运算与判断处理等,适宜用软件来实现。而在其余大多数情况下,对于某种功能来说,既可用硬件来实现,又可用软件来实现。因此,控制系统中硬件和软件的合理组成,通常要根据经济性和可靠性的标准权衡决定。在用分立元件组成硬件的情况下,就可考虑是否采用软件,能采用通用的 LSI 芯片来组成所需的电路的情况下,则最好采用硬件。这是因为与采用分立元件组成的电路相比,采用软件不需要焊接,并且易于修改,所以采用软件更为可靠。而在利用 LSI 芯片组成电路时,不仅价廉,而且可靠性高,处理速度快,因而采用硬件更为有利。

控制系统一般为电子系统,环境适应能力较差,存在电噪声干扰问题,如在一般车间条件下使用就可能受到干扰而引起故障。而且,电子系统的维修需要专门的技术,一般的机械操作人员不易掌握。因此在设计控制系统时,对于提高包括环境适应性和抗干扰能力在内的可靠性时,必须特别注意采取必要的措施。

3.6.2 计算机控制系统的内容和步骤

计算机控制系统的设计内容主要包括硬件电路设计和软件设计。选择不同的控制器,硬件电路设计和软件设计的工作量不同,设计的步骤也略有差异。总体来讲,控制系统的设计要遵照下面的步骤进行。

1. 确定系统总体控制方案

第一应了解被控对象的控制要求,构思计算机控制系统的整体方案。通常,第一从系统构成上考虑是采用开环控制还是闭环控制。当采用闭环控制时,应考虑采用何种检测传感元件,检测精度要求如何。第二考虑执行元件采用何种方式,是电动、气动还是液动,比较其方案的优缺点,择优而选。第三要考虑是否有特殊控制要求,对于具有高可靠性、高精度和快速性要求的系统,应采取哪些措施。第四是考虑计算机在整个控制系统中的作用,是设定计算、直接控制还是数据处理,计算机应承担哪些任务,为完成这些任务计算机应具备哪些功能,需要哪些输入/输出通道,配备哪些外围设备。第五应初步估算其成本。通过整体方案考虑,最后画出系统组成的初步框图,附以说明,以此作为下一步设计的基础和依据。

2. 建立数学模型并确定控制算法

对任何一个具体计算机控制系统进行分析、综合或设计,首先应建立该系统的数学模型,确定其控制算法。所谓数学模型就是系统动态特性的数学表达式。它反映了系统输入内部状态和输出之间的数量和逻辑关系。这些关系式为计算机进行运算处理提供了依据,即由数学模型推出控制算法。所谓计算机控制,就是按照规定的控制算法进行控制。因此,控制算法的正确与否直接影响控制系统的品质,甚至决定整个系统的成败。

每个控制系统都有一个特定的控制规律,因此,每个控制系统都有一套与此控制规律相对应的控制算法。由于控制系统种类繁多,控制算法也是很多的,随着控制理论和计算机控制技术的不断发展,控制算法更是越来越多。例如,机床控制中常使用的逐点比较法的控制算法和数字积分法的控制算法;直接数字控制系统中常用的 PID 调节的控制算法;位置数字伺服系统中常用的实现最少拍控制的控制算法。另外,还有各种最优控制的控制算法、随机控制和自适应控制的控制算法。在系统设计时,按所设计的具体控制对象和不同的控制性能指标要求,以及所选用的计算机的处理能力选定一种控制算法。在选择控制算法时,应注意控制算法对系统的性能指标有直接影响,因此应考虑所选定的算法是否能满足控制速度、控制精度和系统稳定性的要求。也就是说,应根据不同的控制对象、不同的控制指标要求选择不同的控制算法。例如,要求快速跟随的系统可选用达到最少拍的直接控制算法;对于具有纯滞后的系统最好选用达林算法或施密斯补偿算法;对于随机控制系统应选用随机控制算法。各种控制算法提供了一套通用的计算公式,但具体到一个控制对象上,必须有分析地选用,在某些情况下可能还要进行某些修改和补充。例如,对某一控制对象选用 PID 调节规律数字化的方法设计数字控制器,在某些情况下可对其作适当改进,就能使系统得到更好的快速性。对于有些问题,建立数学模型很难或者计算机难以实现,这时可以采用神经网络、专家系统和模糊控制等智能控制算法。

当控制系统比较复杂时,控制算法也比较复杂,整个控制系统的实现就比较困难。为设计、调试方便,可将控制算法作某些合理的简化,忽略某些因素的影响(如非线性、小延时、小惯性等),在取得初步控制成果后再逐步将控制算法完善,直到获得最好的控制效果。

3. 选择微型计算机

在选择机电一体化系统的控制器时,根据被控系统的规模和控制参数的复杂程度,可采用不同的微型计算机。对于小系统,一般监视控制量为开关量和少量数据信息的模拟量,这类系统采用单片机或 PLC 就能满足控制要求。对于数据处理量大的系统,则往往采用基于各类总线结构的工控机,如 STD 总线工控机、IBM-PC 总线工控机、Multibus 工控机等。对于多层次、复杂的机电一体化系统,则要采用分级分步式控制系统,在这种控制系统中,根据各级及控制对象的特点,可分别采用单片机、PLC、总线工控机和微型计算机来完成不同的功能。

对于给定的任务,选择计算机的方案不是唯一的,从控制的角度出发,计算机应能满足具有较完善的中断系统、足够的存储容量、完善的输入/输出通道和实时时钟等要求。

(1) 较完善的中断系统。微型计算机控制系统必须具有实时控制性能。实时控制包含两个含义:一是系统正常运行时的实时控制能力;二是在发生故障时紧急处理的能力。系统运行时往往需要修改某些参数、改变某个工作程序或指出规定的时间间隔,在输入/输出异常或出现紧急情况时应报警和处理,处理这些问题一般都采用中断控制方式。CPU 应及时接收中断请求,暂停原来执行的程序,转而执行相应的中断服务程序,待中断处理完毕再返回原程序继续执行。因此,要求计算机的 CPU 具有较完善的中断系统,选用的接口芯片也应有中断工作方式,保证控制系统能满足生产中提出的各种控制要求。

(2) 足够的存储容量。由于微型计算机内存容量有限,当内存容量不足以存放程序和数据时,应扩充内存,有时还应配备适当的外存储器。微型计算机系统通常有 32KB 以上的内存,一般配备磁盘(硬盘或软盘)作为外存储器,系统程序和应用程序可保存在磁盘内,运行时由操作系统随时从磁盘调入内存。系统机亦可扩充 2KB 以上的只读存储器,调试成功的应用程序同样可写入只读存储器内,这样使用方便、可靠性高。

(3) 完备的输入/输出通道和实时时钟。输入/输出通道是外部过程和主机交换信息的通道。根据控制系统不同,有的要求有开关量输入/输出通道;有的要求有模拟量输入/输出通道;有的同时要求有开关量输入/输出通道和模拟量输入/输出通道。对于需要实现外部设备和内存之间快速、批量交换信息的,还应有直接数据通道。实时时钟在过程控制中给出时间参数,记下某事件发生的时刻,同时使系统能按规定的时间顺序完成各种操作。

选择微型计算机除应满足上述几点要求外,从不同的被控制对象角度而言,还应考虑几个特殊要求。

(1) 字长。微处理器的字长定义为并行数据总线的线数。字长直接影响数据的精度、寻址的能力、指令的数目和执行操作的时间。对于通常的顺序控制、程序控制可选用 1 位微处理器。对于计算量小,计算精度和速度要求不高的系统可选用 4 位机(如计算器、家用电器及简单控制等)。对于计算精度要求较高、处理速度较快的系统可选用 8 位机(如线切割机床等普通机床的控制、温度控制等)。对于计算精度高、处理速度快的系统可选用 16 位机(如控制算法复杂的生产过程控制、要求高速运行的机床控制、特别大量的数据处理等)。

(2) 速度。速度的选择与字长的选择可一并考虑。对于同一算法、同一精度要求,当机器的字长短时,就要采用多字节运算,完成计算和控制的时间就会增长。为保证实时控制,就必须选用执行速度快的机器。同理,当机器的字长足够保证精度要求时,不必用多字节运算,完成计算和控制的时间就短,可选用执行速度较慢的机器。

通常,微处理器的速度选择可根据不同的被控制对象而定。例如,对于反应缓慢的化工生产过程的控制,可选用慢速的微处理器。对于高速运行的加工机床、连轧机的实时控制等,必须选用高速的微处理机。

(3) 指令。一般说来,指令条数越多,针对特定操作的指令就多,这样会使程序量减少,处理速度加快。对于控制系统来说,尤其要求较丰富的逻辑判断指令和外围设备控制指令,通常 8 位微处理器都具有足够的指令种类和数量,一般能够满足控制要求。

选择计算机时,还应考虑成本高低、程序编制难易以及扩充输入/输出接口是否方便等因素,从而确定是选用单片机、PLC,还是选用微型计算机系统。

微型计算机系统有丰富的系统软件,可用高级语言、汇编语言编程,程序编制和调试都很方便。系统的机内存容量大且有软(硬)磁盘等大容量的外存储器,通常都有数据通道,可实现内外存储器之间的快速批量信息交换。其缺点是成本较高,当用来控制一个小系统时,往往不能充分利用系统机的全部功能,抗干扰能力差。

4. 控制系统总体设计

系统总体设计主要是对系统控制方案进行具体实施步骤的设计,其主要依据是上述的整体方案初框图、设计要求及所选用的计算机类型,通过设计要画出系统的具体构成框图。一个正在运行的完整的微型计算机控制系统,需要在计算机、被控制对象和操作者之间适时、不断地交换数据信息和控制信息。在总体设计时,要综合考虑硬件和软件措施,解决三者之间可靠的、适时进行信息交换的通路和分时控制的时序安排问题,保证系统能正常地运行。设计中主要考虑硬件与软件功能的分配和协调、接口设计、通道设计、操作控制台设计、可靠性设计等问题。其中硬件与软件功能的分配和协调要根据经济性和可靠性标准进行权衡,可靠性问题主要是制定可靠性设计方案,采取可行的可靠性措施。

1) 接口设计

通常选用的微型计算机都已配备有相当数量的可编程序的输入/输出通用接口电路,如并行接口(8080系列的8255A)、串行接口(8080系列的8251A)以及计数器/定时器等。在进行接口设计时,首先要合理地使用这些接口,当通用接口不够时应进行接口的扩展。扩展接口的方案较多,要根据控制要求及能够得到何种元件和扩展接口的方便程度来确定,通常有下述三种方法可供选用。

(1) 选用功能接口板。在功能接口板上,有多组并(串)行数字量输入/输出通道,或多组模拟量输入/输出通道。采用选配功能插板扩展接口方案的最大优点是硬件工作量小,可靠性高,但功能插板价格较贵,一般只用来组成较大的系统。

图 3-33 通用接口板——八进制串行通道 3U Compact PCI 板

(2) 选用通用接口电路(见图3-33)。在组成一个较小的控制系统时,有时采用通用接口电路来扩展接口。由于通用接口电路是标准化的,只要了解其外部特性与 CPU 的连接方法、编程控制方法就可进行任意扩展。

(3) 用集成电路自行设计接口电路。在某些情况下,不采用通用接口电路,而采用其他中小规模集成电路扩充接口更方便、价廉。例如,一个控制系统需要输入多组数据或开关量,可用 74LS138 译码器和 74LS244 三态缓冲器等组成输入接口,也可用 74LS138 译码器和 74LS373 锁存器等组成输出多组数据的输出接口。

接口设计包括两个方面的内容:一是扩展接口;二是安排通过各接口电路输入/输出端的输入/输出信号,选定各信号输入/输出时采用何种控制方式。如果要采用程序中断方式,就要考虑中断申请输入、中断优先级排队等问题。若要采用直接存储器存取方式,则要增加直接存储器存取(DMA)控制器作为辅助电路加到接口上。

2) 通道设计

输入/输出通道是计算机与被控对象相互交换信息的部件。每个控制系统都要有输入/输出通道。一个系统中可能要有开关量的输入/输出通道、数字量的输入/输出通道或模拟量的输入/输出通道。在总体设计中就应确定本系统应设置什么通道,每个通道由几部分组成,各部分选用什么样元器件等。

开关量、数字量的输入/输出比较简单。开关量输入要解决电平转换、去抖动及抗干扰等问题。开关量输出要解决功率驱动问题等。开关量和数字量的输入/输出都要通过前面设计的接口电路。

模拟量输入/输出通道比较复杂。模拟量输入通道主要由信号处理装置(标度变换、滤波、隔离、电平转换、线性化处理等)、采样单元、采样保持器和放大器、A/D 转换器等组成。模拟量输出通道主要由 D/A 转换器、放大器等组成。

3) 操作控制台设计

微型计算机控制系统必须便于人机联系。通常需要设计一个现场操作人员使用的控制台,这个控制台一般不能用计算机所带的键盘代替,因为现场操作人员不了解计算机的硬件和软件,假若操作失误可能发生事故,所以一般要单独设计一个操作员控制台。操作员控制台一般应有下列功能:

(1) 有一组或几组数据输入键(数字键或拨码开关等),用于输入或更新给定值,修改控制器参数或其他必要的数据。

(2) 有一组或几组功能键或转换开关,用于转换工作方式,起动、停止或完成某种指定的功能。

(3) 有一个数字显示装置或显示屏,用于显示各状态参数及故障指示等。

(4) 控制板上应有一个"急停"按钮,用于在出现事故时停止系统运行,转入故障处理。

应当指出,控制台上每一数字信号或控制信号都与系统的工作息息相关,设计时必须明确这些转换开关、按钮、键盘、数字显示器和状态、故障指示灯等的作用和意义,仔细设计控制台的硬件及其相应的控制台管理程序,使设计的操作员控制台既方便操作又安全可靠,即使操作失误也不会引起严重后果。

5. 软件设计

计算机控制系统的软件主要分两大类,即系统软件和应用软件。系统软件包括操作系统、诊断系统、开发系统和信息处理系统。通常这些软件一般不需要用户设计,对用户来说,基本上只需了解其大致原理和使用方法就行了。而应用软件都要由用户自行编写,所以软件设计主要是应用软件设计。

控制系统对应用软件的要求是实时性、针对性、灵活性和通用性。对于工业控制系统来说,由于是实时控制系统,所以要求应用软件能够在对象允许的时间间隔内进行控制、运算和处理。应用软件的最大特点是具有较强的针对性,即每个应用程序都是根据一个具体系统的要求设计的,如对控制算法的选用,必须具有针对性,这样才能保证系统具有较好的调节品质。灵活性和通用性是指不但针对性要强,也要具有一定的灵活性和通用性,这样可适应不同系统的要求。为此,应采用模块式结构,尽量把共用的程序编写成具有不同功能的子程序,如算术和逻辑运算程序、A/D 和 D/A 转换程序、PID 算法程序等。设计者的任务主要是把这些具有一定功能的子程序进行排列组合,使其成为一个完成特定功能的应用程序,这样可大大简化设计步骤和时间。应用软件的设计方法有两种,即模块化程序设计法和结构化程序设计法。

(1) 模块化程序设计法。在计算机控制系统中,大体上可分为数据处理和过程控制两大基本类型。数据处理主要是数据的采集、数字滤波、标度变换以及数值计算等。过程控制程序主要是使计算机按照指定的方法(如 PID 或直接数字控制)进行计算,然后再输出,以便控制生产过程。为了完成上述任务,在进行软件设计时,通常把整个程序分成若干部分,每一部分叫做一个模块。所谓"模块",实质上就是能完成一定功能、相对独立的程序段。这种程序设计方法叫做模块化程序设计法。

(2) 结构化程序设计法。结构化程序设计方法给程序设计施加了一定的约束,它限定采用规定的结构类型和操作顺序,因此能编写出操作顺序分明、便于查找错误和纠正错误的程序。常用的结构有直线顺序结构、条件结构、循环结构和选择结构。其特点是程序本身易于用程序框图描述,易于构成模块,操作顺序易于跟踪,便于查找错误和测试。

6. 系统调试

计算机控制系统设计完成以后,要对整个系统进行调试。调试步骤为硬件调试→软件调试→系统调试。

硬件调试包括对元器件的筛选及老化、印刷电路板的制作,元器件的焊接及试验,安装完毕后要经过连续拷机运行;软件调试主要是指在计算机上把各模块分别进行调试,使其正确无误,然后固化在 EPROM 中;系统调试(联调)主要是指把硬件与软件组合起来,进行模拟实验,正确无误后进行现场试验,直至正常运行为止。

思考题与习题

3-1 简述计算机控制系统的组成和特点。

3-2 简述计算机控制系统的常用类型及其特点。

3-3 试述计算机控制系统的基本要求和一般设计方法。

3-4 简述常用的工业控制计算机类型及其特点。

3-5 PLC 的硬件系统主要由哪几部分组成？各部分的作用是什么？

3-6 PLC 控制系统设计步骤一般分为哪几步？

3-7 试编制一个用 PLC 实现的 24h 时钟程序,要求:
  (1) 秒闪烁灯指示,即每秒指示灯亮灭各半。
  (2) 半点声音报时,响一声。
  (3) 整点声音报时,几点钟响几声。

3-8 观察电梯运行情况,写出其主要的运行逻辑顺序,编制能够实现其控制功能的梯形图。

3-9 数字 PID 控制器的参数整定方法有哪些？

3-10 简述嵌入式系统的组成。

3-11 简述嵌入式系统的软硬件协同设计方法。

3-12 简述计算机控制系统的设计思路。

第4章 机电一体化系统的建模与仿真

4.1 概 述

机电一体化系统分析与设计,通常是在确定系统的技术要求基础上,首先建立系统的数学模型,然后对该模型进行仿真,根据仿真结果分析系统的动静态性能,通过对比模型仿真的结果与性能指标要求,进行系统反复校核设计,最后实现该机电一体化系统。可见,机电一体化系统的建模是系统分析与设计的基础,仿真是系统分析与设计重要手段。本章在介绍数学模型的各种表现形式和模型建立的基本方法的基础上,掌握在 MATLAB/Simulink 环境下对机电一体化系统的建模和仿真,并通过实例详细介绍机电一体化系统的建模与仿真方法。

4.1.1 模型的基本概念

系统模型是对系统的特征与变化规律的一种定量抽象,是人们用以认识事物的一种手段(或工具)。

系统模型一般包括物理模型、数学模型和描述模型三种类型。

物理模型就是根据相似原理,把真实系统按比例放大或缩小制成的模型,其状态变量与原系统完全相同。这种模型多用于土木建筑、水利工程、船舶、飞机等制造方面。例如,造船工程师需在设计过程中用比实船小得多的模型在水池中进行各种试验,以取得必要的数据和了解所要设计船的各种性能。

数学模型是一种用数学方程(或信号流程图、结构图等)来描述系统性能的模型,如果其参数中不含时间因素,则为静态模型;如与时间有关则为动态模型。数学模型是系统仿真的基础,也是系统仿真中首先要解决的问题。随着计算机与微电子技术的飞速发展,人们越来越多地采用数学模型在计算机(数字的或模拟的)上进行仿真实验研究。

描述模型是一种抽象的(无实体的),不能或很难用数学方法描述的,而只能用语言(自然语言或程序语言)描述的系统模型。例如,在模糊(fuzzy)控制系统中,人们对控制对象的描述就是一组基于"经验"的 If-then-else 语句的描述。

本章主要研究机电一体化系统数学模型的建立与仿真问题。

4.1.2 系统仿真的基本概念

1. 系统仿真的定义

实际中的机电一体化系统都有一定的规模和复杂度。在进行项目的设计和规划时,往往需要对项目的合理性、经济性等品质加以评价;在系统实际运行前,也希望对项目的实施结果加以预测,以便选择正确、高效的运行策略或提前消除设计中的缺陷,最大限度地提高实际系统的运行水平。采用仿真技术可以省时、省力、经济地达到上述目的。

系统仿真就是通过对系统模型的实验分析去研究一个存在或设计中的系统,这里的系统是指由相互联系和制约的各个部分组成的具有一定功能的整体。

2. 仿真的分类与性能特点

当仿真所采用的模型是物理模型时,称为(全)物理仿真;是数学模型时,称为数学仿真。由于数学仿真基本上是通过计算机来实现,所以数学仿真也称为计算机仿真。另外,用已研制出来的系统中的实际部件或子系统代替部分数学模型所构成的仿真称为半物理仿真。一般说来,计算机仿真较之半物理、全物理仿真在时间、费用和方便性上都具有明显的优点,是一种经济、快捷与实用的仿真方法。而半物理、全物理仿真有实物介入,具有较高的可信度、较好的实时性与在线等特点。但是,仿真系统具有构成复杂、造价高、准备时间长等缺点。

图 4-1 所示为计算机仿真、半物理仿真、全物理仿真的关系及其在机电一体化系统研究与开发各阶段的应用。由于计算机仿真具有上述优点,除了必须采用半物理仿真、全物理仿真才能满足要求的情况外,一般来说都应尽量采用计算机仿真。因此,计算机仿真得到了越来越广泛的应用。本章重点讨论基于数学模型的数值仿真问题,即计算机仿真问题。

3. 计算机仿真的基本内容

由于数学仿真是在计算机上进行的,所以视计算机的类型以及仿真系统的组成不同,计算机仿真又可分为模拟仿真(采用的是模拟计算机)、数字仿真(采用数字计算机)等类型。但是,计算机仿真的基本内容却是相同的。通常情况下,计算机仿真包括三个基本要素,即实际系统、数学模型与计算机。联系这三个要素则有如下三个基本活动,即模型建立、仿真实验与结果分析。以上所述三要素及三个基本活动的关系可用图 4-2 来表示。由图可见,将实际系统抽象为数学模型,称为一次模型化,它还涉及系统的辨识技术问题,统称为建模问题;将数学模型转换为可在计算机上运行的仿真技术问题,称为二次模型化,统称为仿真实验。

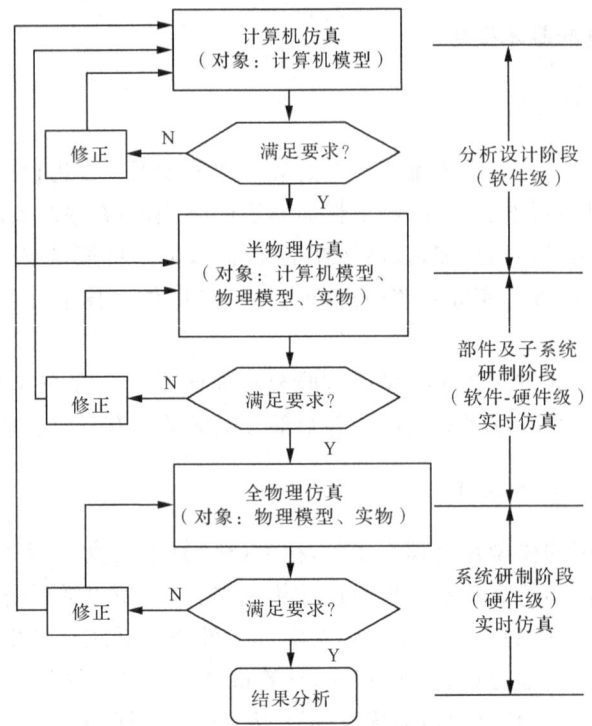

图 4-1 计算机仿真、半物理仿真与全物理仿真的关系及其应用

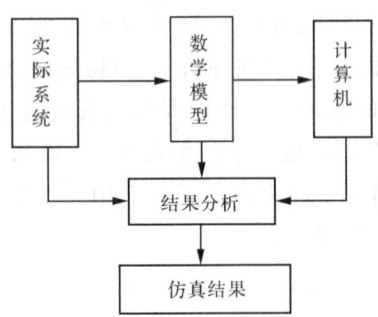

图 4-2 计算机仿真的基本内容

综上所述,仿真是建立在模型这一基础之上的,对于计算机仿真要完善建模、仿真实验及结果分析体系,以使仿真技术成为机电一体化系统分析、设计与研究的有效工具。

4.2 机电一体化系统的数学模型

机电一体化系统计算机仿真是建立在机电一体化系统数学模型基础之上的一

门技术。机电一体化系统属多学科交叉领域,为通过仿真手段进行分析和设计,首先需要用数学形式描述各类系统的运动规律,即建立它们的数学模型。模型确定之后,还必须寻求合理的求解数学模型的方法,即数值算法,才能得到正确的仿真结果。本节将学习常见的机电一体化系统数学模型的表示形式和建模的基本方法。

机电一体化系统中的变量大都是一些具体的物理量,如电压、电流、压力、温度、速度、位移等。若这些物理量是随时间连续变化的,则称其系统为连续系统;如果系统中物理量是随时间断续变化的,如计算机控制、数字控制、采样控制等,则称为离散(或采样)系统。采用计算机仿真来分析和设计机电一体化系统,首要问题是建立能够合理地描述系统中各物理量变化的运动学方程,并根据仿真需要,抽象为不同表达形式的系统数学模型。

4.2.1 数学模型的表现形式

根据系统数学描述方法的不同,可建立不同形式的系统数学模型。经典控制理论中,常用系统输入-输出的微分方程或传递函数表示各物理量之间的相互制约关系,被称为系统的外部描述或输入-输出描述;现代控制理论中,通过设定系统的内部状态变量,建立状态方程来表示各物理量之间的相互制约关系,称为对系统的内部描述或状态描述。连续系统的数学模型通常可由高阶微分方程或一阶微分方程组的形式表示;而离散系统的数学模型是由高阶差分方程或一阶差分方程组的形式表示。如所建立的微分或差分方程为线性的,且各系数均为常数,则称之为线性定常系统的数学模型;如果方程中存在非线性变量,或方程中存在随时间变化的系数,则称之为非线性系统或时变系统数学模型。

本节主要讨论线性定常连续系统数学模型的几种表示形式。需要注意的是,同一描述对象的不同数学模型形式之间是可以相互转换的。

1. 微分方程

设线性定常系统输入、输出量是单变量,分别为 $u(t)$、$y(t)$,则两者间的关系总可以描述为线性常系数高阶微分方程形式

$$a_0 y^{(n)} + a_1 y^{(n-1)} + \cdots + a_{n-1} y' + a_n y = b_0 u^{(m)} + \cdots + b_m u \tag{4-1}$$

式中,$y^{(j)}$ 为 $y(t)$ 的 j 阶导数,$y^{(j)} = \dfrac{d^j y(t)}{dt^j}$,$j=0,1,\cdots,n$;$u^{(i)} = \dfrac{d^i u(t)}{dt^i}$,$i=0,1,\cdots,m$;$a_j$ 为 $y(t)$ 及其各阶导数的系数,$j=0,1,\cdots,n$;b_i 为 $u(t)$ 及其各阶导数的系数,$i=0,1,\cdots,m$;n 是系统输出变量导数的最高阶次;m 为系统输入变量导数的最高阶次,通常总有 $m \leqslant n$。

微分方程模型是连续系统其他数学模型表达形式的基础,以下所要讨论的模

型表达形式都是以此为基础发展而来的。

2. 状态方程

当系统输入、输出为多变量时,可用向量分别表示为 U、Y,由现代控制理论可知,总可以通过系统内部变量之间的转换设立状态向量 X,将系统表达为状态方程形式

$$\begin{cases} \dot{X} = AX + BU \\ Y = CX + DU \end{cases} \tag{4-2}$$

式中,U 为输入向量(m 维);Y 为输出向量(n 维)。

应当指出,系统状态方程的表达形式不是唯一的。通常可根据不同的仿真分析要求而建立不同形式的状态方程,如能控标准型、能观标准型、约当型等。

在 MATLAB 中,用指令 ss( ) 可以对式(4-2)建立一个状态方程模型,调用格式为 sys=ss(A,B,C,D)。

例 4-1 已知质量-弹簧-阻尼器系统如图 4-3 所示,其中质量为 8kg,弹簧系数为 3N/m,阻尼器系数为 0.2N·s/m,用 MATLAB 建立状态方程模型。

解 该系统的动力学模型具有如下形式:
$$m\ddot{y}(t) + \mu\dot{y}(t) + ky(t) = ku(t)$$

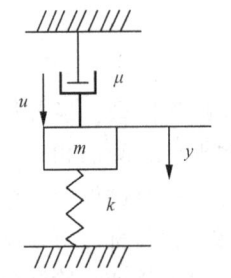

图 4-3 质量-弹簧-阻尼器系统

设

$$x_1 = y$$
$$x_2 = \dot{x}_1$$
$$X = [x_1, x_2]^T$$

可以得到该系统的状态空间模型

$$\begin{bmatrix} \dot{x}_1 \\ \dot{x}_2 \end{bmatrix} = \begin{bmatrix} 0 & 1 \\ -\dfrac{k}{m} & -\dfrac{\mu}{m} \end{bmatrix} \begin{bmatrix} x_1 \\ x_2 \end{bmatrix} + \begin{bmatrix} 0 \\ \dfrac{k}{m} \end{bmatrix} u$$

$$y = \begin{bmatrix} 1 & 0 \end{bmatrix} \begin{bmatrix} x_1 \\ x_2 \end{bmatrix}$$

显然该系统中矩阵 $D=0$。系统的 MATLAB 编程如下:

```
m = 8;μ = 3;k = 0.2;
A = [0,1; -k/m, -μ/m];
B = [0,k/m]ᵀ;
C = [1 0];
D = 0;
```

```
sys = ss(A,B,C,D)
```
系统显示为：
```
a =
           x1      x2
   x1      0       1
   x2    -0.025  -0.375

b =
           u1
   x1      0
   x2    0.025

c =
           x1    x2
   y1      1     0

d =
           u1
   y1      0
```

Continuous-time model.

3. 传递函数

将式(4-1)在零初始条件下，两边同时进行拉普拉斯变换，则有

$$(a_0 s^n + \cdots + a_{n-1} s + a_n) Y(s) = (b_0 s^m + \cdots + b_{m-1} s + b_m) U(s)$$

输出拉普拉斯变换 $Y(s)$ 与输入拉普拉斯变换 $U(s)$ 之比

$$G(s) = \frac{Y(s)}{U(s)} = \frac{b_0 s^m + \cdots + b_{m-1} s + b_m}{a_0 s^n + \cdots + a_{n-1} s + a_n} \tag{4-3}$$

称为系统的传递函数。

在 MATLAB 中，用 tf() 指令可以建立一个连续系统的传递函数模型，其调用格式为 sys=tf(num,den)。

例 4-2 用 MATLAB 建立系统传递函数模型：$G(s) = \dfrac{s+3}{s^3 + 2s^2 + s + 3}$。

```
num = [1 3];
den = [1 2 1 3];
sys = tf(num,den)
```

显示为

```
Transfer function:
    s + 3
---------------
s^3 + 2s^2 + s + 3
```

如果将式(4-3)中分子、分母有理多项式分解为因式连乘形式,则有

$$G(s) = K \frac{\prod_{i=1}^{m}(s-z_i)}{\prod_{j=1}^{n}(s-p_j)} = K \frac{(s-z_1)(s-z_2)\cdots(s-z_m)}{(s-p_1)(s-p_2)\cdots(s-p_n)} \quad (4-4)$$

式中,K 为系统的零极点增益;$z_i(i=1,2,\cdots,m)$,称为系统的零点;$p_j(j=1,2,\cdots,n)$,称为系统的极点。z_i、p_j 可以是实数,也可以是复数。因此,称式(4-4)为单输入-单输出系统传递函数的零极点模型形式。

在 MATLAB 中,用 zpk() 指令可以建立一个连续系统的零极点模型,其调用格式为 sys=zpk(z,p,k)。

例 4-3 用 MATLAB 建立零极点模型:$G(s) = \dfrac{5(s+3)}{(s+4)(s+2)(s+0.3)}$。

```
z = [-3];p = [-4 -2 -0.3];k = 5;
sys = zpk(z,p,k)
```

显示为

```
Zero/pole/gain:
     5(s + 3)
---------------
(s+4)(s+2)(s+0.3)
```

4.2.2 数学模型的建立方法

建立数学模型就是以一定的理论为依据把系统的行为概括为数学函数关系的表达式,包括以下步骤:

(1) 确定模型的结构,建立系统的约束条件,确定系统的实体、属性与活动。

(2) 测取有关的模型数据。

(3) 运用适当理论建立系统的数学描述,即数学模型。

(4) 检验所建立的数学模型的准确性。

机电一体化系统数学模型建立得是否得当,将直接影响以此为依据的仿真分析与设计的准确性、可靠性,因此必须予以充分重视,以采用合理的方式、方法进行建模。

1. 机理模型法

所谓机理模型(解析模型)法,实际上就是采用由一般到特殊的推理演绎方法,对已知结构、参数的物理系统运用相应的物理定律或定理,经过合理分析简化而建立起来的描述系统各物理量动、静态变化性能的数学模型。

因此,机理模型法主要是通过理论分析推导方法建立系统模型。根据确定元件或系统行为所遵循的自然机理,如常用的物质不灭定律(用于液位、压力调节等)、能量守恒定律(用于温度调节等)、牛顿第二定律(用于速度、加速度调节等)、基尔霍夫定律(用于电气网络)等,对系统各种运动规律的本质进行描述,包括质量、能量的变换和传递等过程,从而建立起变量间相互制约又相互依存的精确的数学关系。通常情况下,是给出微分方程形式或其派生形式——状态方程、传递函数等。

建模过程中,必须对机电一体化系统进行深入地分析研究,善于提取本质、主流方面的因素,忽略一些非本质、次要的因素,合理确定对系统模型准确度有决定性影响的物理变量及其相互作用关系,适当舍弃对系统性能影响微弱的物理变量和相互作用关系,避免出现冗长、复杂、烦琐的公式方程堆砌。最终目的是要建造出既简单清晰,又具有相当精度,基本反映实际物理量变化的机电一体化系统模型。

建立机理模型还应注意所研究系统模型的线性化问题。大多数情况下,实际机电一体化系统由于种种因素的影响,都存在非线性现象,如机械传动中的死区间隙、电气系统中磁路饱和等,严格地说都属于非线性系统,只是其非线性程度有所不同。在一定条件下,可以通过合理的简化、近似,用线性系统模型近似描述非线性系统。其优点在于可利用线性系统许多成熟的计算分析方法和特性,使机电一体化系统的分析、设计更为简单方便,易于实用。但也应指出,线性化处理方法并非对所有机电一体化系统都适用,对于包含本质非线性环节的系统需要采用特殊的研究方法。

2. 统计模型法

所谓统计模型法,就是采用由特殊到一般的逻辑、归纳方法,根据一定数量的在系统运行过程中实测、观察的物理数据,运用统计规律、系统辨识等理论合理估计出反映系统各物理量相互制约关系的数学模型。其主要依据是来自系统的大量实测数据,因此又称之为实验测定法。

当对所研究系统的内部结构和特性尚不清楚、甚至无法了解时,系统内部的机理变化规律就不能确定,通常称之为"黑箱"或"灰箱"问题,机理模型法也就无法应用。而根据所测到的系统输入、输出数据,采用一定方法进行分析及处理来获得数学模型的统计模型法正好适应这种情况。通过对系统施加激励,观察和测取其响应,了解其内部变量的特性,并建立能近似反映同样变化的模拟系统的数学模型,就相当于建立起实际系统的数学描述(方程、曲线或图表等)。

频率特性法是研究控制系统的一种应用广泛的工程实用方法。其特点在于通过建立系统频率响应与正弦输入信号之间的稳态特性关系,不仅可以反映系统的稳态性能,而且可以用来研究系统的稳定性和暂态性能;可以根据系统的开环频率特性,判别系统闭环后的各种性能;可以较方便地分析系统参数对动态性能的影响,并能大致指出改善系统性能的途径。

频率特性物理意义十分明确,对稳定的系统或元件、部件都可以用实验方法确定其频率特性,尤其对一些难以列写动态方程、建立机理模型的系统,有特别重要的意义。

系统辨识法是现代控制理论中常用的技术方法,它也是依据观察到的输入与输出数据来估计动态系统的数学模型的,但输出响应不局限于频率响应,阶跃响应或脉冲响应等时间响应都可作为反映系统模型动态特性的重要信息,且确定模型的过程更依赖于各种高效率的最优算法以及如何保证所测取数据后可靠性等理论问题。图4-4是系统辨识的原理示意图。因其在实践中能得到很好的运用,故已被广泛接受,并逐渐发展成为较成熟且日臻完善的一门学科。

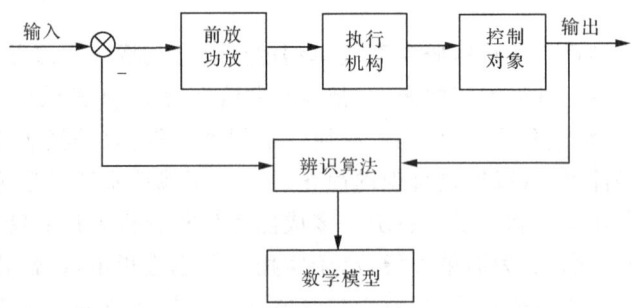

图 4-4 系统辨识方法求解系统数学模型的原理示意图

应当注意,由于对系统了解得不很清楚,主要靠实验测取数据确定数学模型的方法受数据量不充分、数据精度不一致、数据处理方法不完善等局限性影响,所得的数学模型的准确度只能满足一般工程需要,难以达到更高精度的要求。

3. 混合模型法

除以上两种方法外,机电一体化系统还有这样一类问题,即对其内部结构和特性有部分了解,但又难以完全用机理模型方法表述出来,这时需结合一定的实验方法确定另外一部分不甚了解的结构特性,或是通过实际测定来求取模型参数。一般是首先根据被辨识系统的已有知识,用演绎法确定或选择系统模型的结构;然后,根据试验观测所得到的数据,估计出被辨识系统的未知参数值。这种方法是机理模型法和统计模型法的结合,故称混合模型法。实用中它可能比前两者都用得多,是一项很好的理论推导与实验分析相结合的方法与手段。

机电一体化系统的建模是一个理论性与实践性都很强的问题,是影响数字仿真结果的首要因素,鉴于本节的篇幅有限,此处不再展开讨论。

4.3 仿真理论基础

机电一体化系统数学模型的建立,为进行系统仿真实验研究提供了必要的前提条件,但真正在数字计算机上对系统模型实现仿真运算、分析,还有一个关键步骤,就是所谓"实现问题"。

"实现问题"就是根据已知的系统传递函数求取该系统相应的状态空间表达式,也就是说,把系统的外部模型(传递函数描述)形式转化为系统的内部模型(状态空间描述)形式。这对于计算机仿真技术而言,是一个具有实际意义的问题。因为状态方程是一阶微分方程组形式,非常适宜数字计算机求其数值解(而高阶微分方程的数值求解是非常困难的)。如果机电一体化系统已表示为状态空间表达式,则很容易直接对该表达式编制相应的求解程序,可见"实现问题"实质就是数值积分的问题。

机电一体化系统数学模型经合理近似、简化,大多建立成为常微分方程形式。实际中遇到的大部分微分方程难以得到解析解,通常都是通过数字计算机采用数值计算方法求取数值解。在 MATLAB 环境下,已提供了功能十分强大,且具有保证相应精度的数值求解的功能函数或程序段,使用者仅需按规定的语言规格调用即可,而无需从数值算法的底层考虑其编程实现过程。

1. 单变量系统的可控标准型实现

设系统传递函数为
$$G(s) = \frac{Y(s)}{U(s)} = \frac{c_1 s^{n-1} + \cdots + c_{n-1}s + c_n}{s_n + a_1 s^{n-1} + \cdots + a_{n-1}s + a_n}$$

若对上式设
$$\frac{Z(s)}{U(s)} = \frac{1}{s_n + a_1 s^{n-1} + \cdots + a_{n-1}s + a_n}$$
$$\frac{Y(s)}{Z(s)} = c_1 s^{n-1} + \cdots + c_{n-1}s + c_n$$

再经过拉普拉斯反变换,有
$$z^{(n)}(t) + a_1 z^{(n-1)}(t) + \cdots + a_{n-1}z'(t) + a_n z(t) = u(t)$$
$$y(t) = c_1 z^{(n-1)}(t) + \cdots + c_{n-1}z'(t) + c_n z(t)$$

引入 n 维状态变量 $\boldsymbol{X}=[x_1,x_2,\cdots,x_n]$,并设
$$x_1 = z$$
$$x_2 = z' = x_1'$$
$$\vdots$$
$$x_n = z^{(n-1)} = x_{n-1}'$$

又有
$$x_n' = z^{(n)} = -a_1 z^{(n-1)}(t) - \cdots - a_{n-1} z'(t) - a_n z(t) + u(t)$$
$$= -a_1 x_n - \cdots - a_{n-1} x_2 - a_n x_1 + u(t)$$
$$y(t) = c_1 z^{(n-1)}(t) + \cdots + c_{n-1} z'(t) + c_n z(t)$$

得到一阶微分方程组
$$x_1' = x_2$$
$$x_2' = x_3$$
$$\vdots$$
$$x_n' = x_n$$
$$x_n = -a_1 x_n - \cdots - a_{n-1} x_2 - a_n x_1 + u(t)$$

写为状态方程形式为
$$\begin{cases} \dot{\boldsymbol{X}} = \boldsymbol{AX} + \boldsymbol{BU} \\ \boldsymbol{Y} = \boldsymbol{CX} + \boldsymbol{DU} \end{cases} \tag{4-5}$$

就得到了系统的内部模型描述——状态空间表达式。式中

$$\boldsymbol{A} = \begin{bmatrix} 0 & 1 & 0 & \cdots & 0 \\ 0 & 0 & 1 & \cdots & 0 \\ \vdots & \vdots & \vdots & & \vdots \\ 0 & 0 & 0 & \cdots & 1 \\ -a_n & -a_{n-1} & -a_{n-2} & \cdots & -a_1 \end{bmatrix}, \quad \boldsymbol{B} = \begin{bmatrix} 0 \\ 0 \\ \vdots \\ 0 \\ 1 \end{bmatrix}$$

$$\boldsymbol{C} = [c_n, c_{n-1}, \cdots, c_1], \quad \boldsymbol{D} = [0]$$

其一阶微分矩阵向量形式很便于在计算机上运用各种数值积分方法求取数值解。

将系统的状态方程描述式(4-5)用图 4-5 形式表示如下。

图 4-5 清楚地表明了系统内部状态变量之间的相互关系和内部结构形式,通常称为模拟实现图。从图 4-5 中可知,欲知各状态变量 $x_1,x_2,\cdots,x_n$ 的动态特性变化情况,对于数字计算机来讲关键在于求解各状态变量的一阶微分 $x_1',x_2',\cdots,x_n'$,因此,图中各积分环节的作用至关重要。采用传统的模拟计算机求解,则积分环节由运算放大器构成的积分器实现;而采用数字计算机求解,积分环节由各种数值积分算法实现。可以说模拟实现图给出了清晰的系统仿真模型。

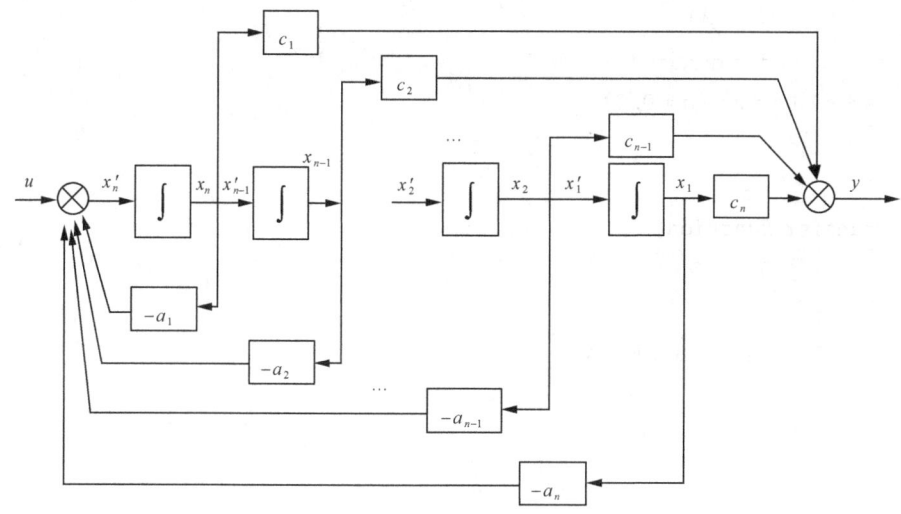

图 4-5 系统的状态方程描述

2. 系统模型的转换

图 4-5 描述的系统,是"实现问题"的理论基础,随着 MATLAB 的普及,4.2 节介绍的数学模型不同表达式之间可以互相转换,"实现问题"可以方便地解决。

利用 MATLAB 可方便地实现系统数学模型不同表达式之间的转换,例如:
Nsys=tf(sys) 将非传递函数形式的系统模型 sys 转化成传递函数模型 Nsys。
Nsys=zpk(sys) 将非传递函数形式的系统模型 sys 转化成零极点模型 Nsys。
Nsys=ss(A,B,C,D) 将非传递函数形式的系统模型 sys 转化成状态空间模型 Nsys。

例 4-4 已知某系统的传递函数为 $G(s) = \dfrac{5(s+3)}{s^3 + 6.3s^2 + 9.8s + 2.4}$,用 MATLAB 建模并求零极点模型 sys、传递函数模型 sysA 和状态空间模型。

```
clear
clc
z=[-3];p=[-4 -2 -0.3];k=5;
sys=zpk(z,p,k)
tf(sys)
ss(sys)
zpk(sys)
```

显示为

Zero/pole/gain:

$$\frac{5(s+3)}{(s+4)(s+2)(s+0.3)}$$

Transfer function:
$$\frac{5s+15}{s^3+6.3s^2+9.8s+2.4}$$

a =

	x1	x2	x3
x1	-4	1	0
x2	0	-2	4
x3	0	0	-0.3

b =

	u1
x1	0
x2	0
x3	2.236

c =

	x1	x2	x3
y1	-0.559	0.559	0

d =

	u1
y1	0

Continuous-time model.

Zero/pole/gain:
$$\frac{5(s+3)}{(s+4)(s+2)(s+0.3)}$$

4.4 机电一体化系统的建模与仿真实例

4.4.1 电液疲劳试验机控制系统的建模与仿真

接触网零部件疲劳试验机对接触网零部件试件进行各种振动、疲劳乃至破坏试验来考察其性能。主要用于接触网用滑轮补偿装置传动效率试验、疲劳试验以及接触网零部件疲劳试验。由于不同的零件有不同的质量、刚度和连接方式，所以几乎所有试验机控制系统都要解决因试件多样性引起的系统数学模型扰动问题。图 4-6 所示为疲劳试验机控制系统的工作原理图。

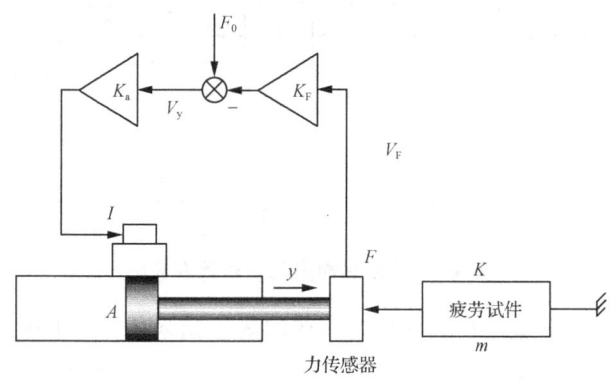

图 4-6 疲劳试验机控制系统工作原理图

疲劳加载为拉-拉试验，是电液伺服力控制系统，下面是对该系统数学模型的建立过程：

设被加载对象的折算质量为 m，弹性系数为 K，施力液压缸活塞杆的位移为 y，则运动方程为

$$m\ddot{y} + Ky = F$$

液压缸力平衡方程

$$F = AP_L$$

液压缸连续性方程与伺服阀流量方程联立可得

$$K_x x_v = K_t P_L + \frac{V}{4\beta} \dot{P}_L + A\dot{y}$$

式中,P_L 为负载压力(Pa);$P_L = P_1 - P_2$;A 为活塞有效面积(m^2);V 为腔体容积(m^3);K_x 为流量增益(m^2/s);K_t 为总流量压力系数($m^4/(N \cdot s)$);$\beta = -Vdp/dv$ 为液压弹性模量(N/m^2)。

以上三式联立即可得到位置扰动型施力机构的数学模型

$$F(s) = \frac{\dfrac{AK_x}{K_t}\left(\dfrac{m}{K}s^2+1\right)x_v(s)}{\dfrac{mV}{4\beta KK_t}s^3 + \dfrac{m}{K}s^2 + \left(\dfrac{V}{4\beta K_t} + \dfrac{A^2}{KK_t}\right)s + 1}$$

将上述电液伺服力开环系统的数学模型的反馈控制用方块图形式表示出来,如图 4-7 所示。其中 K_F 为反馈增益;K_y 为前置放大器增益;K_a 为功率放大器增益;G_v 为伺服阀传递函数。

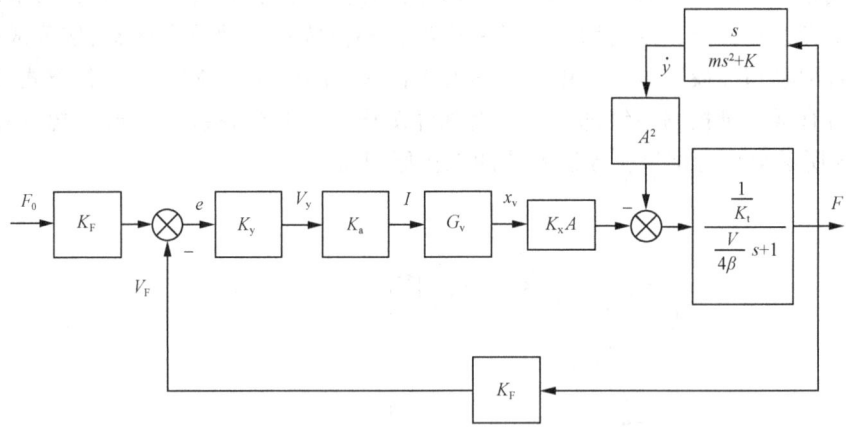

图 4-7 位置扰动型施力系统方块图

将方块图在 Simulink 集成仿真环境中用模块表示出来的结果如图 4-8 所示。

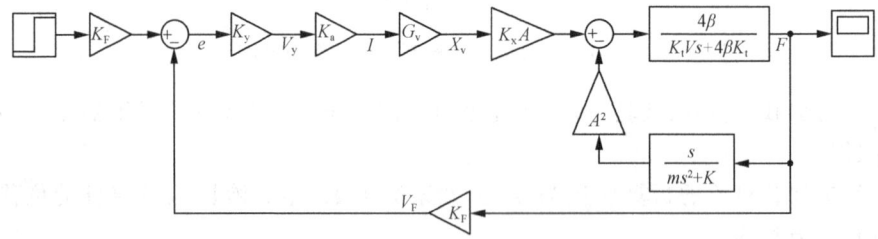

图 4-8 Simulink 环境下建立的模型

利用接触网疲劳试验机的具体参数对上述电液伺服力控制系统进行仿真研究,如伺服阀的额定流量为 100L/min,液压缸活塞直径为 80mm,活塞杆直径为 45mm,液压缸行程为 1.2m。在 MATLAB 环境下通过 M 语言编程得到电液伺服力控制系统数学模型,进而设计数字控制器并整定其控制参数,再将该结果应用于

图 4-8 的 Simulink 仿真模型中。利用该 Simulink 模型分别进行输入信号为正弦和阶跃信号的仿真实验研究,其仿真结果如图 4-9 和图 4-10 所示。

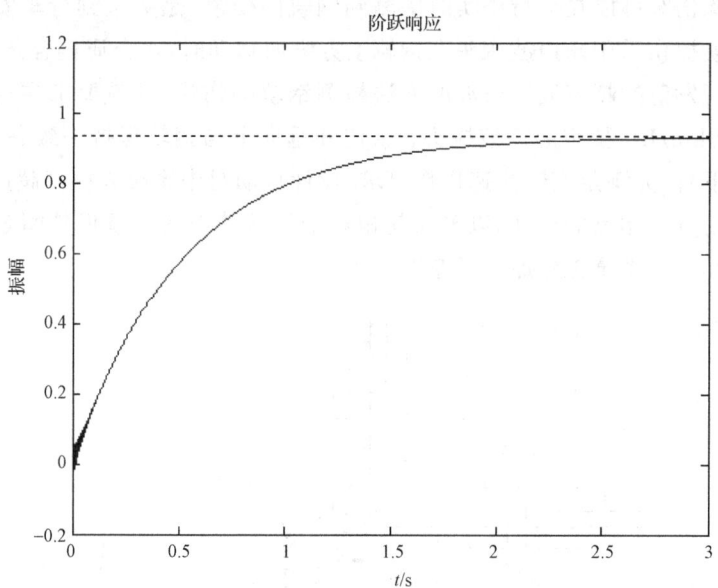

图 4-9 电液力系统阶跃响应仿真

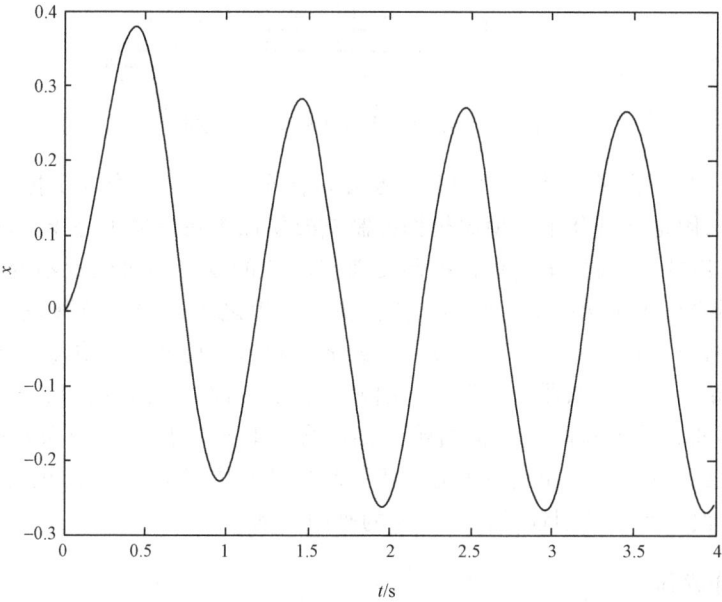

图 4-10 电液力系统正弦信号跟踪仿真

4.4.2 钢轨探伤车超声波探头自动对中系统的建模与仿真

钢轨探伤车可以在运行中实时探测到钢轨的伤痕,是关系到行车安全的重要设备。钢轨探伤采用超声波探头在钢轨上方纵向移动时,水介质耦合条件下,通过接收自身所发射的超声波反射波的方法检测钢轨的伤痕,这就要求在列车快速移动时(如80km/h),要将超声波探头在横向和垂向上与钢轨保持一致(一定的定位误差条件下)。为满足实时高速探伤要求,设计自动对中系统来控制超声波探头做与列车摆动方向相反的运动,以确保其相对于轨道踏面的位置保持恒定。图4-11所示为自动对中系统工作原理示意图。

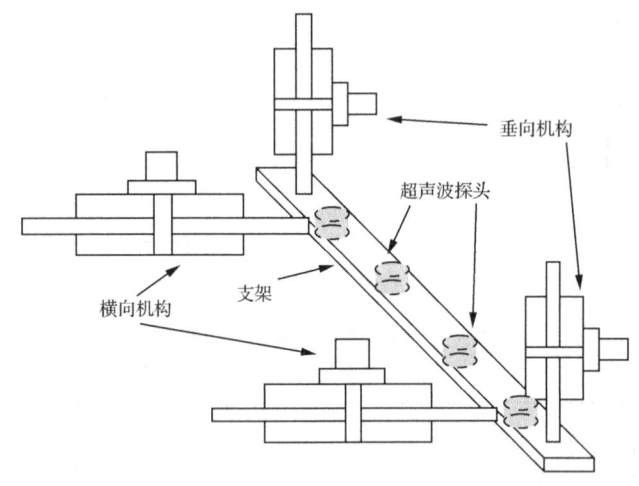

图4-11 自动对中系统工作原理示意图

如图4-11所示,探头及伺服机构安装在探伤车上,两侧共有8个探头,每个钢轨上方4个,固定在支架上。横向机构控制支架使探头在钢轨中心线上,因而称之为自动对中系统。同样,垂向机构控制支架与轨道的垂向相对位置不变。横向对中系统采用磁阻式非接触式传感器检测探头与轨道之间的横向位移;垂向位移传感器采用LVDT来测量支架垂向振动。数字控制器实时检测的位移与给定信号做差,该误差信号经控制器计算得到控制输入送给机构,实时控制探头与钢轨相对位置保持不变。其中横向机构根据传感器信号实时推动探头支架做水平方向运动,以对消由蛇行运动和曲线轨距变化所引起的横向位置偏差;垂向机构的作用则是对消由线路不平顺所引起的探伤小车的垂向振动。

1. 设计指标

根据实测列车蛇行运动的幅频特性分析结果确定对中系统负载及指标如下。

(1) 惯性负载质量：额定负载 30kg。
(2) 最大位移参数：不小于±15mm。
(3) 最大速度参数：线速度参数±0.47m/s。
(4) 位移跟踪误差：均方小于±1mm。

2. 负载匹配

根据负载的特性，绘制了惯性负载条件下的负载轨迹，在此基础上，得到了动力机构的速度-力特性曲线，确定了电液伺服阀和液压缸和有关参数，从而确定了动力机构的形式。

忽略液压缸摩擦力的影响，对中系统负载为惯性负载，有

$$m\ddot{y} = F$$

式中，m 为负载质量(kg)；$\ddot{y}$ 为系统的输出位移 y 的加速度(m/s²)。

若设系统的输出位移 y 为正弦运动

$$y = y_m \sin(\omega t)$$

式中，y_m 为正弦信号幅值(m)；ω 为正弦信号角频率(rad/s)；t 为时间(s)。

则其速度和负载力分别为

$$\begin{cases} \dot{y} = y_m \omega \cos(\omega t) \\ F = -m y_m \omega \sin(\omega t) \end{cases}$$

上式联立又可得出下式：

$$\dot{y}^2 + \left(\frac{F}{m\omega}\right)^2 = (y_m \omega)^2$$

可见负载轨迹为一正椭圆，如图 4-12 所示，其中速度 $\dot{y}_{max} = y_m \omega$，与 ω 成正比，而力轴 $F_{max} = m y_m \omega^2$，与 ω^2 成正比，故随 ω 增加椭圆横轴增加得快。

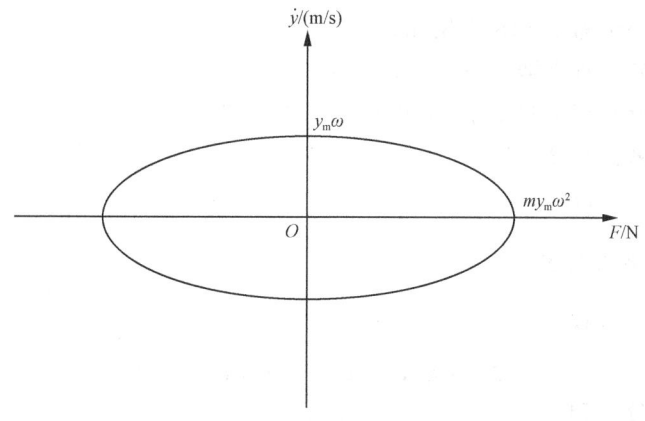

图 4-12 具有惯性时的负载轨迹

如果忽略液体可压缩性和泄漏,则可将负载轨迹的纵坐标 y 乘以活塞面积 A,横坐标 F 除以 A。如此将负载轨迹方程变成另外一种形式:$Q_L = f(P_L)$。将其画在 Q_L-P_L 平面上,就得到另外一种负载轨迹。

将负载轨迹和伺服阀负载曲线画到一起,并要求伺服阀负载曲线包容负载轨迹,最佳负载匹配即阀的负载曲线的最大功率点和负载轨迹的最大功率点相重合,如图 4-13 所示。

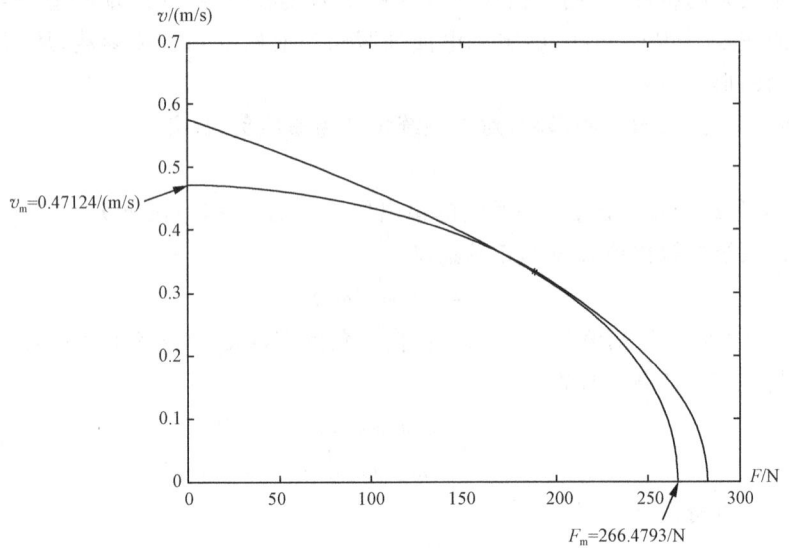

图 4-13 动力机构与负载匹配曲线

根据动力机构与负载匹配曲线和参量间的换算关系,计算得到:

液压缸最小面积 $2.3554 \times 10^{-5} \mathrm{m}^2$。

伺服阀最小流量 $0.8156 \mathrm{L/min}$。

而最终选定元件参数如下:

电液伺服阀额定流量 $Q_{n0} = 30 \mathrm{L/min} = 5 \times 10^{-4} \mathrm{m}^3/\mathrm{s}$。

液压缸有效面积 $8 \mathrm{cm}^2$。

有效行程 $\pm 25 \mathrm{mm}$。

3. 系统建模与仿真

伺服阀流量方程

$$Q_L = k_v u_v \sqrt{P_S - \mathrm{sgn}(u_v) P_L}$$

液压缸流量连续方程

$$Q_L = A \dot{x}_p + c_t P_L + b_v \dot{P}_L$$

负载力平衡方程
$$AP_L = m\ddot{x}_p$$
控制信号
$$u_v = k_p(r - k_f x_p)$$

其中,x_p 为负载位移输出;u_v 为伺服阀输入控制电压;P_S、P_L 分别为系统的供油压力和负载压力,r 为指令信号;k_f 为位移传感器增益;sgn 为符号函数;k_p 为开环增益。式中的系数分别为 $k_v = 4.36 \times 10^{-4} \text{m}^4/(\text{N}^{\frac{1}{2}} \cdot \text{V} \cdot \text{s})$,$A = 8 \times 10^{-4} \text{m}^2$,$c_t = 7 \times 10^{-12} \text{m}^5/(\text{N} \cdot \text{s})$,$b_v = 7 \times 10^{-12} \text{m/N}$,$m = 30 \text{kg}$,$k_f = 10 \text{V/m}$。

(1) 建立一阶微分方程组。

设 $x_1 = x_p, x_2 = \dot{x}_p, x_3 = P_L$,则有

$$\begin{cases} \dot{x}_1 = x_2 \\ \dot{x}_2 = \dfrac{A}{m} x_3 \\ \dot{x}_3 = -\dfrac{A}{b_v} x_2 - \dfrac{c_t}{b_v} x_3 + \dfrac{k_v}{b_v} \sqrt{P_S - \text{sgn}(u_v) x_3} \cdot u_v \\ u_v = 0.8 \times 10^{-4} (r - 10 x_p) \\ r = 2 \sin(2\pi t) \\ x_1(0) = 0, \quad x_2(0) = 0, \quad x_3(0) = 0 \end{cases}$$

(2) 建立描述系统微分方程的 m-函数文件 ehpscs.m。

```
function dx = ehpscs(t,x,flag,Ps)
kv = 4.36e-4;A = 8e-4;ct = 7e-12;bv = 7e-12;m = 30;kp = 0.8e-4;
dx = zeros(3,1);
uv = kp*(2*sin(2*pi*t)-10*x(1));
dx(1) = x(2);
dx(2) = A/m*x(3);
dx(3) = -A/bv*x(2)-ct/bv*x(3)+uv*kv/bv*sqrt(Ps-sign(uv)*x(3));
```

(3) 编写 MATLAB 主程序,并执行。

```
tspan = [0,4];x0 = [0,0,0];
Ps = 12e6;
[T,X] = ode45('ehpscs',tspan,x0,odeset,Ps);
plot(T,X(:,1));
```

响应曲线如图 4-14 所示。

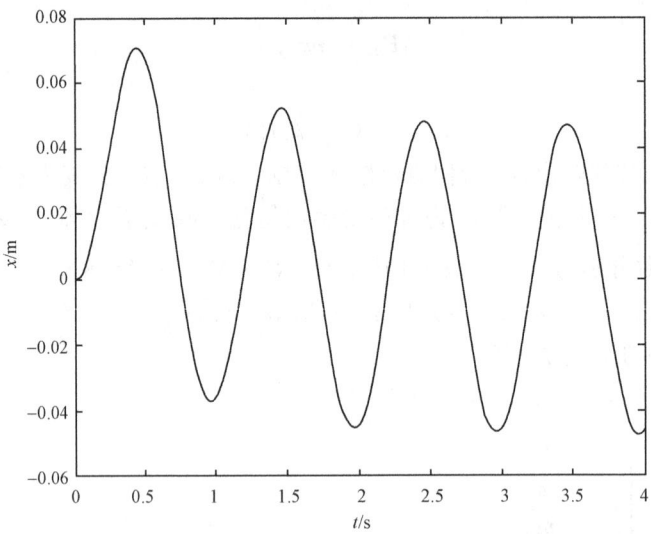

图 4-14　系统对 2Hz 正弦信号的响应

对于阶跃输入,反馈增益 $k_p=0.5×10^{-4}$,给定信号 r 变为 1,编写阶跃输入下的系统动态模型 ehpstp. m。

```
function dx = ehpstp(t,x,flag,Ps)
kv = 4.36e-4;A = 8e-4;ct = 7e-12;bv = 7e-12;m = 30;kp = 0.5e-4;
dx = zeros(3,1);
uv = kp * (1 - 10 * x(1));
dx(1) = x(2);
dx(2) = A/m * x(3);
dx(3) = - A/bv * x(2) - ct/bv * x(3) + uv * kv/bv * sqrt(Ps-sign(uv) * x(3));
```

而对应这主程序为:

```
tspan = [0,4];x0 = [0,0,0];
Ps = 15e6;
[T,X] = ode45('ehpstp',tspan,x0,odeset,Ps);
plot(T,10 * X(:,1));
xlabel('t(sec)'),ylabel('x(m)')
```

得到的仿真结果如图 4-15 所示。

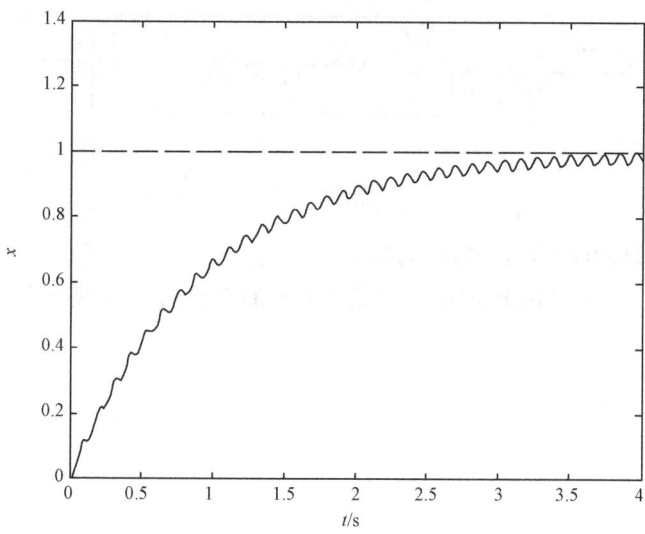

图 4-15 系统的阶跃响应

思考题与习题

4-1 已知一级倒立摆的数学模型为

$$\begin{cases} \ddot{y} = \dfrac{f/m + l\dot{\theta}^2 \sin\theta - g\sin\theta\cos\theta}{M/m + \sin^2\theta} \\ \ddot{\theta} = \dfrac{-f\cos\theta/m + (M+m)g\sin\theta/m - l\dot{\theta}^2\sin\theta\cos\theta}{l(M/m + \sin^2\theta)} \end{cases}$$

式中，θ 为摆体与垂直方向的夹角（rad）；y 为小车的位移（m）；f 为电动机对小车的作用力（N）；M 和 m 分别为小车和摆体的质量（kg）；l 为摆长的一半（m）；g 为重力加速度（9.81m/s²）。试建立起倒立摆的 Simulink 模型。若取 $m=0.21$kg，$M=0.455$kg，$l=0.61/2$m，并取 f 为系统的输入信号，试在平衡点 $y=\theta=0$ 处对该系统进行线性化，并比较原系统和线性化系统的阶跃响应曲线。

4-2 假设系统的开环传递函数为

$$G(s) = \dfrac{1}{s^3 + a_1 s^2 + a_2 s + a_3}$$

可以按单位负反馈的方式构造出闭环系统，如题图 4-2 所示。假设系统的输入为阶跃信号，则可以得出误差信号 $e(t)$，试选定 ITAE 和 ISE 指标，分别求出这些指标下的参数 a_1、a_2、a_3。

用同样的方法分别求出两个指标最小时的高阶系统

$$G(s) = \dfrac{1}{s^n + a_1 s^{n-1} + \cdots + a_{n-1}s + a_n}$$

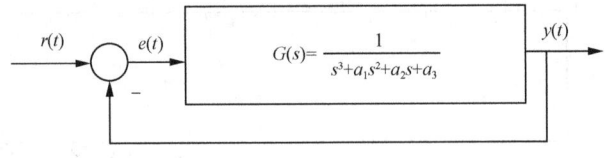

题图 4-2

的系数值。例如,可以取 $n=1,2,4,5,6$。

4-3 试使用 SimMechanics 对习题 4-1 中的机构进行建模与仿真,并与所得出的结果进行比较。

第5章　机电一体化系统的接口与电磁兼容技术

机电一体化系统由许多要素或子系统构成,各要素或子系统之间必须能够顺利地进行物质、能量和信息的传递与交换。因此,各要素或各子系统相接处必须具备一定的联系条件,这些联系条件称为接口。如图5-1所示,一方面,机电一体化系统通过输入/输出接口将其与人、自然及其他系统相连;另一方面,机电一体化系统通过许多接口将系统构成要素联系为一体。因此,系统的性能在很大程度上取决于接口的性能。从某种意义上讲,机电一体化系统设计归根结底就是"接口设计"。

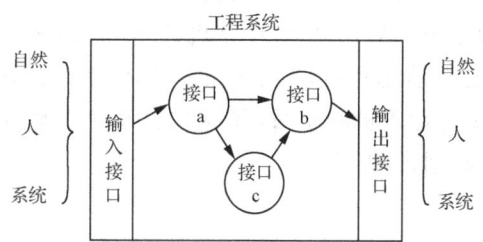

图 5-1　系统内部与外部接口

接口设计的总任务是解决功能模块间的信号匹配问题,根据划分出的功能模块,在分析研究各功能模块输入/输出关系的基础上,计算制定出各功能模块相互连接时所必须共同遵守的电气和机械的规范和参数约定,使其在具体实现时能够"直接"相连。由于电力电子器件和计算机技术在工业自动化控制中的应用,机电一体化系统成为电力和电子设备相结合、强电和弱电相配合的有机整体。为进行信息处理和自动控制,微电子器件的应用使得机电一体化产品有易受电磁干扰的特点,同时,机电一体化产品又多以电子半导体器件为其功率驱动和执行部件,因此它又是频带很宽的干扰源。强电和弱电本身是不相容的,但又必须在同一个系统内工作,这就使电磁兼容成为机电一体化系统能否可靠运行的一个关键性问题。另外,机电一体化产品既会影响周围的设备和环境,也会受周围环境和其他设备的影响,因此需要进行有关电磁兼容性设计和测试,达到国家和国际标准规定的要求并使系统性能稳定、可靠。

因此,机电一体化产品可看成是由许多接口将组成产品各要素的输入/输出联系为一体的系统,并且系统的要素间能够电磁兼容。

5.1 机电一体化系统的接口技术

5.1.1 接口技术概述

在机电一体化系统中各要素和子系统之间,接口使得物质、能量、信息在连接要素的交界面上平稳地输入/输出,它是保证产品具有高性能、高质量的必要条件,有时会成为决定系统综合性能好坏的关键因素,这是由机电一体化系统的复杂性决定的。

在机电一体化系统中,由于机械系统与计算机控制系统在性质上有很大差别,计算机控制系统通过检测通道的接口对外界的信号加以检测,经过判断,将计算结果及控制信号输出到控制通道的接口,对被控对象加以控制。机械系统与计算机控制系统之间的联系必须通过计算机控制接口进行调整、匹配、缓冲,因此计算机控制接口有着重要的作用。另外,尽管计算机控制系统的引入使机械系统具有了"智能",达到了更高的自动化程度,但是机电一体化系统的运行仍离不开人的干预,为了便于操作人员与计算机的联系,并及时了解系统输出及输入的工作状态,接口技术还应包括人机通道的接口。

1. 接口的分类

接口的种类繁多,可按不同的分类标准进行分类。

(1) 接口的功能是由参数变换与调整和物质、能量和信息的输入/输出两部分组成,根据接口的变换和调整功能特征分类如下。

① 零接口:不进行参数的变换与调整,即输入/输出的直接接口,如联轴器、输送管、插头、插座、导线、电缆等。

② 被动接口:仅对被动要素的参数进行变换与调整,如齿轮减速器、进给丝杠、变压器、可变电阻以及光学透镜等。

③ 主动接口:含有主动因素、并能与被动要素进行匹配的接口,如电磁离合器、放大器、光电耦合器、A/D、D/A 转换器等。

④ 智能接口:含有微处理器、可进行程序编制或适应条件变化的接口,如自动调速装置、通用输入/输出芯片(如 8255 芯片)、RS232 串行接口、通用接口总线等。

(2) 根据接口的输入/输出功能的性质分类。

① 信息接口(软件接口):受规格、标准、法律、语言、符号等逻辑、软件的约束,如 GB、ISO 标准、RS232C、ASC Ⅱ 码、C 语言等。

② 机械接口:根据输入/输出部位的形状、尺寸、配合、精度等进行机械连接,

如联轴器、管接头、法兰盘等。

③ 物理接口:受通过接口部位的物质、能量与信息的具体形态和物理条件约束,如受电压、频率、电流、阻抗、传递扭矩的大小、气(液)体成分(压力或流量)约束的接口。

④ 环境接口:对周围的环境条件(温度、湿度、电磁场、放射能、振动、水、火、粉尘等)有具体的保护作用和隔绝作用(如屏蔽、减振、隔热、防爆、防潮、防放射线等),如防尘过滤器、防水联结器、防爆开关等。

图 5-2 所示的机电一体化原理框图中采用了一些不同性质的接口。

(3) 按照所联系的子系统不同分类。以控制微机(微电子系统)为出发点,将接口分为人机接口与机电接口两大类,如图 5-3 所示。机械系统与微电子系统之间的联系必须通过机电接口进行调整、匹配、缓冲,同时微电子系统的应用使机械系统具有"智能",达到较高的自动化程度,但该系统仍然离不开人的干预,必须在操作者的监控下进行,因此人机接口也是必不可少的。人机接口包括输出接口与输入接口两类,通过输出接口,操作者对系统的运行状态、各种参数进行监测;通过输入接口,操作者向系统输入各种命令及控制参数,对系统运行进行控制。本节主要介绍常见的机电接口和人机接口设计,对于机械分系统和微电子分系统内部的各种接口不作具体介绍。

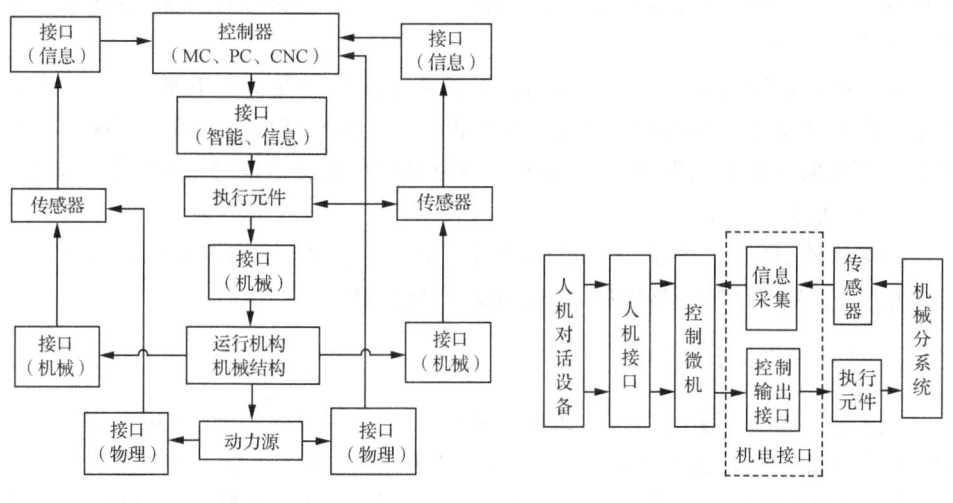

图 5-2 机电一体化系统的接口　　图 5-3 人机接口与机电接口

2. 接口设计的要求

不同类型的接口,其设计要求有所不同。这里仅从系统设计的角度讨论计算机接口和机械传动接口设计的各自要求。

1) 计算机接口

计算机接口通常由接口电路和与之配套的驱动程序组成。能够使被传输的数据实现在电气上、时间上相互匹配的电路称为接口电路,它是接口的骨架;能够完成这种功能的程序称为接口程序,它是完成接口预定任务的中枢神经,主要完成接口数据的输入/输出、传送以及可编程接口器件的方式设定、中断方式设定等初始化工作;两者融为一体构成了计算机接口。由于计算机接口担负着计算机和设备之间传输信息的任务,因此,系统要求其具有两大特点:一方面能够可靠地传送相应的控制信息,并能够输入有关的状态信息;另一方面能够进行相应的信息转换,以满足系统的输入/输出要求。信息转换主要包括以下几个方面:数/模(D/A)转换,模/数(A/D)转换,从数字量转换成脉冲量,电平转换,电量到非电量的转换,弱电到强电的转换以及功率匹配等。具体要求如下:

传感器接口要求传感器与被测机械量信号源具有直接关系,且使标度转换及数学建模精确、可行,传感器与机械本体的连接简单、稳固,能克服机械谐波干扰,正确反映对象的被测参数。

变送接口应满足传感器模块的输出信号与计算机前向通道电气参数的匹配及远距离信号传输的要求,接口的信号传输要准确、可靠、抗干扰能力强,具有较低的噪声容限;接口的输入阻抗应与传感器的输出阻抗相匹配;接口的输出电平应与计算机的电平相一致;接口的输入信号与输出信号的关系应是线性关系,以便于计算机进行信号处理。

驱动接口应满足接口的输入端与计算机系统的后向通道在电平上一致,接口的输出端与功率驱动模块的输入端之间不仅电平要匹配还应在阻抗上匹配。另外接口必须采取有效的抗干扰措施,防止功率驱动设备的强电信号窜入计算机系统。

2) 机械传动接口

如减速器、丝杠螺母等,要求它的连接结构紧凑、轻巧,具有较高的传动精度和定位精度,安装、维修、调整简单方便,刚度好,响应快。

5.1.2 人机接口设计

人机接口是操作者与机电一体化系统(主要是控制计算机)之间进行信息交换的接口。按照信息传递的方向不同,可以分为两大类:输入接口与输出接口。一方面,系统通过输出接口向操作者显示系统的各种状态、运行参数及结果等信息;另一方面,操作者通过输入接口向系统输入各种控制命令及控制参数,对系统运行进行控制,实现所要求完成的任务。

在机电一体化产品中,常用的输入设备有控制开关、BCD拨码盘、键盘等;常用的输出设备有状态指示灯、发光二极管显示器、液晶显示器、微型打印机、阴极射线管显示器等。扬声器作为一种声音信号输出设备,在进行产品设计时经常被采用。人机接口作为人与计算机之间进行信息传递的通道,有着其自身的一些特点,需要在进行设计时予以考虑。

(1) 专用性。每一种机电一体化产品都有其自身的特定功能,对人机接口有着不同的要求,所以人机接口的设计方案要根据产品的要求而定。例如,对于一些简单的二值性的控制参数,可以考虑采用控制开关;对一些少量的数值型参数的输入可以考虑使用 BCD 拨码盘;而当系统要求输入的控制命令和参数比较多时,则应考虑使用行列式键盘等。

(2) 低速性。与控制计算机的工作速度相比,大多数人机接口设备的工作速度是很低的,所以在进行人机接口设计时,要考虑控制计算机与接口设备间的速度匹配,提高控制计算机与接口设备间的速度匹配,提高控制计算机的工作效率。

(3) 高性能价格比。由于机电的结合,大大强化了机械系统功能,使整个机电一体化系统具有高性能价格比。所以在进行人机接口设计时,在满足功能要求的前提下,输入/输出设备的配置以小型、微型、廉价为原则。

1. 输入接口设计

来自输入设备的数据,要通过数据总线传送给 CPU,而 CPU 与存储器以及其他设备传输的输入/输出数据,也要通过这条数据总线分时地进行传输。因此,输入接口的功能就是在只有 CPU 允许该输入接口进行数据输入时,才将来自外设的数据传送到数据总线上。

1) 简单开关输入接口设计

对于一些二值化的控制命令和参数,可采用简单的开关作为输入设备,常用的开关有按钮、转换开关等,图 5-4 所示为一简单开关输入电路,图 5-4(a)中上拉电阻的作用是,当开关处于 OFF 状态时能将高电平传送给输入缓冲器或输入口。上拉电阻的阻值越小,当开关处于断开状态(OFF)时,被传输的高电平值就越高,但是当开关处于闭合状态(ON)时,流过开关触点的电流就越大。因此当采用这种电路时,上拉电阻的阻值,应在全面考虑开关的触点电流和整个电路的功耗电流后再确定。

开关的消抖:当开关电路使用带机械触点的开关时,在开关进行开、闭的瞬间,由于开关簧片的反弹会导致输出信号的抖动,即开关或继电器的触点在开、闭操作的瞬间,因机械振动会导致输出信号产生不规则的波动,由于开关的抖动使输入计算机的信号变成图 5-4(b)所示的波形。抖动时间的长短与机械特性有关,一般为5～10ms。按钮的稳定闭合期由操作员的按键动作决定,一般在几百微秒至几秒之间,如果 CPU 在读取开关状态信号时正好发生开关的抖动,就可能导致数据的读取错误。所以在进行实际接口设计时,必须采用软件或硬件措施进行消抖处理。

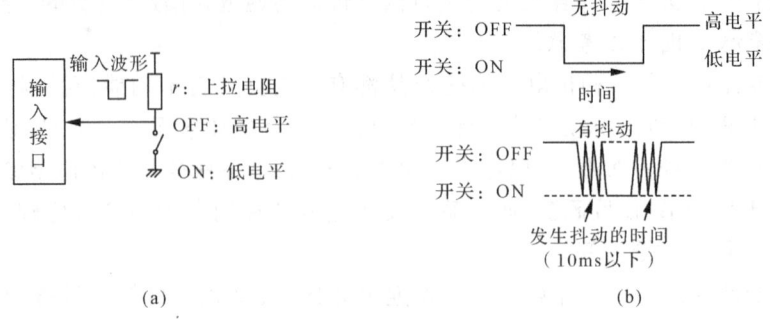

图 5-4 简单的开关输入电路
(a) 输入电路;(b) 输入电路波

采用如图 5-5 所示的硬件消抖电路,即可消除这种开关的抖动现象。此外,通过程序对输入的开关信号进行处理,也能够消除图 5-4(b)中因开关抖动引起的读取错误,这种方法称为软件消抖。软件消抖办法是在检测到开关状态后,延时一段时间再进行检测,若两次检测到的开关状态相同则认为有效,否则按键抖动处理。延时时间应大于抖动时间。

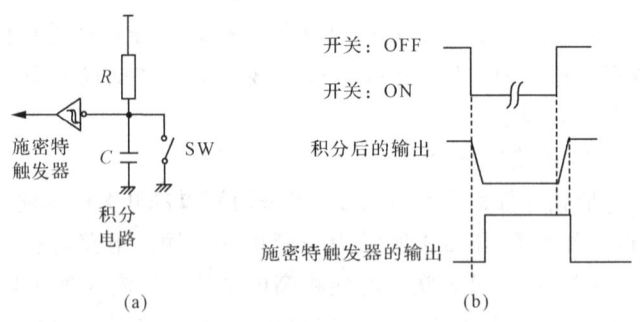

图 5-5 硬件消抖电路及工作原理
(a) 硬件消抖电路;(b) 信号波形

2) 键盘输入接口设计

在机电一体化系统的人机接口中,当需要操作者输入的指令或参数比较多时,可以选择键盘作为输入接口。以下主要介绍矩阵式键盘的工作原理、硬件接口电路的设计和键处理程序设计。

矩阵式键盘由一组行线(X_i)与一组列线(Y_i)交叉构成,按键位于交叉点上,为对各个键进行区别,可以按一定规律分别为各个键命名键号,如图 5-6 所示。通常键行线通过上拉电阻接至 +5V 电源,当无键按下时,行线呈高电平。当键盘上某键按下时,则该键对应的行线与列线被短路。例如,7 号键被按下闭合时,行线 X_3 与列线 Y_1 被短路,此时 X_3 的电平由 Y_1 的电位决定。可采用 8031 单片机通过 P_1

口与该 4×4 键盘的接口电路,如果行线 $X_0 \sim X_3$ 接至控制微机的输入口 $P_{1.0} \sim P_{1.3}$,列线 $Y_0 \sim Y_3$ 接至控制微机的输出口 $P_{1.4} \sim P_{1.7}$,则在微机的控制下依次从 $P_{1.4} \sim P_{1.7}$ 输出低电平,并使其他线保持高电平,则通过对 $P_{1.0} \sim P_{1.3}$ 的读取即可判断有无键闭合、哪一个键闭合。这种工作方式称为扫描工作方式。控制微机对键盘的扫描可以采用程控的方式、定时方式,亦可以采取中断方式。应该着重强调一点:由于按键为机械触点,故在释放与闭合瞬间,将产生抖动,为保证对键的一次闭合作一次且仅作一次处理,必须采取消抖措施,通常采用软件方法。

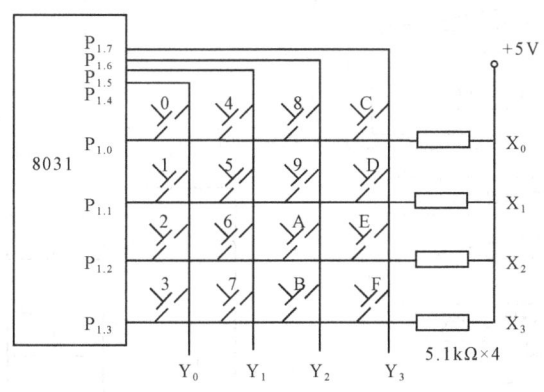

图 5-6 键盘接口电路

键输入程序设计方法:在设计输入程序时,应考虑下面四项功能。

(1) 判断键盘上有无键闭合。其方法为在扫描线 $P_{1.7} \sim P_{1.4}$ 上全部送"0",然后读取 $P_{1.3} \sim P_{1.0}$ 状态,若全部为"1",则无键闭合;若不全为"1",则有键闭合。

(2) 去除键的机械抖动。其方法是读键号后延时 10ms,再次读键盘,若此键仍闭合则认为有效,否则认为前述键的闭合是由于机械抖动和干扰引起的。

(3) 判断闭合键的键号。其方法为对键盘列线进行扫描,依次从 $P_{1.7}$、$P_{1.6}$、$P_{1.5}$、$P_{1.4}$ 送出低电平,并从其他列线送出高电平,相应的顺序读入 $P_{1.3} \sim P_{1.0}$ 状态,若 $P_{1.3} \sim P_{1.0}$ 全部为"1",则列线输出为"0"的这一列没有键闭合;若 $P_{1.3} \sim P_{1.0}$ 不全为"1",则说明有键闭合。状态为低电平的键的行号加上其所在列的列首号,即为该键键号。例如,$P_{1.7} \sim P_{1.4}$ 输出为 1101,读回 $P_{1.3} \sim P_{1.0}$ 为 1011,则说明位于第 2 行(X_2)与第 1 列(Y_1)相交处的键处于闭合状态,第一列列首号为 4,行号为 2,则键号为 6。

(4) 使控制微机对键的一次闭合仅进行一次功能操作。采用的方法是,等待闭合键释放后再将键号送入累加器 A 中。

图 5-7 为键扫描子程序框图,编程扫描方式只有在 CPU 空闲时才调用键扫描子程序,因此在应用系统中软件方案设计时,应考虑这种键盘扫描程序的编程调用应能满足键盘响应的要求。

上述方法对键盘的扫描是由程序控制进行的。实际在系统的工作过程中,操作者很少对其进行干预,所以在大多数情况下,控制微机对键盘进行空扫描。为提高控制微机的工作效率亦可以采用中断方式设计键盘接口,平时不对键进行监控,只有当键闭合时,产生中断请求,控制系统才响应中断,对键盘进行管理。图 5-8 所示为中断方式的键盘硬件接口电路,其软件处理方法与采用程控方式相似。

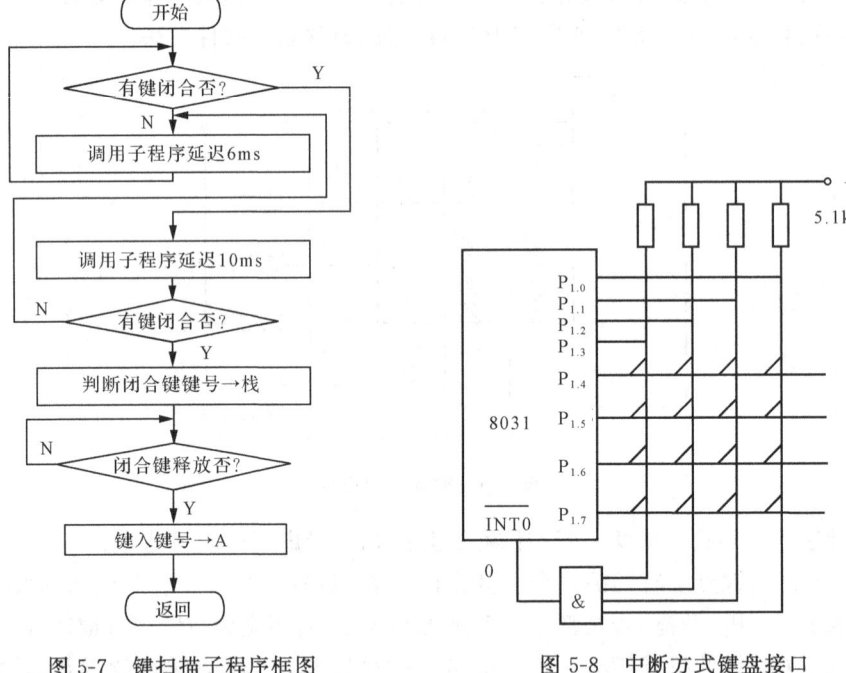

图 5-7 键扫描子程序框图　　　　图 5-8 中断方式键盘接口

2. 输出接口设计

从计算机输出的数据,要经过输出接口传输给输出设备,但在输出接口与实际的输出设备之间一般需要进行信号电平转换,并需要对输出数据的传输时序进行控制。输出接口是操作者对机电一体化系统进行检测的窗口,通过输出接口,系统向操作者显示自身的运行状态、关键参数及运行结果等,并进行故障报警。

数字显示器接口电路的设计:单片机应用系统中,常使用 LED(发光二极管)、CRT(阴极射线管)显示器和 LCD(液晶显示器)等作为显示器件。其中 LED 和 LCD 成本低、配置灵活、与单片机接口方便,故应用广泛。

数码显示器是单片机应用产品中常用的廉价输出设备。它是由若干个发光二极管组成的,当发光二极管导通时,相应的一个点或一个笔画发亮,控制不同组合的二极管导通,就能显示出各种字符。常用的七段显示器结构如图 5-9 所示。发光二极管的阳极连在一起的称为共阳极显示器,如图5-9(b)所示;阴极连在一起的称为共阴极显示器,如图5-9(a)所示。这种笔画式的七段显示器,能显示的字符数量较少,但控制简单、使用方便。

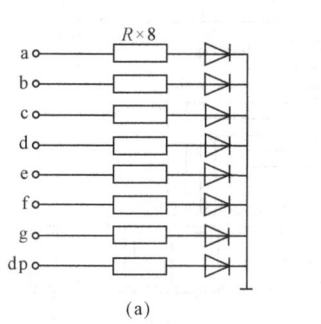 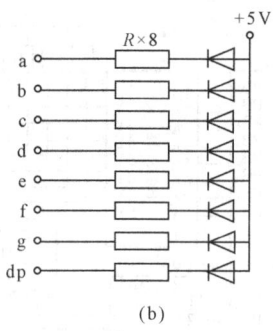 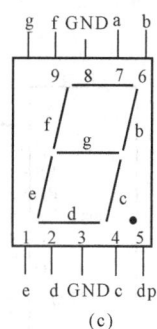

图 5-9 七段 LED 显示块
(a) 共阴极;(b) 共阳极;(c) 管脚配置

通常的七段 LED 显示块中有八个发光二极管,故也称为八段显示块。其中七个发光二极管构成七笔字形"8",一个发光二极管构成小数点。七段显示块与单片机接口非常容易,只要将一个 8 位并行输出口与显示块的发光二极管引脚相连即可。8 位并行输出口输出不同的字节数据即可获得不同的数字或字符,通常将控制发光二极管的 8 位字节数据称为段选码,共阳极与共阴极的段选码互为补数。

点亮显示器有静态和动态两种方法。所谓静态显示,就是当显示器显示某一个字符时,相应的发光二极管恒定地导通或截止。例如,七段显示器的 a~f 导通,g 截止,显示 0,如图 5-9(c)所示。这种显示方式每一位都需要一个 8 位输出接口控制。三位显示器的接口逻辑如图 5-10 所示,图中采用共阴极显示器。静态显示时,较小的电流能得到较高的亮度,所以由 8255 的输出接口直接驱动。当显示器位数很少(仅一、二位)时,采用静态显示方法是适合的;当位数很多时,用静态显示所需的 I/O 口太多,一般采用动态显示的方法。所谓动态显示就是一

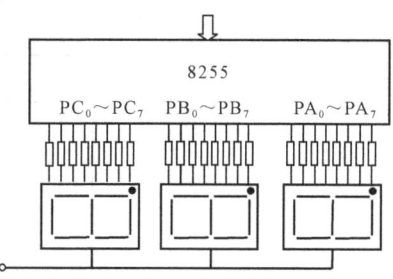

图 5-10 三位静态显示接口

位一位地轮流点亮各位显示器(扫描)。对于每一位显示器来说,每隔一段时间点亮一次。显示器的亮度既与导通电流有关,也与点亮时间和间隔时间的比例有关。调整电流和时间参数,可实现较高亮度、较稳定地显示。若显示器的位数不大于 8 位,则控制显示器公共极电位只需一个 8 位并行口。控制各位显示器所显示的字形也需一个公用的 8 位口(称为段数据口)。8 位共阴极显示器和 8155 的接口逻辑如图 5-11 所示。8155 的 PA 口作为扫描口,经 BIC8718 驱动器接显示器公共

极,PB 口作为段数据口,经驱动后接显示器的 a~g、dp 各引脚,如 PB_0 输出经驱动后接各显示器的 a 脚,PB_1 输出经驱动后接各显示器的 b 脚,依次类推。动态扫描显示程序流程如图 5-12 所示。

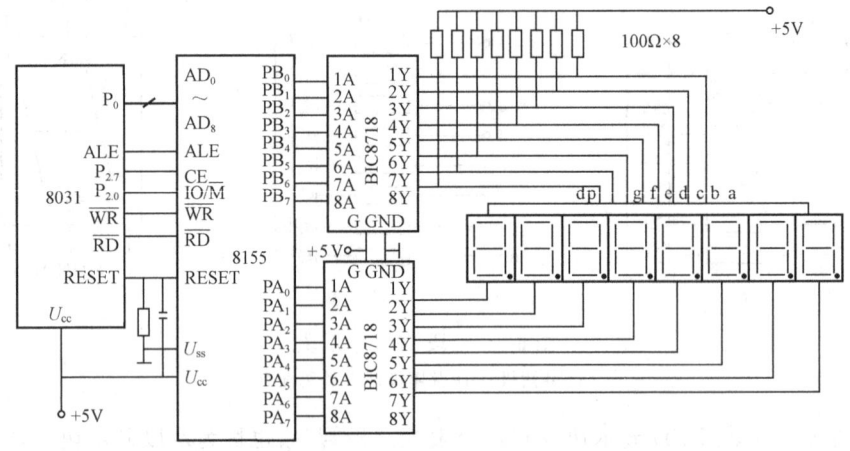

图 5-11 通过 8155 扩展口控制 8 位 LED 动态显示接口

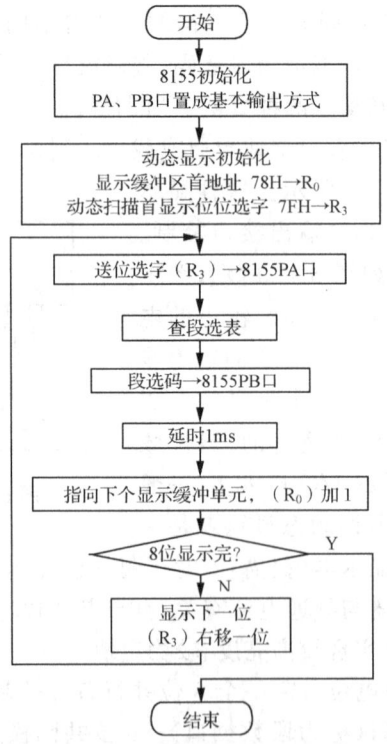

图 5-12 动态扫描显示程序流程图

5.1.3 机电接口设计

机电接口是指机电一体化产品中的机械装置与控制计算机间的接口。计算机与传感器和执行装置的接口如图 5-13 所示。与按照信息的传递方向可以将机电接口分为信息采集接口(传感器接口)与控制量输出接口。控制计算机通过信息采集接口接收传感器输出信号,检测机械系统运动参数,经过运算处理后,发出有关控制信号,经过控制输出接口的匹配、转换、功率放大、驱动执行元件来调节机械系统的运行状态,使其按要求动作。

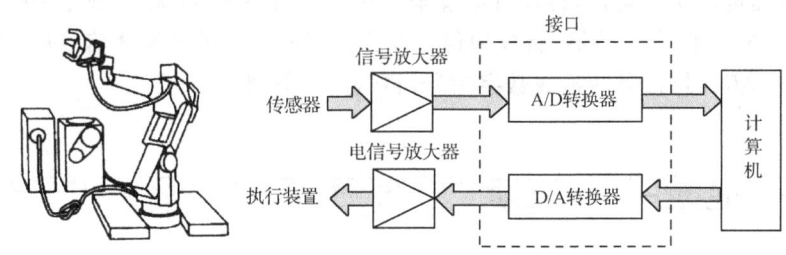

图 5-13 计算机与传感器和执行装置的接口

(1) 信息采集接口的任务与特点。在机电一体化产品中,控制计算机要对机械装置进行有效控制,使其按预定的规律运行,完成预定的任务,就必须随时对机械系统的运行状态进行监控,随时检测各种工作和运行参数,如位置、速度、转矩、压力、温度等。因此进行系统设计时,必须选用相应传感器将这些物理量转换为电量,再经过信息采集接口的整形、放大、匹配、转换,变成计算机可以接受的信号传递给计算机。传感器的输出信号中,既有开关信号(如限位开关、时间继电器),又有频率信号(超声波无损探伤);既有数字量,又有模拟量(如温敏电阻、应变片等)。针对不同性质的信号,信号采集接口要对其进行不同的处理。例如,由传感器检测的机械运动信号一般都要转换成与机械运动成比例的连续电压信号,这种连续信号称为模拟信号,模拟信号无法直接输入计算机,因计算机内部能够处理的信号是数字信号,来自传感器的模拟信号必须经过 A/D 转换器转换成数字信号才能够输入计算机。另外,在机电一体化产品中,传感器要根据机械系统的结构来布置,环境往往比较恶劣,易受干扰;再者,传感器与控制计算机之间常要采用长线传输,加之传感器输出信号一般又比较弱,所以抗干扰设计也是信息采集接口设计的一个重要内容(详见本章电磁兼容技术内容)。

(2) 控制输出接口的任务与特点。控制计算机通过信息采集接口检测机械系统的状态,经过运算处理,发出有关控制信号,经过控制输出接口的匹配、转换和功率放大,驱动执行元件去调节机械系统的运行状态,使其按设计要求运行。根据执行元件的需要不同,控制接口的任务也不同。例如,对于交流电动机变频调速器,控制信号为0～5V电压或4～20mA电流信号,则控制输出接口必须进行D/A转换;对于交流接触器等大功率器件,必须进行功率驱动。由于机电一体化系统中执行元件多为大功率设备,如电动机、电热器、电磁铁等,这些设备产生的电磁场和电源干扰往往会影响计算机的正常工作,所以抗干扰设计同样是控制输出接口设计时应考虑的重要问题(详见本章电磁兼容技术内容)。

1. 信息采集接口

模拟信号的信息采集通道的一般组成如图5-14所示。首先选用相应传感器将这些物理量转换为电量,再经过信息采集接口进行整形、放大、匹配、转换等信号处理环节,再经采样-保持器,将模拟信号变换成时间上离散的采样信号后,送A/D转换器将模拟保持信号转换成数字信号,再送入计算机。

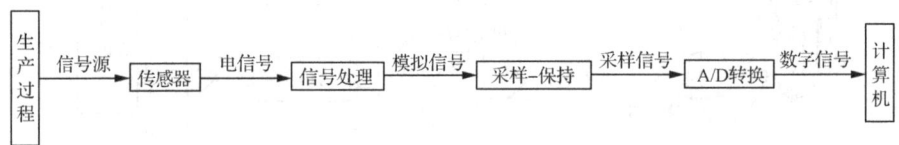

图5-14 数据采集通道的一般组成

在实际中,计算机数据采集信号源往往不止一个,对多个信号源的数据采集通道通常有下面几种结构形式(见图5-15)。

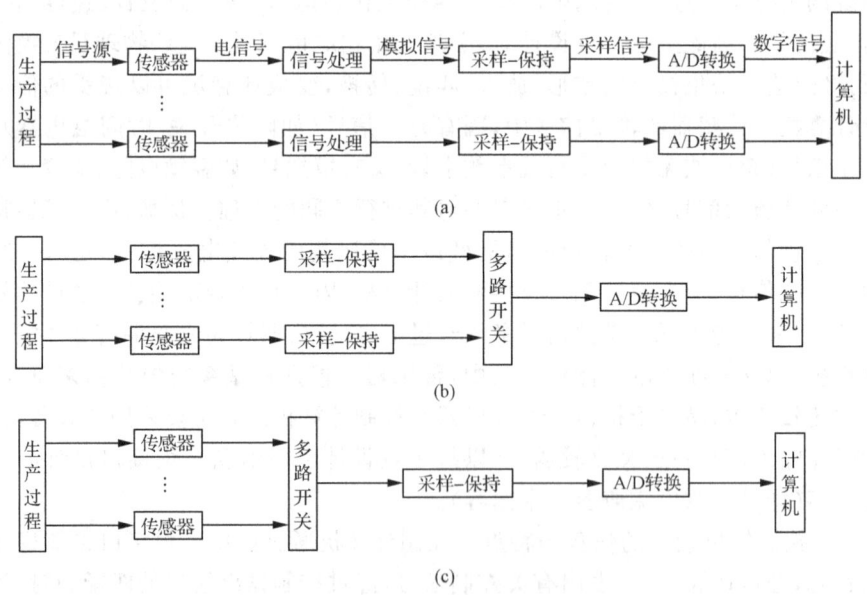

图5-15 几种采集通道的结构形式

(1) 多路 A/D 通道。从每个信号源检测的信号都有各自独立的采集通道,即每个通道都有独自的采样-保持器和 A/D 转换器,如图 5-15(a)所示。该结构形式使用了较多数量的采样-保持器、A/D 转换器,成本高。但这种通道结构的 A/D 转换速度高,并且控制各路通道的采样-保持器或 A/D 转换器,可完成各路通道同时进行采样或同时进行转换的功能,故常用于需同步高速数据采集、同步转换的计算机控制系统。

(2) 多路同时采样、分时转换通道。从多路信号源来的数据经各自的采样-保持器后,经模拟多路转换开关控制,共用一个 A/D 转换器,此结构使用模拟多路开关进行多路选择,使多路信号按一定的顺序切换到共用的 A/D 转换器上进行A/D 转换,如图 5-15(b)所示。显然这种通道结构节省硬件,但转换速度比较慢,因为共用一个 A/D 转换器必须分时进行转换,多路开关的应用也使误差增加。所以,该结构多用于转换速度、精度要求不高,需同时采集、分时转换的控制系统,如多点巡回检测系统。目前,有不少芯片都具有多路通道的功能,如 ADC0808/0809 为 8 位 8 通道。

(3) 多路信号源共享采样-保持器和 A/D 转换器。从多路信号源来的数据先经多路开关,然后按某种顺序切换到具有采样-保持器和 A/D 转换器的通道上,如图 5-15(c)所示,此结构共用一套采样-保持器和 A/D 转换器,节省硬件成本,但转换速度更慢,常用于分时采样、分时转换的计算机控制系统中。除了上述几种数据采集通道的结构形式外,还有不带采样-保持器的最简单的采集通道和单路采集通道。

在模拟信号数据采集通道中,采样-保持器和 A/D 转换器是必不可少的,其他组成部分可根据实际需要增减。

1) 传感器信号的采样-保持

当传感器将非电物理量转换成电量,并经放大、滤波等系列处理后,需经 A/D 转换器变换成数字量,才能输入到计算机系统。对模拟信号进行 A/D 转换时,从起动变换到变换结束后的数字量输出需要一定的时间,即 A/D 转换器的孔径时间。当输入信号频率提高时,由于孔径时间的存在,会造成较大的转换误差。要防止这种误差的产生,必须在 A/D 转换开始时将信号电平保持住,而在 A/D 转换后又能跟踪输入信号的变化,使输入信号处于采样状态。能完成这种功能的器件叫做采样-保持器。从上面分析可知,采样-保持器在保持阶段相当于一个"模拟信号存储器"。在模拟量输出通道,为使输出得到一个平滑的模拟信号,或对多通道进行分时控制,也常采用采样-保持器。

(1) 采样-保持器原理。

采样-保持器由存储器电容 C、模拟开关 S 等组成。如图 5-16 所示,当 S 接通时,输出信号跟踪输入信号,称采样阶段。当 S 断开时,电容 C 两端一直保持 S 断

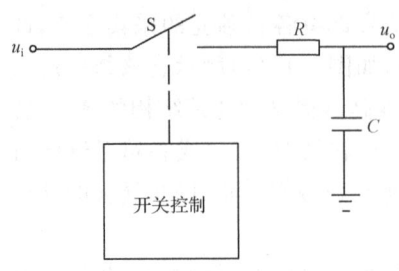

图 5-16 采样-保持原理

开时的电压,称保持阶段。由此构成一个简单的采样-保持器。实际上为使采样-保持器具有足够的精度,一般在输入级和输出级均采用缓冲器,以减少信源的输出阻抗,增加负载的输入阻抗。在电容选择时,使其大小适宜,以保证其时间常数适中,并且其泄漏要小。

随着大规模集成电路技术的发展,目前已生产出多种集成采样-保持器,如可用于一般目的的 AD582、AD583、LF198 系列等;用于高速场合的 HTS-0025,HTS-0010,HTC-0300 等;用于高分辨率场合的 SHA1144 等。为了使用方便,有些采样-保持器的内部还设有保持电容,如 AD389、AD585 等。

(2) 集成采样-保持器的特点。

① 采样速度快、精度高,一般为 $2\sim2.5\mu s$,即达到 $\pm0.01\%\sim\pm0.003\%$ 精度。

② 下降速度慢,如 AD585、AD348 为 $0.5mV/ms$,SD389 为 $0.1\mu V/ms$。

集成采样-保持器有许多优点,因此得到极为广泛的应用。下面以 LF398 为例介绍集成采样-保持器的原理,如图 5-17 所示,保持器内部由输入缓冲级、输出驱动级和控制电路三部分组成。

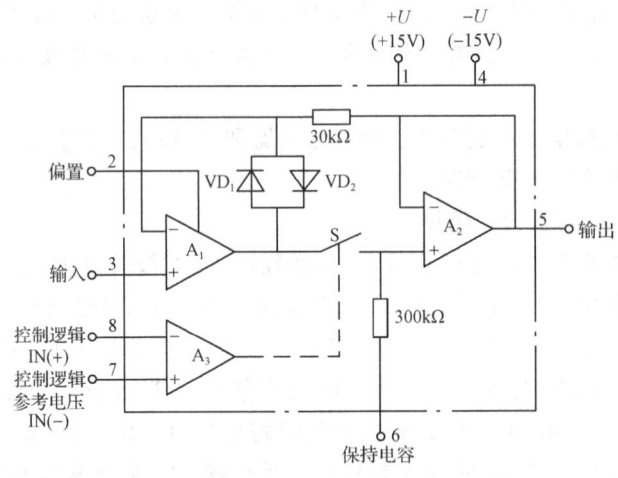

图 5-17 LF398 采样-保持器原理图

控制电路中 A_3 主要起到比较器的作用,其中 7 脚为控制逻辑参考电压输入端,8 脚为控制逻辑电压输入端。当输入控制逻辑电平高于参考端电压时,A_3 输出一个低电平信号驱动开关 S 闭合,此时输入经 A_1 后跟随输出到 A_2,再由输出端跟随输出,同时向保持电容(接 6 端)充电;而当控制端逻辑电平低于参考电压时,A_3 输出一个正电平信号使开关 S 断开,以达到非采样时间内保持器仍保持原来输入信号的目的。因此 A_1、A_2 是跟随器,其作用主要是对保持电容输入和输出端进行阻抗变换,以提高采样-保持器的性能。图 5-18、图 5-19 分别为芯片的外引脚图和其典型应用连线图。

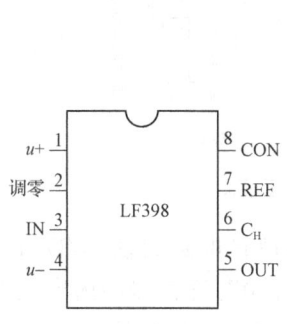 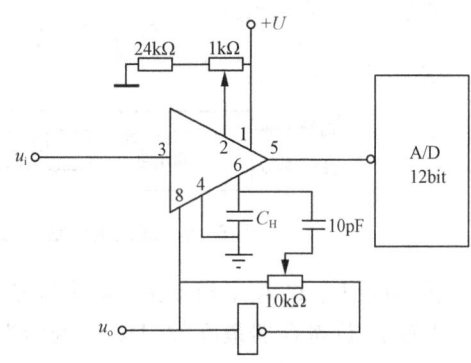

图 5-18 LF398 外引脚图　　　　图 5-19 LF398 典型应用连线图

2) A/D 转换接口

在机电一体化产品常用的传感器中,有很多是以模拟量形式输出信号的,如位置检测用的差动变压器、温度检测用的热电偶、温敏电阻以及转速检测用的测速发电动机等,但由于控制计算机是一个数字系统(有些型号单片机内部集成了 A/D 转换器件,如 MCS-96 系列单片机等)。这就要求信息采集接口能完成 A/D 转换功能,将传感器输出的模拟量转换成相应的数字量,输入给控制计算机,这一工作通常采用 A/D 转换器完成。

(1) A/D 转换器的分类。

A/D 转换器的种类及其特点见表 5-1。在实际应用中,应根据转换精度及转换时间的要求加以选择。

表 5-1 A/D 转换器的种类

参　数	双重积分型	逐次比较型	跟踪比较型	并行比较型
特点	利用电容充放电原理,通过测量(计数)放电时间来测量模拟量,多用于高分辨率产品	内部具有 D/A 转换器,分辨率中等的产品居多	与逐次比较型的结构相似,但内部不是采用逐次比较寄存器而是采用加减计数器	内部具有与分辨率个数相同的比较器,转换速度快,但分辨率较低
转换速度	低速	中高速	中低速	高速

(2) A/D 转换器的工作原理。

A/D 转换器是将模拟电压转换成数字量的器件,它的实现方法有多种,常用的有逐次逼近法、双积分法。图 5-20 所示是逐次逼近法 A/D 转换器的原理图。它由 N 位寄存器、D/A 转换器和控制逻辑部分组成。N 位寄存器代表 N 位二进制数码。

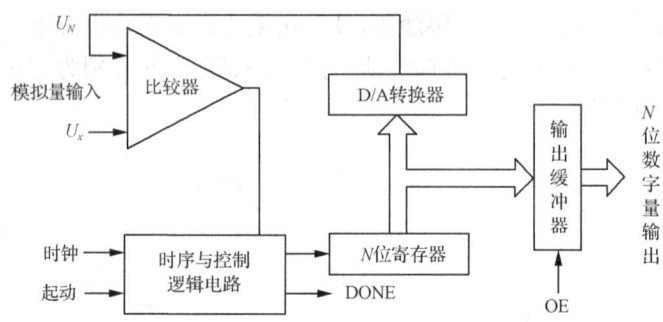

图 5-20　逐次逼近法 A/D 转换器的原理图

当模拟量 U_x 送入比较器后,起动信号通过控制逻辑电路起动 A/D 开始转换,首先置 N 位寄存器最高位(D_{N-1})为"1",其余位清"0",寄存器的内容经 D/A 转换后得到模拟电压 U_N,与输入电压 U_x 比较。若 $U_x>U_N$,则保留 $D_{N-1}=1$;若 $U_x<U_N$,则 D_{N-1} 位清"0"。然后,控制逻辑使寄存器下一位(D_{N-2})置"1",与上次的结果一起经 D/A 转换后与 U_x 比较,重复上述过程,直至判别出 D_0 位取"1"为止,此时控制逻辑电路发出转换结束信号 DONE。这样经过 N 次比较后,位寄存器的内容是转换后的数字量数据,经输出缓冲器读出。整个转换过程就是这样一个逐次比较逼近的过程。

常用的逐次逼近法 A/D 器件有 ADC0809、AD574A 等,下面介绍 ADC0809 原理与应用。

① ADC0809 结构。ADC0809 是一种 8 路模拟量输入 8 位数字量输出的逐次逼近法 A/D 器件。其引脚和内部逻辑框图分别如图 5-21 和图 5-22 所示。其内部除 A/D 转换部分,还有模拟开关部分。多路开关有 8 路模拟量输入端,最多允许 8 路模拟量分时输入,共用一个 A/D 转换器进行转换,这是一种经济的多路数据采集方法。8 路模拟开关切换由地址锁存和译码控制,3 根地址线与 A、B、C 引脚直

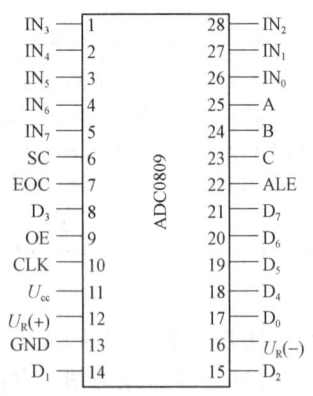

图 5-21　ADC0809 引脚图

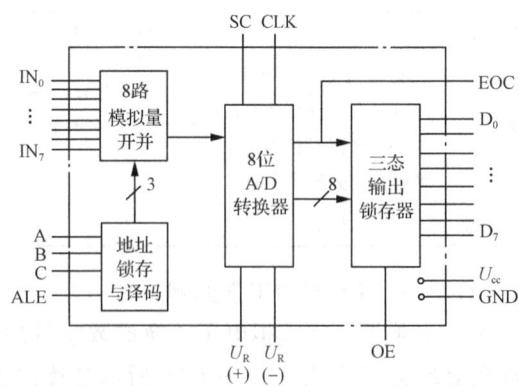

图 5-22　ADC0809 逻辑框图

接相连,通过 ALE 锁存。改变不同的地址,可以切换 8 路模拟通道,选择不同的模拟量输入,其通道选择的地址编码见表 5-2。

表 5-2 通道地址表

地址编码			被选中的通道
C	B	A	
0	0	0	IN_0
0	0	1	IN_1
0	1	0	IN_2
0	1	1	IN_3
1	0	0	IN_4
1	0	1	IN_5
1	1	0	IN_6
1	1	1	IN_7

A/D 转换结果通过三态输出锁存器输出,所以在系统连接时,允许其直接与系统数据总线相连。OE 为输出允许信号,可与系统读选通信号 $\overline{RD}$ 相连。EOC 为转换结束信号,表示一次 A/D 转换已完成,可作为中断请求信号,也可用查询的方法检测转换是否结束。

$U_R(+)$ 和 $U_R(-)$ 是基准参考电压,决定了输入模拟量的量程范围。CLK 为时钟信号输入端,决定 A/D 转换的速度,转换一次占 64 个时钟周期。SC 为起动转换信号,通常与信号 $\overline{WR}$ 相连,控制起动 A/D 转换。

② ADC0809 与 MCS-51 单片机接口。

图 5-23 是 ADC0809 与 8031 的连接方法,此线路为 8 路模拟量输入,输入模拟量变化范围是 0~5V。0809 的 EOC 用作外部中断请求源,用中断方式读取 A/D 转换

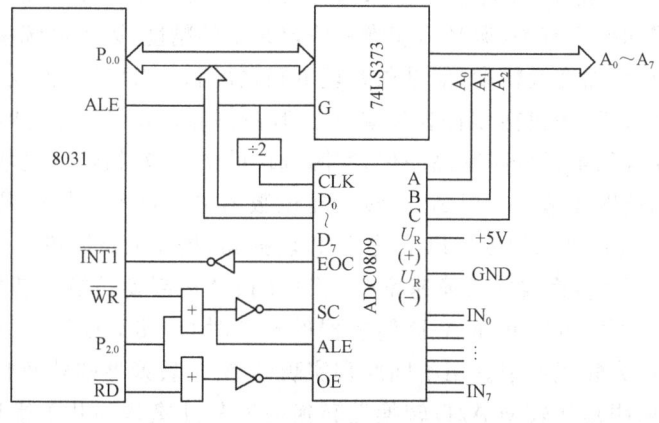

图 5-23 ADC0809 与 8031 的连接

结果。8031通过地址线 $P_{2.0}$ 和读写线 RD、WR 来控制转换器的模拟输入通道地址锁存、起动和输出允许。模拟输入通道地址的译码输入 A、B、C 由 $P_{0.0}$~$P_{0.2}$ 提供，因 0809 具有地址锁存功能，故 $P_{0.0}$~$P_{0.2}$ 也可不经锁存器直接与 A、B、C 相连。

设在一个控制系统中，巡回检测一遍 8 路模拟量输入，将读数依次存放在片外数据存储器 A0H-A7H 单元，其初始化程序和中断服务程序如下：

初始化程序

```
            MOV   R0,#0A0H          ;数据暂存区首址
            MOV   R2,#08H           ;8 路计数初值
            SETB  IT1               ;置脉冲触发方式
            SETB  EA                ;CPU 开中断
            SETB  EX1               ;允许申请中断
            MOV   DPTR,#0FEF8H;     指向 0809 首地址
READ1:      MOV   @DPTR,A           ;起动 A/D 转换
HERE:       SJMP  HERE              ;等中断
            DJNZ  R2,READ1          ;巡回未完继续
```

中断服务程序

```
            MOVX  A,@DPTR           ;读数
            MOVX  @R0               ;A 存数
            INC   DPTR              ;更新通道
            INC   R0                ;更新暂存单元
            RETI
```

(3) A/D 转换器的选择要点。

① 确定 A/D 转换器的位数。A/D 转换器位数的确定与整个测量控制系统所要测量的范围和精度有关，但又不能唯一确定系统的精度，因为系统精度设计的环节较多，包括传感器变换精度、信号预处理电路精度和 A/D 转换器及其输出电路、伺服机构精度，甚至还包括软件控制算法。但在估算时，A/D 转换器的位数至少要比总精度要求的最低分辨率高一位，实际选取的 A/D 转换器的位数应与其他环节所能达到的精度相适应。对 A/D 转换器位数的另一点考虑是如果微机是 8 位（MCS-51 单片机），则采用 8 位以下的 A/D 转换器，接口电路简单。

② 确定 A/D 转换器的转换速率。A/D 转换器从起动转换到转换结束，输出稳定的数字量，所需的时间即 A/D 转换器的转换时间，其倒数就是每秒钟能完成的转换次数，称为转换速率。用不同原理实现的 A/D 转换器的转换时间是大不相同的。积分型、跟踪比较型 A/D 转换器转换时间从几毫秒到几十毫秒不等，只能构成低速 A/D 转换器，如双积分式转换速度慢，但精度高，常用型号有 MC14433

($3\frac{1}{2}$ 位)、ICL7135($4\frac{1}{2}$ 位)、ICL 7109(12 位二进制)等；一般适用于温度、压力、流量等缓变参量的检测和控制。逐次比较型 A/D 转换器的转换时间从几微秒到 100μs 左右，属于中速 A/D 转换器，A/D 逐次比较式转换器常用型号有 ADC0808/0809(8 通道 8 位二进制)、ADC0816/0817(16 通道 8 位二进制)、ADC1210(单通道 12 位二进制)等；一般用于单片机控制系统和声频数字转换系统。高速 A/D 转换器使用双极型或 CMOS 工艺制成的全并行型、串并行型和电压转移函数型的 A/D 转换器转换时间仅为 20～100ns，即转换速率可达 10～50 兆次/s，适用于实时光谱分析、实时瞬态记录、视频数字转换等。

③ 如何决定是否采用采样-保持器。原则上直流和变化非常缓慢的信号可不用采样-保持器。其他情况都要加采样-保持器。根据分辨率、转换时间和信号带宽关系得到数据可作为是否要加采样-保持器的参考。

2. 控制量输出接口

控制微机通过信息采集接口检测机械系统的状态，经过运算处理，发出有关控制信号，经过控制输出接口的匹配、转换和功率放大，驱动执行元件去调节系统的运行状态，使其按设计要求运行。根据执行元件的不同，控制接口的任务也不同。例如，对于交流电动机变频调速器，控制信号为 0～5V 电压或 4～20mA 电流信号，则控制输出接口必须进行 D/A 转换；对于交流接触器等大功率器件，必须进行功率驱动。由于机电系统中执行元件多为大功率设备，如电动机、电热器或电磁铁等，这些设备产生的电磁场、电源干扰往往会影响微机的正常工作，所以抗干扰能力也是控制输出接口设计时应考虑的内容。

1) 模拟量输出接口

在机电一体化产品中，很多被控对象要求模拟量作为控制信号，如交流电动机变频调速、直流电动机调速器和滑差电动机调速器等，而计算机系统是数字系统，不能输出模拟量，这就要求控制输出接口能完成 D/A 转换。实现 D/A 转换的方法很多，在实际应用中，应根据转换精度及转换时间的要求加以选择。

(1) D/A 转换器的工作原理。

D/A 转换器是指将数字量转换成模拟量的电路，它由权电阻网络、参考电压和电子开关等组成，典型的 *R-2R* 网络 D/A 转换器的原理如图 5-24 所示。从图中可见，不管电子开关接在 Σ 点还是接地，流过每个支路的 2R 上的电流都是固定不变的，从电压端看的输入电阻为 *R*，从参考电源取的总电流为 *I*，则支路(流经 2R 电阻)的电流依次为 $I/2$、$I/4$、$I/8$、$I/16$，而 $I=U_{REF}/R$，故输出电压为

$$U_{OUT} = -\frac{U_{REF}}{2^4}[d_3 \times 2^3 + d_2 \times 2^2 + d_1 \times 2^1 + d_0 \times 2^0]$$

式中,$d_3 \sim d_0$ 为输入代码,d="0",则开关接地;d="1",则开关接到 Σ 点上。

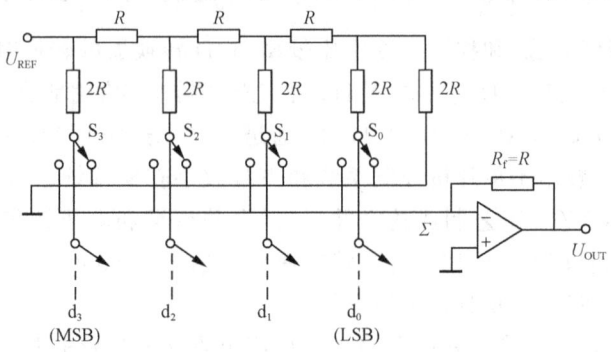

图 5-24 R-2R 网络 D/A 原理图

如果采由 n 个电子开关组成的网络,那么

$$U_{\text{OUT}} = -\frac{U_{\text{REF}}}{2^4}[d_{n-1} \times 2^{n+1} + \cdots + d_0 \times 2^0]$$

式中,n 为 D/A 电路能够被转换的二进制位数,有 8 位、10 位、12 位等,有时也称为分辨率。

实用的 D/A 转换器都是单片集成电路,如 DAC0832 是 8 位 D/A 芯片,采用 20 引脚双列直式封装,原理如图 5-25 所示。

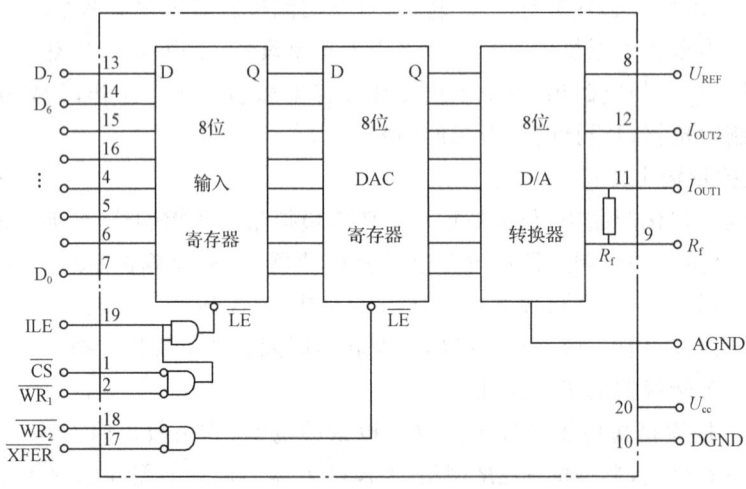

图 5-25 DAC0832 原理图

DAC0832 主要有两个 8 位寄存器和一个 8 位 D/A 转换器组成,使用两个寄存器的优点是可以进行两次缓冲操作,使该器件的应用有更大的灵活性。

DAC0832 各引脚含义如下:$\overline{\text{CS}}$ 片选信号,ILE 为输入寄存器锁存允许信号,一般设为"1"。当$\overline{CS}$为低电平,$\overline{WR_1}$为低电平,ILE为高电平时,才能将CPU送来的数字量锁存到8位输入寄存器中。$\overline{XFER}$为转换控制信号,$\overline{WR_2}$与$\overline{XFER}$同时有效时才能将输入寄存器数字量再传送到8位DAC寄存器,同时D/A转换器开始工作。I_{OUT1}和I_{OUT2}为输出电流,被转换为0FFH时,I_{OUT1}取大;转换为00H时,I_{OUT1}为0,I_{OUT2}最大。AGND和DGND称为模拟地和数字地,它们只允许在此片上共地。U_{REF}为参考电压,可在$-10\sim+10$V选择。U_{cc}为电源,可在$+5\sim+15$V选择。

图5-26为DAC0832与微机的连接图。由于$\overline{WR_2}$和$\overline{XFER}$接地,因此DAC寄存器时刻有效,而只有输入寄存器缓冲锁存作用。设译码后地址为Port,则D/A转换程序为

```
MOV   DX,Port
MOV   AL,n
OUT   DX,AL
HLT
```

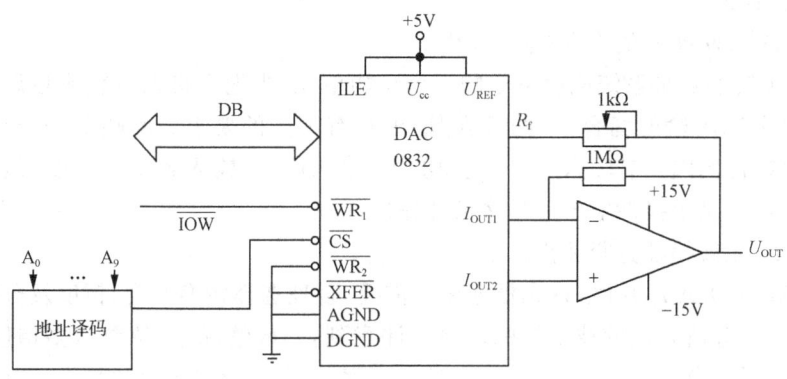

图5-26　DAC0832与CPU的连接

(2) D/A转换器的选用。

目前单片机应用系统中大多采用集成芯片形式的D/A转换器。随着集成电路技术的发展,D/A转换器的结构、性能有了很大的变化。采用不同结构特点的集成芯片,其集成电路也就不同。为了提高D/A转换器的接口性能和简化接口线路,应尽可能选择性能/价格比高的集成芯片。表5-3列出了D/A转换器的种类及特点。

表5-3　D/A转换器的种类及特点

名　称	加权电阻型	T型	脉冲调制型	频率调制型	加权恒流型
转换时间	中	短	长	长	短
分辨率	低	中	中	低	高
结构	简单	简单	稍微复杂	稍微复杂	略微复杂

① D/A 转换器的主要参数。

A. 分辨率即 D/A 转换器所能分辨的最小电压增量,或者说 D/A 转换器能够转换的二进制位数,位数多则分辨率就高。例如,一个 D/A 转换器能够转换 8 位二进制数,然后转换后的电压满量程是 5V,则它的分辨率为 5000mV/256≈20mA,即转换器能正确地分辨出 20mV 的电压变化。

B. 转换时间是指数字量输入到完成转换,并输出达到最终值且稳定为止所需的时间。电流型 D/A 转换较快,一般在几纳秒到几百微秒;电压型 D/A 转换较慢,取决于运算放大器的响应时间。

C. 精度是指 D/A 转换器实际输出电压与理论值之间的误差。一般采用数字量的最低有效位作为衡量单位,如±1/2LSB。如果分辨率为 20mV,则它的精度为±10mV。

D. 线性度是当数字量变化时,D/A 转换器模拟量按比例关系变化的程度。理想的 D/A 转换器是线性的,但实际上有误差,模拟输出偏离理想输出的最大值称为线性误差。

② D/A 转换器的输入/输出特性。

D/A 转换器是系统或设备中的一个功能单元,当把它接入系统或与设备相连时,针对不同用途的场合,它的输入/输出端有不同的要求。反映 D/A 转换器输入/输出特性的因素有输入/输出缓冲能力、输入码制、输入数据的宽度、是电流型还是电压型、是单极性输出还是多极性输出等。

③ D/A 转换器选择要点。

在选用 D/A 芯片时,首先根据用户需要,合理选择转换速度、精度及分辨率以满足设计任务所要求的技术指标。但应注意到,一般情况下,位数愈多精度愈高,其转换的时间愈长;如果要求高速度又高精度,则芯片价格也就愈昂贵。其次是看芯片内部是否带有数据输入缓冲器,这一点在设计接口电路时特别重要。另外,D/A 芯片还有电压型和电流型之分,目前多数厂家的 D/A 芯片是电流型的,若要构成电压 DAC,只需在电流 DAC 的 I_{OUT} 电流输出端,另外再接运算放大器,其运算放大器的反馈电阻有的也是集成在芯片内部的(如 DAC0832)。

2) 功率驱动接口

在机电一体化系统中,执行元件往往是功率较大的机电设备,如电磁铁、电磁阀、各类电动机、液动机及气缸等。微机系统后向通道输出的控制信号(数字量或模拟量)需要通过与执行元件相关的功率放大器才能驱动执行元件,进而实现对机电系统的控制。在机电一体化系统中,功率放大器被称为功率驱动接口,其主要功能是把微机系统后向通道的弱电控制信号转换成能驱动执行元件动作的具有一定电压和电流的强电功率信号或液压气动信号。常用的功率接口主要有开关型功率接口、步进电动机功率驱动接口、直流电动机功率接口和交流电动机变频调速功率接口等。

(1) 开关型功率接口。

在机电一体化系统中,常用的开关型功率接口主要有光电耦合器驱动接口、晶闸管接口、继电器输出接口、固态继电器接口和大功率场效应管开关接口等。

① 光电耦合器驱动接口。

在机电一体化产品的开关量控制输出接口中,光电耦合器是经常使用的一类器件。光电耦合器是把发光二极管和光敏晶体管或光敏晶闸管封装在一起,当发光二极管有正向电流通过时,即产生人眼看不见的红外光,其光谱范围为700~1000nm,受光器接收光照以后便导通。而当该电流撤去时,发光二极管熄灭,受光器随即截止。利用这种特性即可达到开关控制的目的。由于该器件是通过"电—光—电"的转换来实现对输出设备进行控制的,彼此之间没有电气连接,电信号是通过光信号传递的,因而起到隔离作用,故又称光电隔离器。不同型号的光电隔离器输入电流也不同,一般为10mA左右,其输出电流的大小将决定控制输出外设的能力。一般负载电流比较小的外设可直接带动,若负载电流要求比较大时可在输出端加接驱动器。

A. 光电耦合器的结构和特点。

光电耦合器由发光源和受光器两部分组成,并由不透明材料封装在一起,其结构和符号如图5-27所示。发光源引出的管脚为输入端,受光器引出的管脚为输出端。当在输入端加正向电压时,发光二极管点亮,照射光敏晶体管(或晶闸管)使之导通,产生输出信号。

光电耦合器具有如下特点:

a. 光电耦合器的信号传递采取"电—光—电"形式,发光部分和受光部分不接触,因此其绝缘电阻可

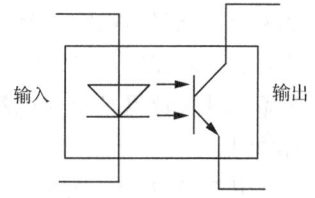

图 5-27 光电耦合器的符号

高达 $10^{10}\Omega$ 以上,并能承受2000V以上的高压。被耦合的两个部分可以自成系统不"共地",能够实现电控系统强电部分与弱电部分隔离,避免干扰由输出通道窜入控制计算机。

b. 光电耦合器的发光二极管是电流驱动器件,能够吸收尖峰干扰信号,所以具有很强的抑制噪声干扰能力。

c. 光电耦合器作为开关应用时,具有耐用、可靠性高和高速等优点,响应时间一般为数微秒以内,高速型光电耦合器的响应时间有的甚至小于10ns。

光电耦合器用途很多,如作为高压开关、信号隔离转换、脉冲系统间的电平匹配等。

B. 晶体管输出型光电耦合器驱动接口设计。

在机电系统的控制输出接口设计中,晶体管输出型光电耦合器主要用于实现

电信号之间的隔离。图5-28示出了8031单片机通过光耦控制步进电动机的接口电路。由于一般计算机控制系统的接口芯片大都采用TTL电平,不能直接驱动发光二极管,所以通常在它们之间需加一级驱动器,如7406和7407等。

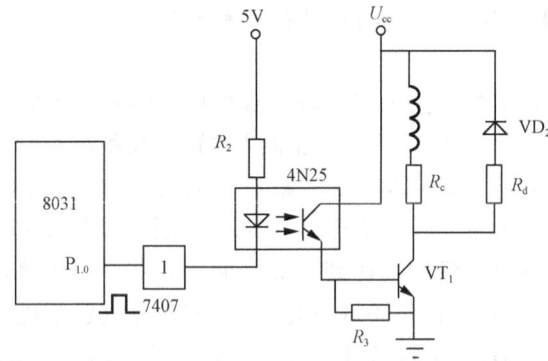

图 5-28　8031 单片机通过光耦控制步进电动机的接口电路

在这种场合应用时,应考虑两个参数:电流传输比 CTR 与时间延迟。

电流传输比是指光电晶体管的集电极电流 I_c 与发光二极管的电流 I_f 之比。不同结构的光电耦合器的电流传输比相差很大,如输出端是单个晶体管的光电耦合器 4N25 的电流传输比 CTR≥20%,而输出端使用达林顿管的光电耦合器 4N33 的电流传输比 CTR≥500%。电流传输比受发光二极管的工作电流 I_f 影响,当 I_f 为 10~20mA 时,电流传输比最大。另外,工作温度升高时电流传输比也会下降。时间延迟是指光电耦合器在传输脉冲信号时,输出信号与输入信号间的延迟时间。

图 5-28 中,R_2 为发光二极管限流电阻,它的取值由下式计算:

$$R_2 = \frac{U_{cc} - U_f - U_d}{I_f}$$

式中,U_{cc} 为电源电压;U_f 为发光二极管管压降,取 1.5V;U_d 为驱动器压降,取 0.5V;I_f 为发光二极管工作电流。

若 I_f 为 10mA,则

$$R_2 = \frac{5 - 1.5 - 0.5}{0.01} = 300(\Omega)$$

当 8031 的 $P_{1.0}$ 端输出为高电平时,经反相驱动器后变为低电平,光电耦合器输入端电流为 0,此时发光二极管有电流通过并发光,使光敏三极管导通,而晶体管 VT_1 不导通,步进电动机绕组两端无电压;当 $P_{1.0}$ 输出低电平时,4N25 的输入电流为 10mA,4N25 的电流传输比 CTR≥20%,输出端可以流过大于 2mA 的电流,再经过晶体管放大,产生驱动步进电动机所需电流。

图 5-28 中,输入部分与输出部分采用两套互相独立的电源,且不共地,没有电

气联系,从而实现了电气隔离。若使用同一电源(或共地的两个电源),外部干扰信号可能通过电源串到系统中来,这样就失去了隔离的意义。

② 晶闸管接口。

晶闸管是一种大功率电器元件,也称可控硅。它具有体积小、效率高、寿命长等优点,在计算机自动控制系统中,可作为大功率驱动器件,实现用小功率控件控制大功率设备,可分为单向晶闸管和双向单向晶闸管。

A. 单向晶闸管接口。

单向晶闸管又称可控硅整流器,其最大特点是有截止和导通两个稳定状态(开关作用),同时又具有单向导电的整流作用。

图 5-29 是控制计算机控制单向晶闸管实现 220V 交流开关的例子。当控制计算机发出的控制信号为低电平时,光电耦合器发光二极管截止,晶闸管门极不触发而断开。当控制信号为高电平时,经反相驱动器后,使光电耦合器发光二极管导通,交流电的正负半周均以直流方式加在晶闸管的门极,触发晶闸管导通,这时整流桥路直流输出端被短路,负载即被接通。控制信号回到低电平时,晶闸管门极无触发信号,而使其关断,负载失电。

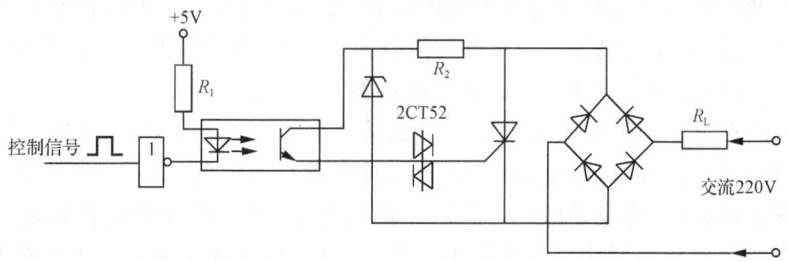

图 5-29 控制计算机与单向晶闸管接口电路

B. 双向晶闸管驱动接口。

双向晶闸管在结构上可看成是两个单向晶闸管反向并联构成的,这种结构使其在应用特性与单向晶闸管不同。第一,它在触发后是交流双向导通的;第二,在门极中所加的触发信号不论是正还是负都可以使双向晶闸管导通。双向晶闸管一般用作过零开关,对交流回路进行功率控制。

图 5-30 为双向晶闸管与控制计算机的接口电路。图中 MOC3021 是双向晶闸管输出型的光电耦合器,其作用是隔离和触发双向晶闸管。

当计算机输出控制信号为低电平时,7407 也输出低电平,MOC3021 的输入端有电流流入,输出端的双向晶闸管导通,触发外部的双向晶闸管 VT 导通。当计算机输出控制信号为高电平时,MOC3201 输出端(双向晶闸管)关断,外部双向晶闸管 VT 也关断。

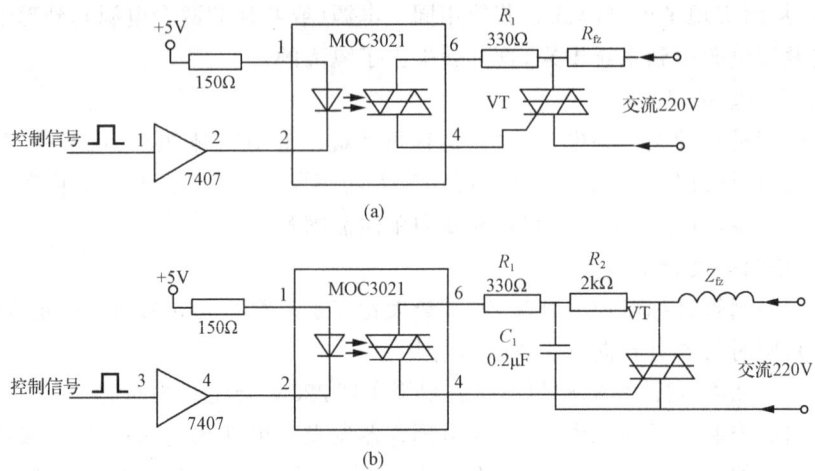

图 5-30 双向晶闸管与控制计算机接口电路
(a) 阻抗负载；(b) 电感负载

③ 继电器输出接口。

由于继电器是通过改变金属触点的位置，使动触点与定触点闭合或分开，所以具有接触电阻小、流过电流大及耐高压等优点，但在动作可靠性上不及晶闸管。继电器中，电流切换能力较强的电磁式继电器称为接触器。

控制计算机输出的开关信号需经过驱动电路进行转换，使输出的电源能够适应其线圈的要求。继电器/接触器动作时，对电源有一定的干扰，为了提高控制计算机系统的可靠性，在驱动电路与控制计算机之间常采用光电耦合器隔离。

常用的继电器控制接口电路如图 5-31 所示。当计算机输出的控制信号为高电平时，经反相驱动器 7406 变为低电平，使发光二极管发光，从而使光敏三极管导通，进而使三极管 9013 导通，因而使继电器 K 的线圈通电，继电器触点 K1-1 闭

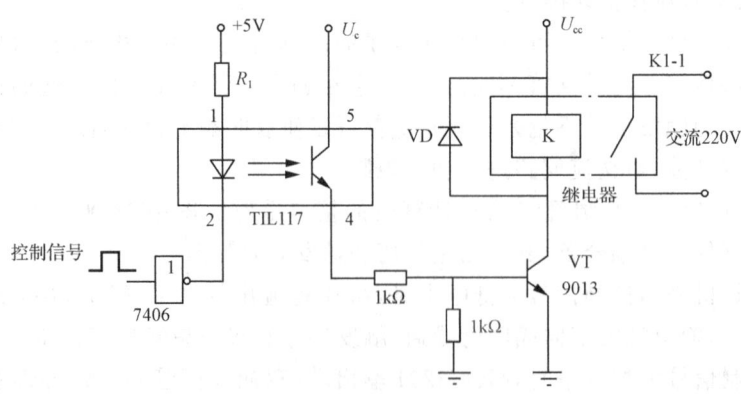

图 5-31 继电器接口电路

合,使交流 220V 电源接通。反之,当计算机控制输出的控制信号输出低电压时,使 K1-1 断开。图中电阻 R_1 为限流电阻,二极管 VD 的作用是保护晶体管 9013。当继电器 K 吸合时,二极管 VD 截止,不影响电路工作。继电器释放时,由于继电器线圈存在电感,这时晶体管 9013 已经截止,所以会在线圈的两端产生较高的感应电压。此电压的极性为上负下正,正端接在晶体管的集电极上。当感应电压与 U_{cc} 之和大于晶体管 9013 的集电极反向电压时,晶体管 9013 有可能损坏。加入二极管 VD 后,继电器线圈产生的感应电流从二极管 VD 流过,从而使晶体管 9013 得到保护。

④ 固态继电器接口。

在继电器控制中,由于采用电磁吸合方式,在开关瞬间,触点容易产生火花,从而引起干扰;对于交流高压等场合,触点还容易氧化,影响系统的可靠性。新型的输出控制器件——固态继电器(solid state relay,SSR)即可避免上述缺点。

SSR 是用晶体管或晶闸管代替常规继电器的触点开关,而在前级中与光电隔离器融为一体。因此,SSR 实际上是一种带光电隔离器的无触点开关。根据结构形式,SSR 有直流型 SSR 和交流型 SSR 之分。

由于 SSR 输入控制电流小,输出无触点,所以与电磁式继电器相比,具有体积小、重量轻、无机械噪声、无抖动和回跳、开关速度快、工作可靠等优点。在微型计算机控制系统中得到了广泛的应用,大有取代电磁继电器之势。

A. 直流型 SSR。

直流型 SSR 的原理电路如图 5-32 所示。由图可看出,SSR 的输入部分是一个光电隔离器,因此,可用 OC 门或晶体管直接驱动。它的输出端经整形放大后带动大功率晶体管输出,输出工作电压可达 30~180V。

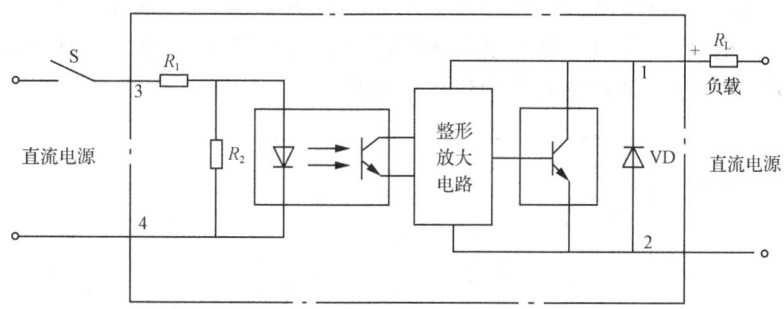

图 5-32 直流型 SSR 原理图

直流型 SSR 主要用于带直流负载的场合,如直流电动机控制、步进电动机控制和电磁阀等。图 5-33 所示为采用直流型 SSR 控制三相步进电动机的原理电路图。图中 A、B、C 为步进电动机的三相,每相由一个直流型 SSR 控制,分别由三路控制信号控制。只要按着一定的顺序分别给三个 SSR 送高低电平信号，即可实现对步进电动机控制。

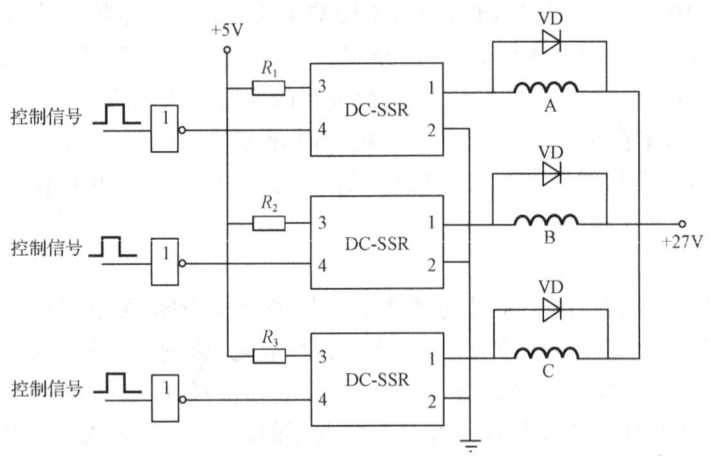

图 5-33　直流型 SSR 控制三相步进电动机原理图

B. 交流型 SSR。

交流型 SSR 又可分为过零型和移相型两类。它采用双向晶闸管作为开关器件，用于交流大功率驱动场合，如交流电动机、交流电磁阀控制等，其原理电路如图 5-34 所示。对于非过零型 SSR，在输入信号时，不管负载电流相位如何，负载端立即导通；而过零型必须在负载电源电压接近零且输入控制信号有效时，输入端负载电源才导通。当输入的控制信号撤销后，不论哪一种类型，它们都只在流过双向晶闸管负载电流为零时才关断，其波形如图 5-35 所示。

一个交流型 SSR 控制单向交流电动机的实例如图 5-36 所示。图中，改变交流电动机通电绕组，即可控制电动机的旋转方向；如用此接口电路控制流量调节阀的开和关，也可以实现控制管道中流体的流量。

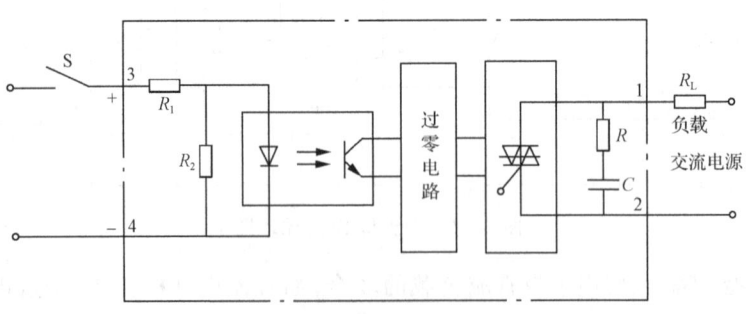

图 5-34　交流过零型 SSR 原理图

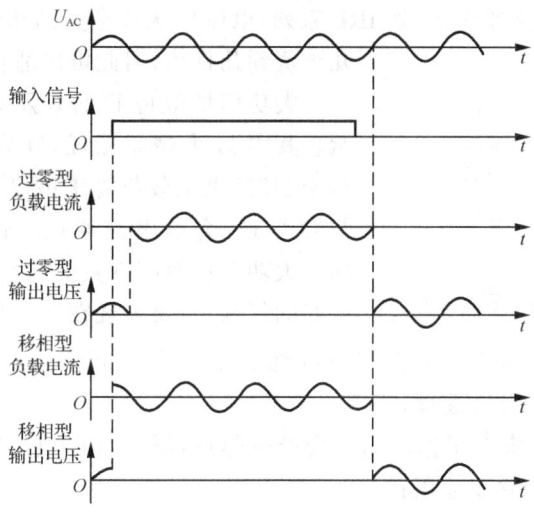

图 5-35　交流型 SSR 输出波形图

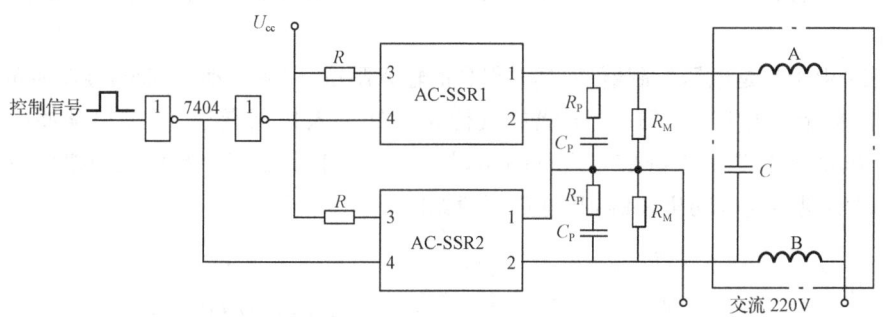

图 5-36　用交流型 SSR 控制交流电动机原理图

当控制信号为低电平时,经反相后,使 AC-SSR1 导通,AC-SSR2 截止,交流电通过 A 相绕组,电动机正转;反之,如果控制信号为高电平,则 AC-SSR1 截止,AC-SSR2 导通,交流电流经 B 相绕组,电动机反转。图 5-36 中的 R_P、C_P 组成浪涌电压吸收回路。通常 R_P 为 100Ω 左右,C_P 为 0.19μF。R_M 为压敏电阻,用作过电压保护。

选用交流型 SSR 时主要注意它的额定电压和额定工作电流。

⑤ 大功率场效应管开关接口。

在开关量输出控制中,除了前面介绍的器件以外,还可用大功率场效应管开关作为开关量输出控制元件。大功率场效应管又称大功率 MOSFET,它的结构和传统 MOSFET 不同,主要是把传统 MOSFET 的电流横向流动变为垂直导电的结构模式,目的是解决 MOSFET 器件的大电流、高电压问题。由于场效应管输入阻抗高,关断漏电流小,响应速度快,而且与同功率继电器相比,体积较小,价格便宜,所以在计算机开关量输出控制中也常作为开关元件使用。

场效应管的种类非常多,如 IRF 系列,电流可从几毫安到几十安培,电压可从几十伏到几百伏,因此可以适合各种场合。

大功率场效应管的表示符号如图 5-37 所示。其中 G 为控制栅极,D 为漏极,S 为源极。对于 NPN 型场效应管来讲,当 G 为高电平时,S 与 D 导通,允许电流通过。否则,场效应管关断。大功率场效应管具有比双极性功率晶体管更好的特性,主要表现在以下几个方面:

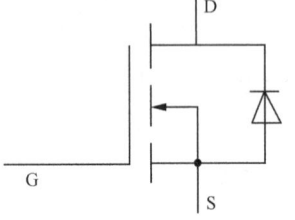

图 5-37 大功率场效应管表示符号

A. 由于大功率场效应管是多数载流子导电,因而不存在少数载流子的储存效应,从而有较高的开关速度;

B. 具有较宽的安全工作区而不会产生热点,同时,由于它具有正的电阻温度系数,所以容易进行并联使用;

C. 有较高的阈值电压(2~6V),因此有较高的噪声容限和抗干扰能力;

D. 具有较高的可靠性和较强的过载能力,短时过载能力通常为额定值的四倍;

E. 由于它是电压控制器件,具有很高的输入阻抗,因此驱动电流小,接口简单。

在实际使用中,为了避免干扰从执行元件处进入控制微机,常采用脉冲变压器、光电耦合器等对控制信号进行隔离,如 4N25、TIL113 等。利用大功率场效应管可以实现步进电动机控制,其电路原理如图 5-38 所示。

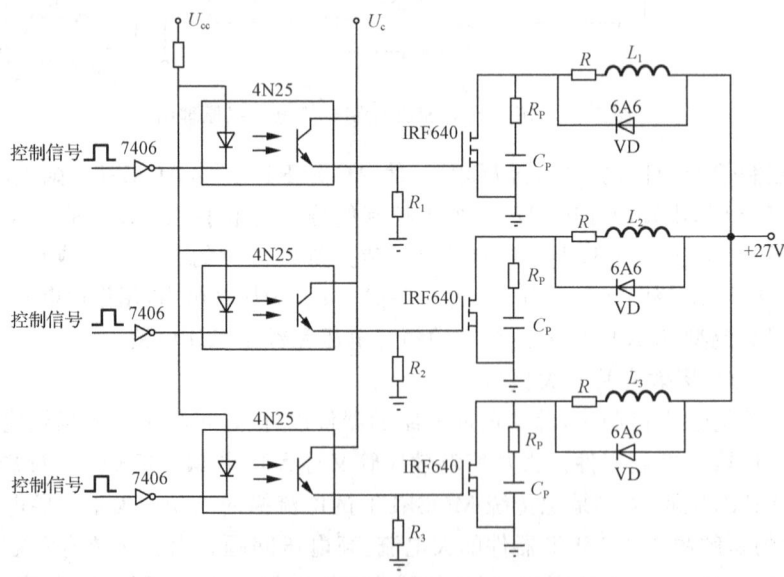

图 5-38 采用大功率场效应管的步进电动机控制电路原理图

(2) 步进电动机功率驱动接口。

步进电动机的运行特性与配套使用的驱动电源(驱动器)有密切关系。驱动电源由脉冲分配器、功率放大器等组成,如图 5-39 所示。驱动电源是将变频信号源(微机或数控装置等)送来的脉冲信号及方向信号按要求的配电方式自动地循环供给电动机各相绕组,以驱动电动机转子正反向旋转。变频信号源是可提供从几赫兹到几万赫兹的频率信号连续可调的脉冲信号发生器。因此,只要控制输入电脉冲的数量及频率就可精确控制步进电动机的转角及转速。

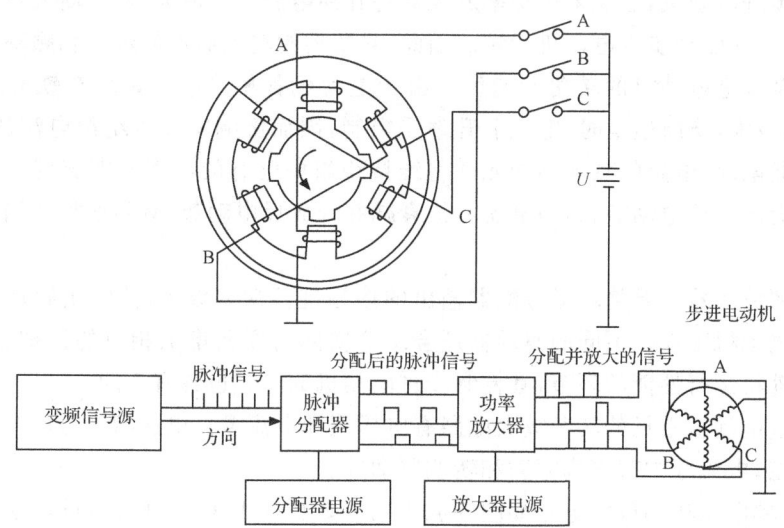

图 5-39 步进电动机的驱动电路组成结构

① 脉冲分配器。

步进电动机的各相绕组必须按一定顺序通电才能正常工作。这种使电动机绕组的通电顺序按一定规律变化的部分称为脉冲分配器(又称为环形脉冲分配器)。实现环形分配的方法有软环分配器、小规模集成电路环形分配器、专用环形分配器三种方式。

软环分配器是采用计算机软件,利用查表或计算方法来进行脉冲的环形分配器。查表方式的软环分配器顺次在数据表中提取数据并通过输出接口输出,通过正向顺序读取和反向顺序读取可控制电动机进行正反转,控制读取依次数据的时间间隔可控制电动机的转速。但是由于软环分配器占用计算机的运行时间,易影响步进电动机的运行速度。

小规模集成电路环形分配器的灵活性很大,可以利用小规模集成电路搭接任意相任意通电顺序的环形分配器,同时在工作时不占用计算机的工作时间。并且随着大规模可编程逻辑器件和电子设计自动化(EDA)技术的发展,现在可以利用电子设计自动化技术在 CPLD/FPGA 芯片上灵活设计各种环形分配器。

专用环形分配器如 CH250 为一种三相步进电动机专用环形分配器,可实现三相步进电动机的各种环形分配,使用方便、接口简单。目前市场上出售的环形分配器的种类很多,功能也很齐全,有的还具有其他许多功能,如斩波控制等,有用于两相步进电动机的 L297(L297A)、PMM8713 和用于五相步进电动机的 PMM8714 等。

② 功率放大器。

从计算机出口或环形分配器输出的脉冲信号电流一般只有几个毫安,不能直接驱动步进电动机,必须采用功率放大器将脉冲电流进行放大,使其增大到几至十几安培,从而驱动步进电动机运转。因此,只要控制输入脉冲的数量和频率就可以精确控制步进电动机的转角和速度。由于电动机各相绕组都是绕在铁心上的线圈,电感较大,绕组通电时,电流上升率受限制,因而影响电动机绕组电流的大小,而绕组断电时,电感的磁场储能元件将维持绕组中已有的电流不能突变。在绕组断电时会产生反电动势,为使电流尽快衰减并释放反电动势,必须增加适当的续流回路。

功率放大器主要将环形分配器输出的信号进行功率放大,使输出脉冲能够直接驱动电动机工作。不同的驱动器还会结合实际需要而增加相应的保护、调节或改善电动机运行性能的环节,其控制步进电动机的方式也各有不同。

步进电动机常见的功率放大电路有电压型和电流型。电压型又有单电压型和双电压型;电流型中有恒流驱动和斩波驱动等。

A. 单电压功率放大电路如图 5-40 所示,图中 A、B、C 分别为步进电动机的三相,每相由一组放大器驱动。放大器输入端与环形脉冲分配器相连。在没有脉冲输入时,3DK4 和 3DD15 功率放大器均截止,绕组中无电流通过,电动机不转。当脉冲依次加到 A、B、C 三个输入端时,三组放大器分别驱动不同的绕组,使电动机一步一步地转动。该电路结构简单,但 R 串在大电流回路中要消耗能量,使放大器功率降低。同时由于绕组电感 L 较大,电路对脉冲电流的反应较慢,因此,输出脉冲波形差、输出功率低,主要用于对速度要求不高的小型步进电动机中。

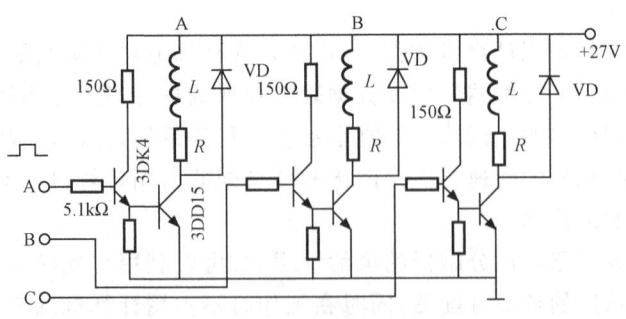

图 5-40　单电压功率放大电路

B. 双电压功率放大电路。图 5-41 所示为采用脉冲变压器 T1 组成的双电压功率放大电路原理图。双电压功率放大电路由于仅在脉冲开始的一瞬间接通高压电源,其余的时间均由低压供电,因此效率高,电流上升率高,高速运行性能好。但有时电流波形陡峭会引发过冲,故谐波成分丰富,使电动机运行时尤其在低速运行时振动较大。

C. 恒流源功率放大电路如图 5-42 所示,当输入脉冲信号时,A 点为低电平,VT_1 截止,电流由电源正端通过电动机绕组 L 及 VT_2 与 VT_3 组成的达林顿复合管,经由 PNP 型大功率管 VT_4 组成的恒流源流向电源负端。由于恒流源的动态电阻很大,故绕组可在较低的电压下取得较高的电流上升率,因而可用于较高频率的驱动。由于电源电压较低,功耗减小,效率得到提高。

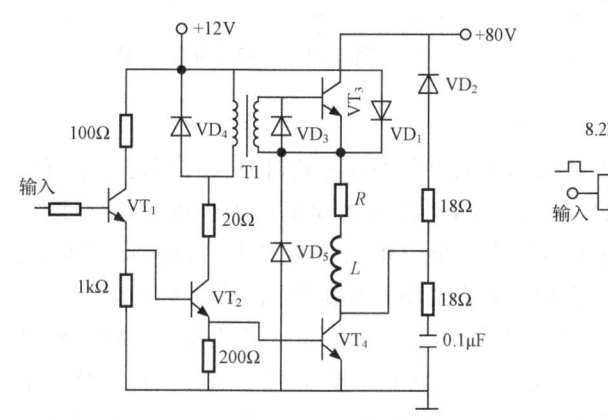
图 5-41 双电压功率放大电路

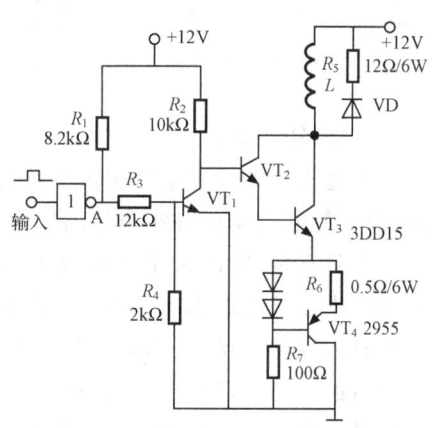
图 5-42 恒流源功率放大电路

③ 步进电动机的微机控制。

步进电动机的工作过程一般由控制器控制,控制器按照设计者的要求完成一定的控制过程,使功率放大电路按照要求的规律驱动步进电动机运行。简单的控制过程可以用各种逻辑电路来实现,但其缺点是线路复杂、控制方案改变困难。自从微处理器问世以来,给步进电动机控制器设计开辟了新途径。各种单片微型计算机的迅速发展和普及,为设计功能很强而价格低廉的步进电动机控制器提供了条件。步进电动机的微型计算机控制主要有串行控制和并行控制两种方式。

串行控制:具有串行控制功能的单片机系统与步进电动机驱动电源之间,采用较少的连线将信号输入步进电动机驱动电源的环形分配器,所以在这种系统中,驱动电源中必须含有环形分配器。串行控制方式如图 5-43 所示。

并行控制:用微型计算机系统的数个端口直接去控制步进电动机各相驱动电路的方法称为并行控制。在电动机驱动电源内,可以不包括环形分配器,而其并行控制功能由微型计算机系统完成。系统实现脉冲分配功能的方法有两种,一种是纯软件方法,即完全用软件来实现相序的分配,直接输出各相导通或截止的信号;另一种是软硬件相结合的方法,专门设计一种编程器接口,计算机向接口输入简单形式的代码数据,而接口输出步进电动机各相导通或截止的信号,并行控制示意图如图 5-44 所示。

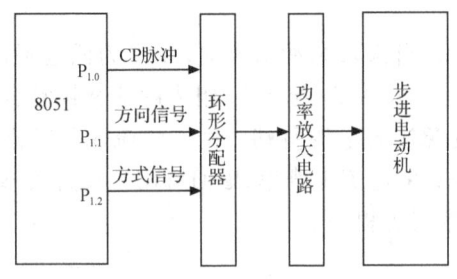
图 5-43 串行控制示意图

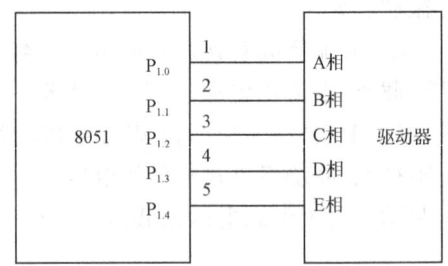
图 5-44 并行控制示意图

④ 细分驱动。

上述提到的步进电动机的各种功率放大电路都是采用环形分配器芯片进行环形分配,控制电动机各相绕组的导通或截止,从而使电动机产生步进运动,步距角的大小只有两种,即整步工作或半步工作。步距角已由步进电动机结构所确定。如果要求步进电动机有更小的步距角或者为减小电动机振动、噪声等原因,可以在每次输入脉冲切换时,不是将绕组电流全部通入或切除而是只改变相应绕组中额定电流的一部分,则电动机转过的每步运动也只有步距角的一部分。这里绕组电流不是一个方波,而是阶梯波,额定电流是台阶式的通入或切除,电流分成多少个台阶,则转子就以同样的个数转过一个步距角。这样将一个步距角细分成若干步的驱动方法被称为细分驱动。细分驱动的特点是:在不改动电动机结构参数的情况下,能使步距角减小。细分后的步距角精度不高,功率放大驱动电路也相应复杂;但细分驱动能极大地改善步进电动机运行的平稳性,提高匀速性,减弱甚至消除振荡。近几年来,由于微处理机技术的发展,细分驱动电路已经获得广泛应用。

(3) 直流电动机功率接口。

目前,直流伺服电动机的驱动控制一般采用脉冲宽度调制法(PWM),以下主要介绍直流伺服电动机的 PWM 功率驱动接口。

① PWM 功率驱动接口电路。

功率放大器是 PWM 功率接口的主电路,可分为单极性和双极性两种,电路原理如图 5-45 所示。图 5-45(a)为单极性电路,电动机只能单方向转动。能使电动机正、反向转向的双极性电路有 T 型电路(见图 5-45(b))和 H 型桥式(见图 5-45(c))电路两种形式。T 型电路需双电源供电,而 H 型桥式电路只需单电源供电,但需要 4 只大功率晶体管。

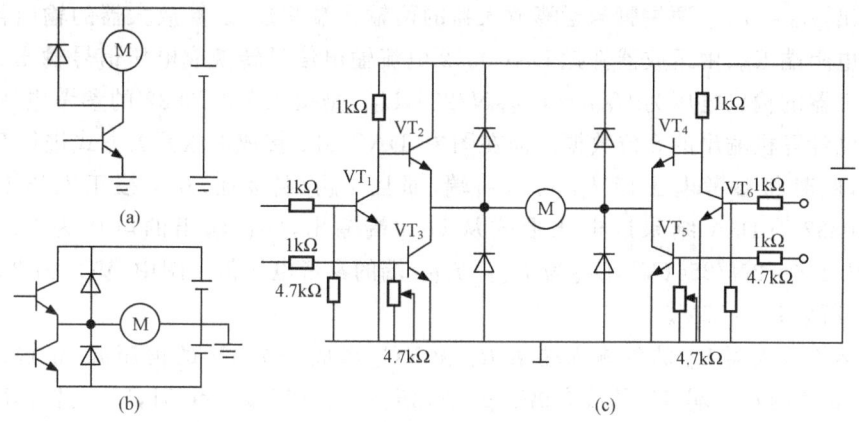

图 5-45 PWM 功放电路的形式

(a) 单极性功率放大电路;(b) T 型功率放大电路;(c) H 型桥式功率放大电路

② 控制计算机与 PWM 功率放大器的接口。

直流调速系统的标准化接口在实现的手段上是各种各样的,因此接口参数也有所不同。图 5-46 是一个控制计算机与 PWM 功率放大器的接口实例。图中,控制计算机模拟量输出通道由 DAC0832 转换器和 ADOP-07 运算放大器组成,它把数字量(00H-FFH)的控制信号转换成 $-2.0 \sim +2.0$ V 模拟控制信号 U_1,ADOP-07 与 DAC0832 之间的连线是一种特殊的连接方法。

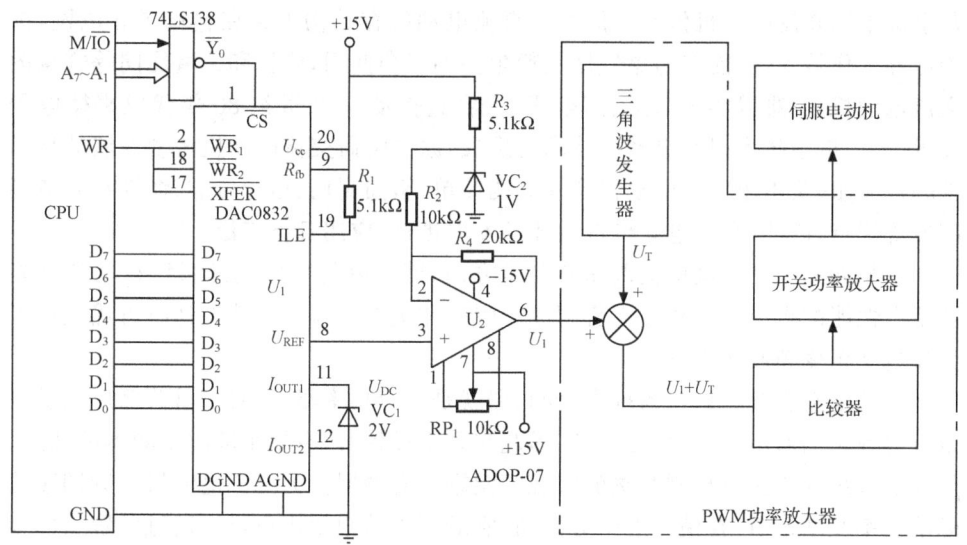

图 5-46 控制计算机与 PWM 功率放大器的接口

通常,DAC0832 以电流开关方式进行 D/A 转换后以电流形式从 I_{OUT1}、I_{OUT2}

端输出，I_{OUT1}、I_{OUT2} 两端脚与运算放大器的两输入端相连，运算放大器的输出再接反馈电阻端 R_{fb}，由运放器件把 DAC0832 电流输出信号转换成电压信号输出。运算放大器的输出电压为 $U_{OUT}=U_{REF}N/256$，U_{REF} 是接入 DAC0832 的参考电压，N 为控制计算机输出的 8 位数据。而在图中，DAC0832 接成电压开关方式进行 D/A 转换，此时将参考电压接 I_{OUT1}、I_{OUT2} 端，而且 I_{OUT2} 端接地，I_{OUT1} 接正电压 U_{DC}，DAC0832 的 D/A 结果以电压形式从 U_{REF} 端输出，U_{REF} 输出的电压为 $U_{REF}=U_{DC}N/256=2N/256(V)$，$U_{DC}$ 为 I_{OUT1}、I_{OUT2} 端的参考电压值。图中，VC_1 为 2V 稳压管，所以 $U_{DC}=2V$。

运算放大器 U_2 的负输入端由 R_3 和 VC_2 形成一个 1V 的恒压源，正输入接 DAC0832 的 U_{REF} 端，U_2 的放大倍数 $\beta=R_4/R_2=2$。在 $U_{REF}=0$ 时，U_2 的输出 $U_1=-2V$；在 $U_{REF}=2V$ 时，$U_1=+2V$，U_1 的计算为

$$U_1 = U_{DC}\left(\frac{D}{128}-1\right) = 2\left(\frac{D}{128}-1\right)$$

上述分析说明，控制计算机经 DAC0832 转换后，再经运算放大器可产生与控制数据对应的控制电压 U_1，去控制 PWM 功率放大器工作，使被控直流伺服电动机实现可逆变速转动。

(4) 交流电动机变频调速功率接口。

由于直流电动机传动系统的性能指标优于交流电动机传动系统，因此，凡是要求平滑起动与制动、可逆运行、可调速以及高精度的位置和速度控制的调速系统，几乎都采用直流电动机传动。但由于直流电动机在结构上存在整流子和电刷，维护保养工作量大，不能在易燃气体及粉尘多的场合使用，体积和重量比同等容量的交流电动机大，难以实现高速、高电压、大容量传动。20 世纪 80 年代以来微电子技术、电力电子技术以及电动机技术的发展，原先阻碍交流电动机传动发展的技术难题被克服，又由于交流电动机具有结构简单、坚固耐用、运行可靠、惯性小和节能高效等优点，因此，交流电动机传动技术发展迅速，应用日益广泛。

变频调速是交流电动机调速的发展方向，而且有的变频调速系统在动态性能及稳态性能的指标上已超过直流调速。因此在机电一体化系统设计时可优先选用交流电动机变频调速方案。

交流电动机变频调速系统中，变频器就是一个功率驱动接口，目前已形成了规格较为齐全的通用化、系列化产品，因此在系统设计时，主要是解决变频器的选用、与控制系统的连接及控制算法的实现等问题。变频器作为交流电动机变频调速的标准功率驱动接口，在使用上十分简便，它既可以单独使用也可以通过装置上的接线端子与外部控制器连接进行在线控制，接线端子分为主回路端子和控制回路端子，前者连接供电电源、交流电动机及外部能耗制动电路，后者连接变频控制的控制按钮开关或控制电路。有关变频器的功率驱动接口，可参阅相应变频器产品的

使用说明书。

① 变频器的分类。

变频器的作用是将供电电网的工频交流电变为适合于交流电动机调速的电压可变、频率可变的交流电。按照变频方式和控制方式的不同分类如图 5-47 所示。

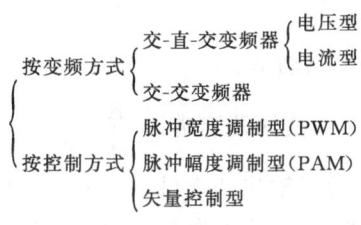

图 5-47 变频器的分类

控制器根据变频调速的不同控制方式,产生相应的控制信号来控制功率逆变器各功率元件的工作状态,使逆变器输出预定频率和预定电压的交流电。控制器有两种控制方式:一种是以集成电路构成的模拟控制方式;另一种是以控制计算机构成的数字控制方式。后者是目前常用的控制方式。

根据用途和使用效果,变频器分为以下几种。

A. 通用变频器。

它有两方面的应用:用于节能,平均节电 20%,主要用于压缩机、泵、搅拌机、挤压机及净洗机械;用于提高控制性能实现自动化,主要用于运输机械、起重机、升降机、搬运机械等。

B. 纺织专用变频器。

用于纺纱、化纤机械,能改善传动特性,实现自动化、省力化。

C. 矢量控制变频器。

用于冶金、印刷、印染、造纸、胶片加工等机械,上述机械设备要求高精度的转矩控制,加速度大,能与上位机进行通信。这种变频器能提高传动精度及实现系统的集散控制性能。

D. 机床专用变频器。

这种变频器专门用于机床主轴传动控制,以满足工艺上要求的大加减速转矩、宽广的恒功率控制以及高精度的定位控制,提高机床的自动化水平和动态、静态性能。

E. 电梯专用矢量变换控制变频器。

这种变频器可实现缓慢平滑的升降速度。

F. 高频变频器。

适用于超精密加工、高速电动机,如专用脉冲幅度调制型变频器,频率达 3kHz,对应转速为 18×10^4 r/min。

② 变频器选择。

电动机的容量及负载特性是变频器选择的基本依据。在选择变频器前,首先要分析控制对象的负载特性并选择电动机的容量,根据用途选择合适的变频器类型,然后再进一步确定变频器的容量,一般原则如下:

A. 连续运行场合。

要求变频器容量(kV·A)满足

$$变频器容量 \geqslant \frac{KP_M}{\eta\cos\varphi}$$

式中,P_M 为负载要求的电动机输出功率(kV·A);η 为电动机效率,通常为 0.85 左右;$\cos\varphi$ 为电动机的功率因数,通常为 0.75 左右;K 为考虑电动机波形的修正系数,$K=1.05\sim1.1$。

B. 多台电动机并联场合。

有些场合由一台变频器供电,同时驱动多台并联的电动机,组成所谓的成组传动。在允许过载 150%,过载时间为 1min 的情况下,可按下式计算变频器的容量:

$$1.5 \times 变频器容量 \geqslant \frac{KP_M}{\eta\cos\varphi}[\beta_T + \beta_S(K_S - 1)] = P_A\left[1 + \frac{\beta_S}{\beta_T}(K_S - 1)\right]$$

式中,P_A 为连续容量(kV·A);β_T 为并联电动机台数;β_S 为同时起动的电动机台数;K_S 为电动机起动电流与额定电流之比。

C. 起动时变频器所需的容量。

在起动(加速)过程中应考虑动态加速转矩,即为克服机械传动系统转动惯量 J_L 所需的动态转矩,这时变频器容量(kV·A)计算为

$$变频器容量 \geqslant \frac{Kn}{973\eta\cos\varphi}\left(T_{fz} + \frac{J_L}{375} \times \frac{\eta}{t_A}\right)$$

式中,J_L 为机械传动系统折算到电动机轴上的飞轮惯量(kg·m²);T_{fz} 为负载转矩(N·m);n 为电动机转速(r/min);t_A 为电动机加速时间(s)。

在选择变频器时,除确定容量外,还应正确地确定变频器的输入电源、输出特性、操作功能等,使选用的变频器满足使用要求。

③ 变频器使用方法。

变频器作为交流电动机变频调速的标准功率驱动接口,在使用上十分简便,它可以单独使用,也可以与外部控制器连接进行在线控制。

变频器是通过装置上的接线端子与外部连接的。接线端子分为主回路端子和控制回路端子,前者连接供电电源、交流电动机及外部能耗制动电路,后者连接变频控制的控制按钮开关或控制电路。

在人工控制系统中,只要在控制回路接线端上接上相应的机械开关即可实现变频调速。在自动控制系统中,有如图 5-48 所示的三种方法:第一种使用继电器

开关电路,继电器的开/关受上位控制器的控制,这种方法适用于简单的恒速控制,其控制电路如图 5-48(a)所示;第二种方法是模拟控制方法,上位机模拟通道与控制回路的电压频率设定端子或电流频率设定端子相连,其控制电路如图 5-48(b)所示;第三种方法是采用变频数字接口板,接口板是变频器的选件,将它接入变频器后,变频器就可以通过数字接口与上位控制器的并行输出口直接相连,以实现直接数字控制,其控制电路如图 5-48(c)所示。

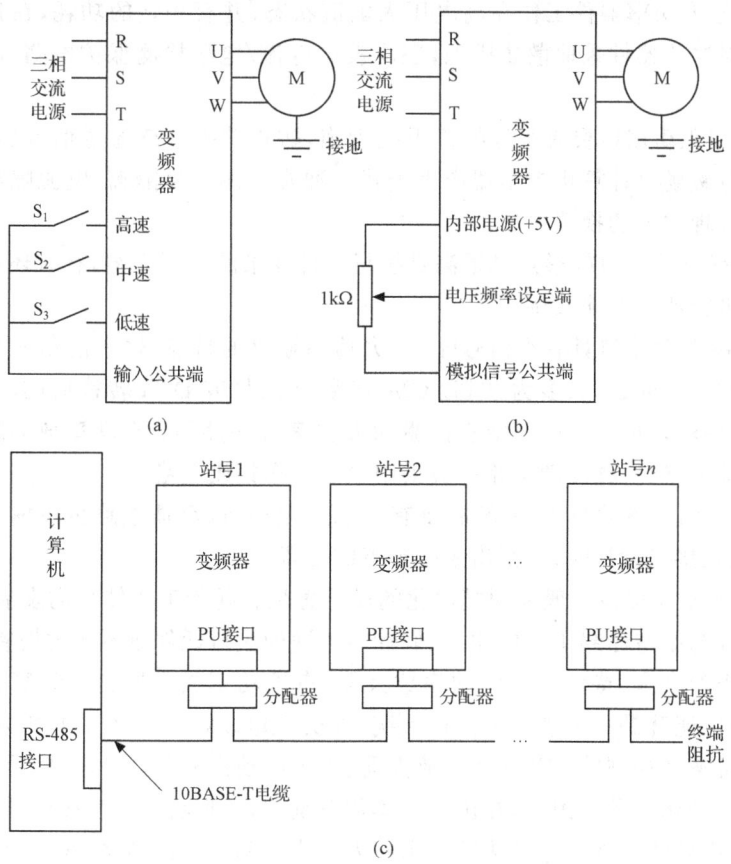

图 5-48 变频器的三种控制方法

可见,变频器不仅可以独立适用,而且可以用上位控制器控制,连接方便,操作简便。

(5) 功率驱动接口的设计要点。

功率驱动接口的设计是机电一体化系统设计中技术综合性较强的一项工作,既涉及微机控制的软硬件,还涉及执行元件、自动控制、电动机拖动、功率器件等多方面的技术领域。但从设计目标上看,功率驱动接口主要是解决与输入信号的信号匹配及与执行元件的功率匹配问题。

设计功率驱动接口时应考虑以下要点：

① 功率驱动接口的主电路是功率放大器，目前的功率放大电路的形式十分丰富，主要与采用的大功率器件及控制形式有关，设计者应掌握各种常用功率器件的使用特点及使用方法，熟悉常规实用电路的结构形式。随着电力电子技术快速发展，设计者应不断积累新型大功率器件（如IGBT、MOSFET、大功率模块、厚膜驱动电路等）的技术资料。

② 由于大功率器件工作在高电压大电流状态，并有一定的功耗，在接口设计中不仅要对这些器件采取散热措施，还应设计电流/电压检测保护电路，以防功率器件的烧断。

③ 功率驱动接口要有很好的抗干扰措施，防止功率系统通过信号通道、电源以及空间电磁场对计算机控制器产生干扰。通常采用信号隔离、电源隔离相对大功率开关实现过零切换等方法。

④ 功率驱动接口的形式必须满足执行元件要求的控制方案，有时还需要对输入的信号进行波形变换或调制。

⑤ 功率驱动接口具有小信号输入、大功率输出的特点，输入的信号来自计算机控制器的后向通道，大多为TTL/CMOS数字信号或D/A转换后的小电流/电压信号，这些输入信号一般不能直接驱动大功率器件，因此，在功率放大器之前需设计有驱动电路，这种驱动电路一般采用中小功率集成电路。

⑥ 对于伺服驱动系统，一般需要有状态反馈环节，反馈电路虽不属于功率驱动接口，但在接口设计时，应留出采样节点的位置。

⑦ 功率驱动接口一般采用模块化的设计思想。随着工业技术的发展，功率放大器的设计与制造已趋于专门化，人们针对不同的执行元件或不同的控制要求，设计生产出类型众多、特性各异的功率放大器，有些功率放大器自带计算机控制系统，其本身可能就是一个机电一体化系统，如交流电动机速度控制的变频控制器、直流电动机速度控制的PWM功率放大器、步进电动机驱动器等，这些功率放大器目前已有系列化产品。因此，在机电一体化系统中，常把功率驱动接口看作一个模块，在设计中要注重选用标准化的功率放大器或功率放大控制器，并设计出与它直接连接的接口电路。对于确实需要从细部结构上进行设计的功率驱动接口，则应该与电气自动控制方面的专业技术人员共同合作完成设计。

5.2 机电一体化系统的电磁兼容技术

电磁兼容是一门综合性学科，主要研究的是如何使在同一电磁环境下工作的电子电气系统、分系统、设备和元器件都能正常工作，互不干扰，达到兼容状态。在某种程度上可以说是研究干扰和抗干扰的问题，但它的研究对象已不仅仅限于电气电子设备,而是拓宽到自然干扰源、核电磁脉冲、静电放电;频谱管理工程;电磁辐射对人体的生态效应;信息处理设备电磁泄漏产生的失密;监测地震前的电磁辐射、进行震前预报等方面。因此电磁兼容学科包含的内容十分广泛,实用性很强,几乎所有的现代工业包括航天、军工电力、通信、交通、计算机、医疗卫生部门都必须解决电磁兼容问题。

5.2.1 电磁兼容技术的有关定义

1. 电磁兼容性

电磁兼容性(electromagnetic compatibility,EMC)是指"设备(分系统、系统)在共同的电磁环境中能一起执行各自功能的共存状态,即该设备不会由于受到处于同一电磁环境中其他设备的电磁发射导致或遭受不允许的降级;它也不会使同一电磁环境中其他设备(分系统、系统)因受到其电磁发射导致或遭受不允许的降级。"电磁兼容性包括两方面含义:

(1) 电子设备或系统内部的各个部件和子系统,一个系统内部的各台设备乃至相邻几个系统,在它们自己所产生电磁环境及在它们所处的外界电磁环境中,保证它们对电磁干扰具有一定的抗扰度,能按原设计要求正常运行。

(2) 该设备或系统自己产生的电磁噪声(electromagnetic noise)必须限制在一定的电平,使由它造成的电磁干扰不致对周围的电磁环境造成严重的污染,以防影响其他设备或系统的正常运行。

2. 电磁干扰及其具备条件

电磁干扰(electromagnetic interference,EMI)是指系统在工作过程中出现的一些与有用信号无关的、并且对系统性能或信号传输有害的电气变化现象。构成电磁干扰必须具备三个基本条件:①存在干扰源;②有相应的传输介质;③有敏感的接收元件。只要除去其中一个条件,电磁干扰就可消除,这就是电磁兼容设计的基本出发点。电磁干扰的基本模型如图5-49所示。

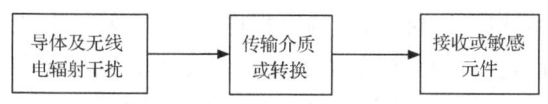

图5-49 电磁干扰基本模型

3. 电磁敏感度

电磁敏感度(electromagnetic susceptibility,EMS)是指电工、电子或机电一体化装置对所处环境中存在的电磁干扰的敏感性,即一台设备或一个电路承受电磁噪声能量的能力,也就是抗扰性。

4. 电磁兼容性设计

电磁兼容性设计是应用那些已由理论和实践证明的,能保证系统相对免除电磁干扰的设计方法,对干扰加以控制。构成电磁干扰的三个要素,即干扰源(噪声)、噪声的耦合途经及噪声接收器(被干扰设备)。针对现场工作情况和用户要求采取最有效、简单和低成本的电磁兼容性方案,设计一个好的机电一体化系统。

机电一体化系统进行电磁兼容性设计的基本任务是,在阐明电磁环境对系统影响的基础上,深入研究电力与电子设备、强电与弱电紧密结合的装置,在信号传送、线路结构、组装工艺和整体布置等各方面对电磁干扰的防护和抑制措施,以及在产品开发设计中重视采用电磁兼容技术的科学设计和经验方法,从而使产品能够在电磁环境中长期稳定运行,既不被周围设备产生的电磁能量所干扰,也不会妨碍周围设备的正常运行。

为了保证一个电子设备或系统具有良好的电磁兼容性,在新产品的设计阶段就应当首先进行电磁兼容性设计,并且在设备制造、现场施工及维护中加以实施,来确保整个系统在生产现场运转正常。

电磁兼容性设计的基本内容包括如下几点:

(1) 了解和掌握有关产品的国际和国家标准,以提高产品的国际竞争力,这一点非常重要。在这个基础上明确产品的电磁兼容性指标,即本产品在多强的电磁干扰环境中能正常工作;本产品干扰其他产品的允许指标。

(2) 按标准规定对设备总体布局和系统控制信号、状态和数据的传输线、接地、印制电路板等进行综合设计,特别是对电源系统的抑制干扰和切断干扰耦合途径应给予高度重视。

(3) 在了解本产品干扰源、被干扰对象、干扰耦合途径的基础上,通过理论分析将这些指标逐级地分配到各分系统、子系统、电路和元器件上。

(4) 根据实际情况采取相应措施抑制干扰源、隔断干扰途径,提高电路的抗干扰能力。

(5) 利用各种模拟测试仪器,如静电放电模拟器、脉冲与瞬变模拟器、浪涌干扰模拟器等,对产品进行严格测试,以验证产品是否达到原定的要求指标,包括产品对电磁干扰承受的极限值,产品对电磁干扰的敏感度等。

电磁兼容性的设计依据是有关电磁兼容性标准,包括国际标准、地区性标准、国家标准等。我国也陆续制定了一些国家标准,但还很不完备。不同标准的测试设备、测试方法、测试场地(开阔地、屏蔽室或电波暗室)、限值和测量单位等都不尽相同。

5.2.2 电磁干扰的形式和途径

由于机电一体化系统都是在一定的电磁环境中工作,要接收传感器的各种信号,经长距离传输后由接口电路输入微处理器,因此经常会受到各种电磁干扰。

1. 电磁干扰的分类

常见的各种电磁干扰根据干扰的现象和信号特征不同有以下分类方法。

1) 按其来源分类

(1) 自然干扰。自然干扰是指由于大自然现象所造成的各种电磁噪声。主要有大气噪声如雷电;太阳噪声即太阳黑子活动时所产生的磁暴;宇宙噪声即来自银河系的电磁辐射等自然现象形成的干扰。

(2) 人为干扰。由于电子设备和其他人工装置产生的电磁干扰。大致可分为五大类:元器件的固有噪声、电化学过程噪声、放电噪声、电磁感应噪声及非线性开关过程噪声。

2) 按干扰功能分类

(1) 有意干扰。有意干扰是指人为了达到某种目的而有意识制造的电磁干扰信号。这是当前电子战的重要手段。为使敌方的广播、通信、指挥及控制系统造成错误判断、失效乃至损坏,故意在对方使用的频带内发射相应的电磁干扰信号。这种有明确目的和对象的有意干扰和反干扰(又称为电子对抗)不属于本书讨论的范围。

(2) 无意干扰。无意干扰是指人在无意之中所造成的干扰,如工业用电、高频及微波设备等引起的干扰等。人们常说的电磁干扰和电磁兼容是指无意干扰和实际工作现场的电磁兼容。

3) 按干扰出现的规律分类

(1) 固定干扰。多为邻近电气设备固定运行时发出的干扰。

(2) 半固定干扰。偶尔使用的设备(如行车、电钻等)引起的干扰。

(3) 随机干扰。无法预计的偶发性干扰。

4) 按耦合方式分类

干扰源把噪声能量耦合到被干扰对象有两种方式:传导耦合方式和辐射耦合方式。

(1) 传导耦合干扰。传导耦合是指电磁噪声的能量在电路中以电压或电流的形式,通过金属导线或其他元件(如电容器、电感器、变压器等)耦合到被干扰设备(电路)。

(2) 辐射耦合干扰。电磁辐射耦合是指电磁噪声的能量以电磁场能量的形式,通过空间辐射传播,耦合到被干扰设备(或电路)。

2. 电磁噪声耦合途径

干扰源对电子设备的干扰是通过一定耦合形式进行的,无论是内部干扰或外部干扰,都是通过"路"(传输线路或电路)或"场"(静电场或交变电磁场)耦合到被干扰设备中的。

1) 电磁噪声传导耦合

常见的传导耦合有直接传导耦合、公共阻抗耦合、共模与差模电流等。

(1) 直接传导耦合。

电导性直接传导耦合最简单、最常见,但它也是最易被人们忽视的一种耦合方式。在考虑电磁兼容性问题时,必须考虑导线不但有电阻 R_t,而且有电感 L_t、漏电阻 R_p 以及杂散电容 C_p。在实际使用中尤其是频率比较高时,这些分布参数对信号的传输有着十分重要的影响。如何考虑分布参数的影响与传输线的长度密切相关。根据传输线的长度与传输信号频率的关系可把传输线分为长线和短线,对短信号线不必进行阻抗匹配,而对长信号线应在终端进行阻抗匹配。

(2) 公共阻抗耦合。

当干扰源的输出回路与被干扰电路存在一个公共阻抗时,两者之间就会产生公共阻抗耦合。干扰源的电磁噪声将会通过公共阻抗耦合到被干扰电路而产生干扰。所谓"公共阻抗"通常不是人们故意接入的阻抗,而是由公共地线和公共电源线的引线电感所造成的阻抗和不同接地点间的电位差造成的寄生耦合。公共阻抗耦合主要包括公共地阻抗耦合和公共电源阻抗耦合。

(3) 共模电流和差模电流。

干扰电流在导线上传输时有两种方式:共模方式和差模方式。一对导线上如流过差模电流则两条线上的电流大小相等、方向相反,一对导线上如流过共模电流则两条线上的电流方向相同,一般有用信号都是差模电流。干扰在传输线上既可以差模方式出现,也可以共模方式出现。

2) 电磁辐射耦合

常把干扰源通过电场的耦合看成是电容性耦合(电场耦合),通过磁场的耦合看成电感性耦合,电场与磁场同时存在则为电磁场耦合。

(1) 电容性耦合。

当干扰源产生的干扰波以电压形式出现时,干扰源与信号电路之间就存在电场(电容性耦合)。这时,干扰电压经电容耦合到信号电路。抑制电容性耦合可采取合理布置电路及电场屏蔽等措施。

(2) 电感性耦合。

交流载体,如交流电动机、动力线、发电动机、变压器等,必将在载体周围空间产生工频磁场,干扰其周围的电路及电子装置。当变送器、热电偶等小信号通过较长的信号线传送时,在信号传送途中经常会受到这种交变磁场的干扰。

(3) 电磁场耦合。

远场时电场与磁场干扰之比等于常数,通称为电磁场耦合。大功率的高频发生装置(如高频加热炉)、晶闸管变流装置、整流子电动机的电刷滑环、开关、继电器、接触器等节点开断时产生的电弧,电焊机的弧光,电车集电环产生的火花,以及航空雷达信号等,都将产生强烈的电磁波,并以空间辐射的形式干扰电子设备。

电灯线、架空配电线具有接收天线效应,其天线的有效高度为 2m。在辐射电磁场中,它将感应产生干扰电压,并通过电源电路对电子设备造成干扰。

电子设备中长的信号输入/输出线和控制线等也具有天线效应,即能够辐射干扰波和接收干扰波。离干扰源较远的地区干扰主要是由辐射电磁场造成的。

3) 串扰

串扰和反射是信号在传输过程中产生的两大主要噪声,当信号平行且距离很近时,由于线间互感和互容的存在,在相邻两信号之间产生的干扰,称为串扰。传输线串扰噪声与信号之比为

$$\frac{串扰噪声}{信号} = \frac{1}{1 + Z_c/Z_o}$$

式中,Z_c 为耦合阻抗;Z_o 为传输阻抗。从式中可看出 Z_c/Z_o 的比值越大,串扰的影响越小。

当两根信号线紧靠在一起时,Z_c 很小,当信号线与地距离很近,则 Z_o 增大,说明串扰严重。

若将发送线和接收线改用两对双绞线,其中一根在始端和终端接地。对于一般 TTL 电路就比较安全了。

4) 浪涌

电路遭受雷击、断开电感负载或投入大型负载时,常会产生很高的操作过电压,这种瞬时过电压或电流称为浪涌电压或电流,这属于瞬变干扰,具体数据见表 5-4。

表 5-4 浪涌电压或电流

干扰源	最大可能值或现象
断开直流 6V 继电器线圈	300~600V
接通白炽灯	8~10 倍浪涌电流
接通大型容性负载	出现大浪涌电流,电源电压突降
切断空载变压器	额定电压 8~10 倍过电压

5.2.3 常用的干扰抑制技术

各种干扰是机电一体化系统和装置出现瞬时故障的主要原因。电磁兼容性设

计是目前电子设备及机电一体化系统设计时考虑的一个重要原则,它的核心是抑制电磁干扰。电磁干扰的抑制要从干扰源、传播途径、接收器三个方面着手,切断干扰耦合的途径,干扰的影响也将被消除。常用的方法有滤波、降低或消除公共阻抗、屏蔽、隔离等。

1. 屏蔽技术

屏蔽技术用来抑制电磁噪声沿着空间的传播及切断辐射电磁噪声的传输途径。通常用金属材料或磁性材料把所需屏蔽的区域包围起来,使屏蔽体内外的"场"相互隔离。如果目的是防止噪声源向外辐射场的干扰,则应该屏蔽噪声源,这种方法称主动屏蔽。如果目的是防止敏感设备受噪声辐射场的干扰,则应该屏蔽敏感设备,这种方法称被动屏蔽。

对于电场、磁场、电磁场等不同的辐射场,由于屏蔽机理不同而采取的方法也不尽相同。屏蔽技术通常分为三大类:电场屏蔽、磁场屏蔽及电磁场屏蔽(同时存在电场及磁场的高频辐射电磁场的屏蔽)。

1) 电场屏蔽

电场屏蔽是抑制噪声源和敏感设备之间由于存在电场耦合而产生的干扰。电场有静电场和交变电场之分。利用金属屏蔽体可对电场起到屏蔽作用,但是,屏蔽体的屏蔽必须完善并良好地接地。如果可能,最好使用低电阻金属(铜、铝)做成屏蔽罩,并使之与机壳(地)可靠相连。

无论是静电场或交变电场,电场屏蔽的必要条件是完善的屏蔽及屏蔽体良好接地。

2) 磁场屏蔽

磁场屏蔽的目的是消除或抑制噪声源与敏感设备之间由于磁场耦合所产生的干扰。对于不同的频率必须采取不同的磁场屏蔽措施。

(1) 低频磁场屏蔽。

通电线圈周围产生磁场,磁力线是闭合的,由于磁力线分布在整个空间,可能对附近的敏感设备产生干扰。对于恒定磁场和低频段(100kHz 以下)干扰磁场,采用高磁导率的铁磁材料(如硅钢片、坡莫合金、铁等)制成管状或杯状罩进行磁场屏蔽。这样,既可将磁场干扰限制在屏蔽罩内,也可使外界低频干扰磁场对置于屏蔽罩内的电路和器件不产生干扰。如图 5-50(a)所示线圈的磁屏蔽,由于铁磁材料的高磁导率,因而使屏蔽体内的线圈产生的磁通主要沿屏蔽罩通过,而使屏蔽罩外面的元件、电路不受磁场的影响,即主动屏蔽。同样,当屏蔽体放入外磁场中,磁力线将集中在屏蔽体内通过,不至于泄漏在屏蔽壳体包围的内部空间中去,从而保证该空间不受外磁场的影响,即被动屏蔽,如图 5-50(b)所示。

在使用铁磁性材料作屏蔽壳体时,如果需要在壳体上开缝,一定要注意开缝的方向。图 5-50(a)中壳体上磁力线是垂直流动的,所以横向的缝隙会阻挡磁力线,使磁阻增加,从而使屏蔽性能变坏。纵向的缝隙不会阻挡磁力线,但应注意缝不能太宽。

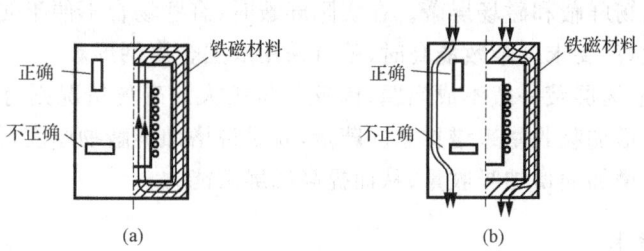

图 5-50　低频磁场屏蔽
(a) 主动屏蔽;(b) 被动屏蔽

对于低频磁场干扰,除应用磁屏蔽外,还可利用双绞线予以消除。

(2) 高频磁场屏蔽。

高频磁场采用低电阻率的金属良导体材料来屏蔽,如铜、铝,当高频磁场穿过金属板时由于电磁感应原理在金属板上产生感应电动势,由于金属板的电导率很高所以产生很大的涡流。如图 5-51(a)所示。涡流又产生反磁场,与穿过金属板的原磁场相互抵消,同时又增强了金属板周围的原磁场。总的效果是使磁力线在金属板四周绕行而过。如果做一个金属盒把线圈包围起来,则线圈电流产生的高频磁场在金属盒内壁产生涡流,从而把原磁场限制在盒内,不至于向外泄漏,起到主动屏蔽作用。金属盒外的高频磁场同样由于涡流作用只能绕过金属盒,而不能进入盒内,起到了被动屏蔽的作用,如图 5-51(b)所示。由于高频电流具有集肤效应,涡流只在金属表面的薄层中流过,金属屏蔽体不需太厚,薄薄一层(0.2~0.8mm)金属良导体就能起到良好的高频磁场屏蔽作用。

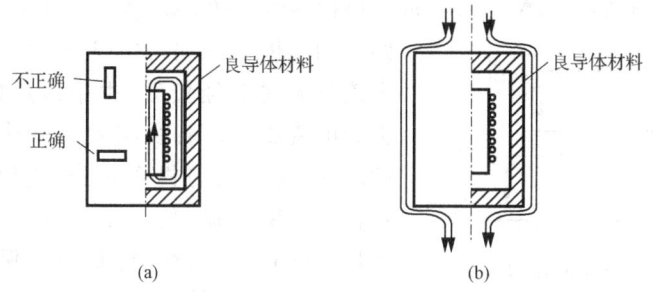

图 5-51　高频磁场屏蔽
(a) 主动屏蔽;(b) 被动屏蔽

磁场屏蔽和接地与否影响不大,一般均接地,可同时起到电场屏蔽的作用。

3) 电磁场屏蔽

用于抑制噪声源和敏感设备距离较远时通过电磁场耦合产生的干扰。

对于高频电磁干扰,通常采用电阻率小的良导体材料,且接地良好的屏蔽体就可同时实现电场屏蔽和磁场屏蔽。在实际屏蔽时,有些场合不便于使用金属板,就可用金属网代替,要求屏蔽效能高时,就可采用双层金属网屏蔽。

低频时,电场屏蔽一般不成问题,因反射量很大。磁场情况则有所不同,因反射量小只能靠增加吸收量来增加总屏蔽量,就是说增加屏蔽物厚度,使屏蔽物的电导率和磁导率增加而增加吸收量,从而提高磁屏蔽能力。

2. 接地技术

"地"可定义为一个等位点或一个等位面,它为电路、系统提供一个参考电位,电路、系统中的各部分电流都必须经"地线"或"地平面"构成电流回路。因此"地"在电路系统中充当一个重要的角色,接地可接真正的大地,如接大地则地线的电位就是大地电位,该接地系统记为⏚;也可不接大地,系统地线有时与公共底板相连,有时与设备外壳和柜体框架相连,称为浮地系统,符号为⊥,如飞机上的电子电气设备接飞机壳体就是接地。

接地的目的有两个,一是为保护人身和设备安全,避免雷击、漏电、静电等危害。此类地线称为保护地线,应与真正大地连接。另一个是为了保证设备的正常工作,如直流电源常需要有一极接地,作为参考零电位。传输信号传输也常需要有一根线接地,作为基准电位,传输信号的大小与该基准电位相比较。另外,对设备进行屏蔽时在很多情况下只有与接地相结合,才能具有应有的效果。

接地系统又分为保护地线、工作地线、地环路和屏蔽接地四种。

1) 保护地线

为确保操作人员的人身安全和设备运行安全,电气设备的机壳、底盘都应该接地。常用的电源插座或配电板上都有保护地线。图5-52为交流单相220V供电线路中的三根线:火线、中线、地线。正常工作时电流从火线流经负载,由中线返回,保护地线上无电流流过。若线路发生绝缘击穿或出现故障时,使火线与机壳相连,则保护地线上流过很大故障电流,使火线上的保险丝熔断,从而切断电源。因为机壳是通过保护地线与大地相连的,机壳始终保持大地电位,所以即使

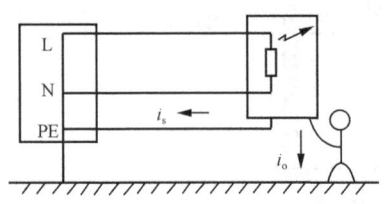

图5-52 保护地线的作用示意图

人接触机壳也不会发生危险的。按照直接接触安全操作电压的规定,普通环境电压应为48V以下,潮湿环境和手持设备应在24V以下,超过上述值即应妥善接地。

2) 工作地线

工作地线是给电源和传输信号提供一个等电位,但在实际电路中工作地线常常兼作电源和信号线的回流线。工作地线总具有一定的电阻和分布电感,一般电

阻很小可忽略,但高频时电感的感抗不能忽略。当回流流过工作地线时就会在地线的阻抗上产生压降,因此各点的电位不同,任意两点存在着一定的电位差,就可能产生共阻抗干扰。为了消除或抑制这种干扰,地线设计的一般原则为:①尽可能使接地电路各自形成回路,减小电路与地线间的耦合。②恰当布置地线,使地电流局限在尽可能小的范围内。③根据地线电流的大小,选择相应形状的地线和接地方式。常用的有单点接地和多点接地方式。

(1) 单点接地。

单点接地包括单点串联接地和单点并联接地。图 5-53 所示为单点串联接地方式,电路 1、2、3 的接地点由工作地线串联起来,然后接地。

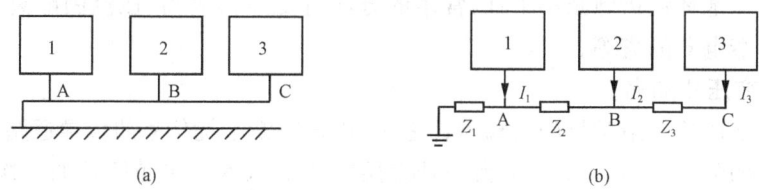

图 5-53 单点串联接地方式
(a) 单点串联接地;(b) 等效电路

单点并联接地方式是将电路 1、2、3 各自独立地在同一点接地,如图 5-54 所示,电流 I_2、I_3 就不可能流经 Z_1,因此就不会产生共阻抗干扰。

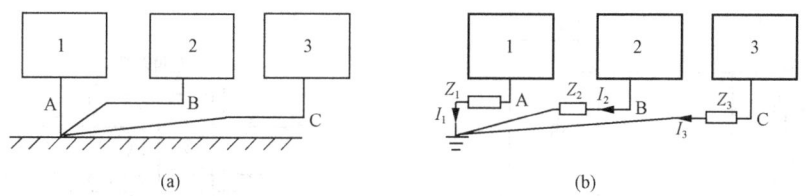

图 5-54 单点并联接地方式
(a) 单点并联接地;(b) 等效电路

在实际电路布置中常常将单点串联和单点并联方式结合起来使用。

(2) 多点接地。

为了改善地线的高频特性,把需要接地的电路就近接到一金属面上,如图 5-55 所示。各电路接地点到金属面的引线要尽可能缩短。金属面导电好、面积大,因而本身阻抗很小,不易产生共阻抗干扰。在设备中常用机壳作地线。高频电路($f>100\mathrm{MHz}$)一般多采用该接地方式。但在印制板上,作为地线的金属面一般都比较

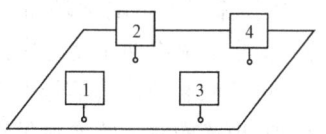

图 5-55 多点接地方式

大,这种情况无论高频电路还是低频电路都可多点就近接地。

3) 地环路

地环路是由于电路多点接地并且电路间有信号联系时形成的干扰,而不是指由于地线本身构成的环路,如图 5-56 所示。在外界电磁场的影响下由于产生感应电动势而产生电流,使得在地线阻抗上有电压降,而导致产生共阻抗干扰。电路 1 在 A 点接地,电路 2 在 B 点接地,有一根信号线连接两电路,由于信号线和地之间构成了地环路 ABCD,如果 A 点和 B 点的电位不同,就存在一定的电位差 U_{AB},或者由于外界电磁场比较强,在地环路 ABCD 中产生感应电动势 U_{AB},U_{AB} 叠加在有用信号 E_s 上一起加到负载 Z_l 上,从而产生干扰,这种干扰是差模干扰。

用阻隔地环流措施减小干扰,常用的方法有变压器隔离、扼流圈隔离、光电耦合隔离和继电器隔离等。

(1) 变压器隔离。

隔离变压器是最常见的隔离器件之一,用来阻断干扰信号的传导通路,并抑制干扰信号的强度。图 5-57 所示为一种多层隔离变压器。在变压器的一次侧和二次侧线圈处设有静电隔离层 S_1 和 S_2,还有三层屏蔽密封体。S_1 和 S_2 的作用是防止通过一次侧和二次侧绕组的耦合相互干扰。变压器的三层屏蔽层,其内外两层用铁起磁屏蔽的作用,中间用铜与铁心相连并直接接地,起静电屏蔽作用。这三层屏蔽层是为了防止外界电磁场通过变压器对电路形成干扰。这种隔离变压器具有很强的抗干扰能力。

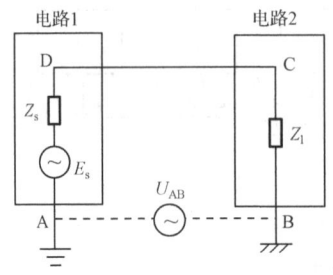

图 5-56 地环路的构成

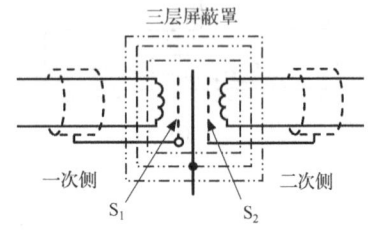

图 5-57 多层隔离变压器

(2) 扼流圈隔离。

当传输的信号中有直流分量或很低频率成分时,就不能用隔离变压器,而需要采用扼流圈来阻隔地环路,如图 5-58 所示。扼流圈的两个绕组的绕向和匝数都相同,信号电流在两个绕组中流过时产生的磁场恰好抵消,所以扼流圈并未起到扼流作用,可较顺利地传输信号电流。地线中的干扰电流流经两个绕组时产生的磁场同相相加,扼流圈对干扰电流呈现较大的感抗,因而起到阻隔地环流以减小干扰的作用。

采用扼流圈有如下好处:①扼流圈不仅能传输交流信号,而且也能传输直流信号;②扼流圈对地线中较高频率的干扰有强的抑制能力;③扼流圈能抑制所传输的较高频率的信号对其他电路单元的干扰。

(3) 光电耦合隔离。

切断两电路单元之间地环流的另一种方法是采用光电耦合器,如图 5-59 所示,其原理是发光二极管发光的强弱随电路 1 输出信号电流的变化而变化,强弱变化的光使光敏晶体管产生相应变化的电流作为电路 2 的输入信号。将这两种器件封装在一起就构成了光电耦合器。

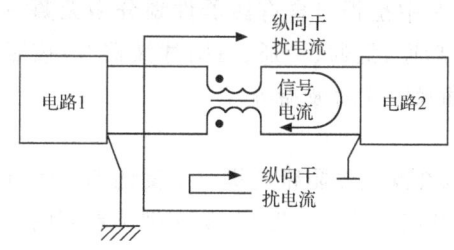

图 5-58 用纵向扼流圈阻隔地环路

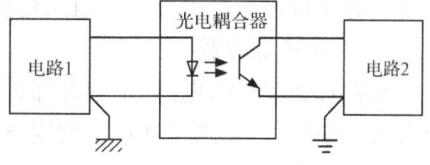

图 5-59 用于切断地环路的光电耦合器

光电耦合器完全切断了两电路单元之间的地环路,所以有良好的抑制地线干扰的能力。由于光强和电流之间线性关系较差,在传输模拟信号时会产生较大的失真,故光电耦合器的运用受到限制,但对数字信号传输光电耦合器特别适用。

(4) 继电器隔离。

继电器线圈和触点仅有机械联系而没有直接电联系,因此可利用继电器线圈接收信号,而利用其触点发送和传输信号,如图 5-60 所示,从而实现强电与弱电的隔离。继电器触点较多,且其触点能承受较大的负载电流,因而应用广泛。在实际应用中,常将继电器的线圈接入弱电控制回路,而对应于线圈的触点则用于传递强电回路的某些信号。隔离用的继电器,主要是一般小型电磁继电器或干簧继电器。

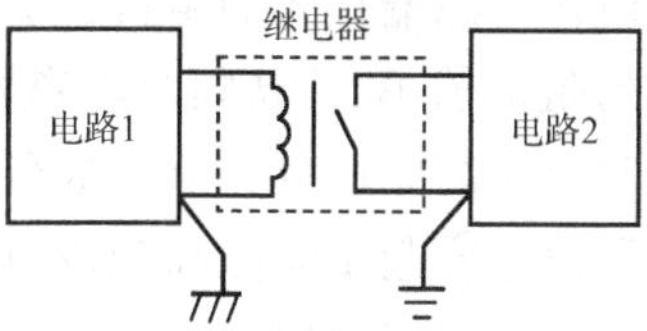

图 5-60 继电器隔离

4) 屏蔽接地

如前所述,为实现电场的屏蔽,必须用金属良导体作静电屏蔽层,而且必须接以恒定不变的电位(通常接大地),否则该屏蔽层不但不起任何静电屏蔽的作用,相反还会因之加大分布电容,从而加大电容耦合。正是因为这个原因,屏蔽高频电磁场的良导体屏蔽层也应当接地。此外,对用于屏蔽低频磁场的磁屏蔽体最好也接地。常见的屏蔽体还有屏蔽线、屏蔽电缆、电源滤波器、变压器等。

设计这些屏蔽体层接地方式时必须注意,既要保证原屏蔽设计的要求,不降低屏蔽效能,又要保证接地系统的设计要求,不会因之构成不合理的地回路。

在一个系统中,屏蔽体通常安排在两个部分,一是信号输入敏感电路部分,用屏蔽来削弱外界噪声引起的干扰;另一个是输出部分,屏蔽自身产生的干扰噪声电平。

3. 滤波技术

滤波器是由电感、电容、电阻或铁氧体器件构成的频率选择性二端口网络,可插入传输线中,抑制不需要的频率进行传播,能较小衰减地通过滤波器的频率段称为滤波器的通带。通过时受到很大衰减的频率段称为滤波器的阻带。

滤波器按照在电路中所处的位置和作用分为信号滤波、电源滤波、EMI 滤波,电源去耦滤波和谐波滤波等;按照滤波器电路中是否包含有源器件划分为无源滤波和有源滤波;按照滤波器的频率特性分为高通、低通、带通、带阻滤波器等;按照滤波器的能量损耗又可分为反射式滤波器和吸收式滤波器等。

1) 反射式滤波器

反射式滤波器由电感、电容等器件组成,在滤波器阻带内提供了高的串联阻抗和低的并联阻抗,使之与噪声源的阻抗和负载阻抗严重不匹配,从而把不希望的频率反射回噪声源。

(1) 低通滤波器。

低通滤波器是电磁兼容抑制技术中用得最普遍的一种滤波器,低频信号可很小地衰减通过,而高频信号则被滤除(见图 5-61)。低通滤波器用在交直流电源系统中可抑制电源中的高频噪声,用在放大器或发射机输出电路中可滤除有用信号的高次谐波和其他杂散干扰。常用的有电容滤波器、电感滤波器、Γ 滤波器、电源滤波器等。

① 电容滤波器。

电容滤波器结构如图 5-62 所示。Z_1 为滤波器向负载端视入的阻抗,Z_s 为滤波器向源端视入的阻抗。滤波器电容本身的阻抗为 $Z_c=1/(j\omega C)$,频率越高电容的阻抗越小,即高频时电容器为线路提供一个并联的低阻抗。如果电源电流中同时存在高频成分和低频成分,则高频成分主要流过电容,而低频成分则流向负载,所以电容起了滤除高频成分的作用。

② 电感滤波器。

电感滤波器的结构如图 5-63 所示,滤波器电感的阻抗为 $Z_L=jL\omega$,频率越高,电感的阻抗越大,即高频时为线路提供了一个串联的高阻抗,高频成分主要降在电感上,而低频成分能衰减很小地通过电感到达负载。电感器的选择应在需要滤除的频率范围内满足

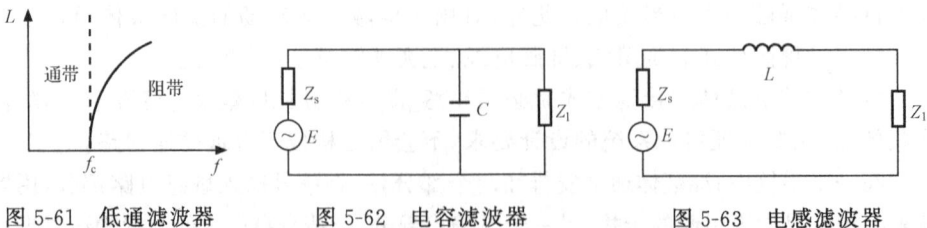

图 5-61 低通滤波器　　　　图 5-62 电容滤波器　　　　图 5-63 电感滤波器

$$Z_s, Z_1 < Z_L$$

所以电感滤波器适用于高频时负载阻抗和源阻抗较小的场合。

(2) 高通滤波器。

高通滤波器用在高频信号线上可消除交流电源分量或外界低频噪声,如图 5-64 所示。高通滤波器可由低通滤波器转变而成,只要把电感换成电容,电容换成电感即可,如图 5-65 所示。

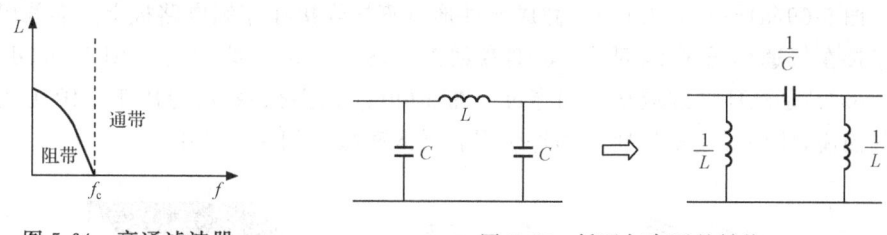

图 5-64　高通滤波器　　　　图 5-65　低通与高通的转换

(3) 带通滤波器。

带通滤波器只允许以特定频率为中心的一段窄带信号通过,如图 5-66 所示。例如,谐振滤波器是一种带通滤波器,图 5-67 是一种由 L、C 串联组成的谐振滤波器,常接在晶闸管变流设备的电网供电端。用于滤除晶闸管产生的高次谐波。各支路的谐振频率为 $f_n = 1/(2\pi\sqrt{L_n C_n})$,分别针对第 n 次谐波,当 L、C 串联电路谐振时阻抗最小,从而给谐振波提供了通道,使之不再流入电网。

(4) 带阻滤波器。

带阻滤波器则正好相反,带阻滤波器通常串联于噪声源与被干扰对象之间,对带阻内频率呈现高阻抗,从而起到滤波作用,如图 5-68 所示。也可将带通滤波器并联在带有噪声的导线与地之间,在带通频率范围内呈现低阻抗,把噪声引入地中,从而起到滤波作用。

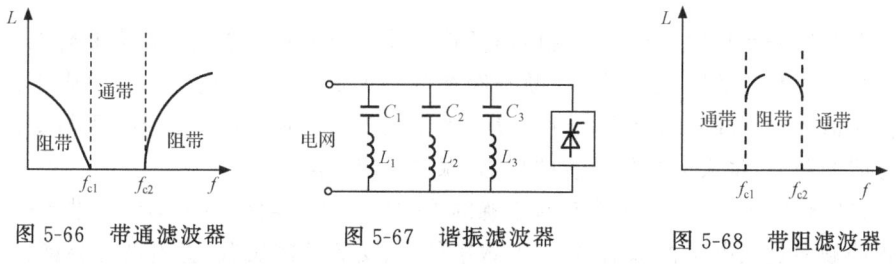

图 5-66　带通滤波器　　　　图 5-67　谐振滤波器　　　　图 5-68　带阻滤波器

2) 吸收式滤波器

吸收式滤波器又称损耗滤波器,它是由有耗器件构成的,在阻带内吸收噪声的能量转化为热损耗,将不需要的频率成分损耗在滤波器内,而起到滤波作用。铁氧体吸收式滤波器是目前应用发展最快的一种低通滤波器,已广泛应用于各种电路中,用于电磁噪声抑制的铁氧体是一种磁性材料,由铁、镍、锌氧化物混合而成,具有很高的电阻率,较高的磁导率(为 100～1500)。铁氧体一般做成中空型,导线穿过其中。当导线中的电流穿过铁氧体时低频电流几乎无衰减的通过,但高频电流却会受到很大的损耗,转变成热量散发,所以铁氧体和穿过其中的导线就构成吸收式低通滤波器。

根据不同的使用场合铁氧体滤波器可做成多种形式,图 5-69 列出了 7 种形式。图 5-69(a)～图 5-69(c)常做成元件形可直接焊接在印制电路板上。多线磁珠可串接在低速信号轨线对中,如键盘线对,RS-232 接口线对等。图 5-69(d)～图 5-69(f)是磁环导线应从中间穿过。图 5-69(g)是多孔磁板,专用于 DIP 型连接器的插座,使用时应把插座上的每个引脚插入磁板上相应的孔中。

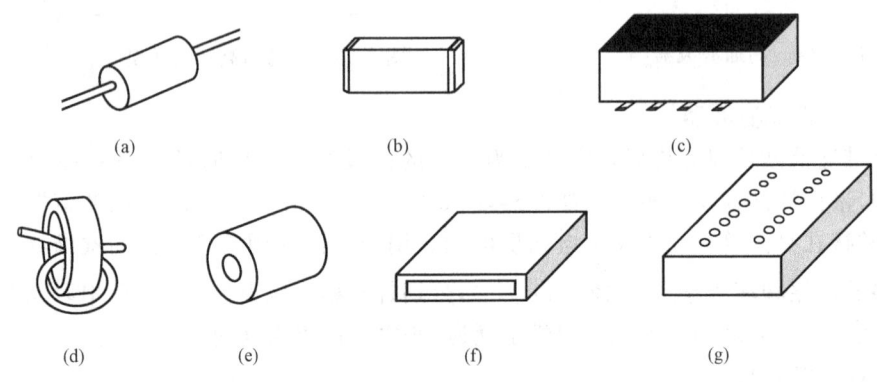

图 5-69　各种铁氧体磁环
(a) 线磁珠;(b) 表面安装磁珠;(c) 多线磁珠;(d) 圆磁环;
(e) 柱形磁环;(f) 矩形磁环;(g) DIP 接口磁板

4. 隔离技术

布线的隔离是通过加大受扰电路器件或装置与干扰源之间的距离来降低干扰的一种行之有效的措施。因为干扰与距离的平方成反比,距离增加 1 倍则干扰就降低 4 倍,因此,周密地考虑器件和设备的安装布线,并尽量增大干扰源与受扰电路之间的距离,将大大降低干扰的传播,减少系统故障。

在实际安装布线时,应按其对干扰的灵敏度或本身功率的大小分别进行处理。布置的顺序是低电平模拟信号、一般数字信号、交流控制装置、直流动力装置、交流动力装置等,按照这样的顺序布置使其相互隔开,保持一定的距离。但有时设备要求体积小,安装受到限制时,就考虑其他措施。另外,布线要注意强弱信号的隔离、输入线和输出线间的隔离、交流和直流线路隔离、不同电压和不同电流等级的线路隔离。

布线时要正确使用"短"、"乱"、"辫"、"共地"和"浮地"的方法。

所谓"短",就是要在任何可能的条件下,使电路之间的连线尽量缩短,连线缩短之后,在连线上出现的各种干扰效应就会减弱。

所谓"乱",就是弱电系统不宜像强电系统那样,追求整齐划一的排列方式,而应该按照有利于消除干扰的原则进行布线。因而,相对强电系统的布线要乱一些。但不是杂乱无章。相反它也是有规律的,如该交叉的交叉,该扭绞的扭绞,处理得当,也可布设得整齐美观。

所谓"辫",指的是对于同一类型线路的导线束,不宜采用捆扎和胶排的方法,而要采用编辫子的方法编成辫线。这样有利于抑制电磁耦合干扰。

当系统地线处理方案采用"共地"时,应使所有线路尽量沿地敷设。

当系统地线处理方案采用"浮地"时,则所有线路均应以此"浮地"为地而沿浮地的直流地敷设,并应尽量避免沿交流地敷设。

5. 浪涌吸收器

(1) 氧化锌压敏电阻。这是目前广泛使用的过压保护器件,适用于交流电源电压的浪涌吸收,各种线圈、接点间过电压吸收,灭弧、三极管、晶闸管等的过压保护。

(2) 直流浪涌吸收电路。在直流线圈两端及控制接点两端并联电阻、电容、二极管及稳压管等浪涌吸收器件。原则上这些措施也适用于交流。

(3) 放电管。利用充气放电管的气隙放电作用消除浪涌。

(4) 新型半导体雪崩二极管。这是一种过压钳位器件。它和压敏电阻响应时间的比较列于表 5-5 中。

表 5-5 压敏电阻与雪崩二极管的响应时间对照表

	压敏电阻	雪崩二极管
响应时间	$25ms \sim 2\mu s$	$5ns$
漏电流	$200 \sim 1000\mu A$	$5\mu A$
偏移	$20\% \sim 30\%$	$5\% \sim 10\%$
可靠性	短路型、性能差	不会疲劳

6. 软件的抗干扰设计

各种形式的干扰最终会反映在系统的微机模块中,导致数据采集误差加大、控制状态失灵、存储数据发生篡改以及程序运行失常等后果,虽然在系统硬件上采取了多种抗干扰措施,但仍然不能保证万无一失,因此软件抗干扰措施的研究愈来愈引起人们的重视。

1) 软件抗干扰必要条件

软件抗干扰是属于微机系统的自身防御行为,采用软件抗干扰最根本的必要条件是系统中抗干扰软件不会因干扰而损坏。具体包括以下几方面:

(1) 在干扰作用下,微机硬件系统不会受到任何损坏,或易损坏部分设置有监测状态可供查询。

(2) 程序区不会受到干扰侵害。系统的程序及重要常数不会因干扰侵入而变化。

(3) RAM 区中的重要数据不被破坏,或虽被破坏可以重新建立。

2) 数据采样的抗干扰设计

(1) 抑制工频干扰。工频干扰侵入微机系统的前向通道后,往往会将干扰信号叠加在被测信号上,特别是当传感器模拟量接口是小电压信号输出时,这种串联叠加会使被测信号淹没。要消除这种串联干扰,可使采样周期等于电网工频周期的整数倍,使工频干扰信号在采样周期内自相抵消。在实际工作中,工频信号的频率是变动的,因此采样触发信号应采用硬件电路捕获电网工频,并发出工频周期整数倍的信号输入微机,微机根据该信号触发采样,这样可使系统对工频串模抗干扰能力大大增加。

(2) 数字滤波。为消除变送通道中的干扰信号,在硬件上采取有源或无源 RLC 滤波网络,实现信号频率滤波。微机可用数字滤波模拟硬件滤波的功能。

① 防脉冲干扰平均值滤波。前向通道受到干扰时,往往会使采样数据存在很大的偏差,若能剔除采样数据中个别错误数据,就可能有效地抑制脉冲干扰。图 5-70 所示为 8031 单片机微机系统"采四取二"的防脉冲干扰平均值滤波的方法,在连续进行 4 次数据采样后,去掉其中最大值和最小值,然后求剩下的两个数据的平均值。图 5-70 中寄存器 R_2R_3 存放最大值,寄存器 R_4R_5 存放最小值,寄存器 R_6R_7 存放累加和与最后的平均值。这种方法可推广到连续 n 次

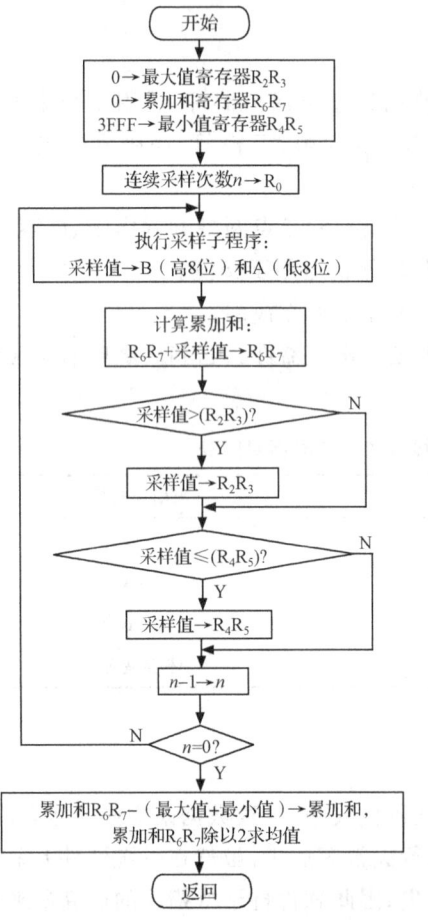

图 5-70 防脉冲干扰平均值滤波程序框图

采样,采样次数在寄存器 R_0 中设定。

② 中值滤波。对采样点连续采样多次,并对这些采样值进行比较,取采样数值的中间值作为采样的最终数据。这种方法也可剔除因干扰产生的采样误差。

③ 一阶递推数字滤波。这种方法是利用软件实现 RC 低通滤波器的功能,能很好地消除周期性干扰和频率较高的随机干扰,适用于对变化过程比较慢的参数进行采样。一阶递推滤波的计算公式为

$$y_n = \alpha x_n + (1-\alpha) y_{n-1}$$

式中,α 为与数字滤波器的时间常数有关的系数,α＝采样周期/(滤波时间常数＋采样周期);x_n 为第 n 次采样数据;y_n 为第 n 次滤波输出数据(结果)。

α 取值越大,其截止频率越高,但它不能滤除频率高于采样频率二分之一(奈奎斯特频率)的干扰信号,对于高于奈奎斯特频率的干扰信号,应该用硬件来完成。实现一阶递推滤波的程序框图如图 5-71 所示。

④ 宽度判断抗尖峰脉冲干扰。若被测信号为脉冲信号,由于在正常情况下,采样信号具有一定的脉冲宽度,而尖峰干扰的宽度很小,因此可通过判断采样信号的宽度来剔除干扰信号,其原理框图如图 5-72 所示。图中,首先对数字输入口采样,等待信号的上升沿到来(设高电平有效),当信号到来时,连续访问该口 n 次(图中为 5 次),若 n 次访问中,该口电平始终为高,则认为该脉冲有效。若 n 次采样中有不为高电平的信号,则说明该口受到干扰,信号无效。这种方法在使用时,应注意 n 次采样时间总和必须小于被测信号的脉冲宽度。

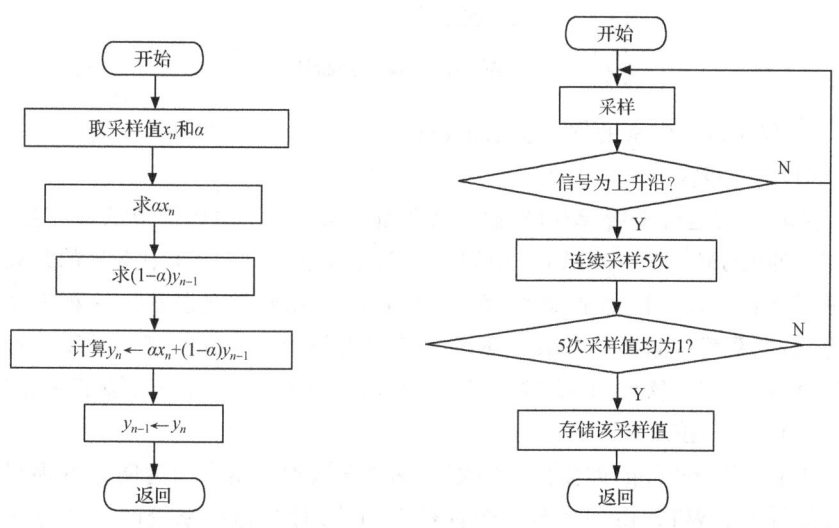

图 5-71　一阶递推数字滤波程序框图　　图 5-72　宽度判断法框图

⑤ 重复检查法。该方法是一种容错技术,是以软件冗余的办法来提高抗干扰特性,适用于缓慢变化的信号抗干扰处理。因为干扰信号的强弱不具有一致性,因

此对被测信号多次采样,若所有采样数据均一致,则认为信号有效;若相邻两次采样数据不一致,或多次采样的数据均不一致,则认为是干扰信号。

⑥ 偏差判断法。有时被测信号本身在采样周期内发生变化,存在一定的偏差(这往往与传感器的精度以及被测信号本身的状态有关)。这个客观存在的系统偏差值可估算出来的,当被测信号受到随机干扰后,这个偏差往往会大于估算的系统偏差,可据此来判断采样是否为真。其方法是:根据经验确定两次采样允许的最大偏差 Δx。若相邻两次采样数据相减的绝对值 $\Delta y > \Delta x$,表明采样值 x 是干扰信号,应该剔除,而用上一次采样值作为本次采样值。若 $\Delta y \leqslant \Delta x$,表明被测信号无干扰,本次采样有效。程序框图如图 5-73 所示。

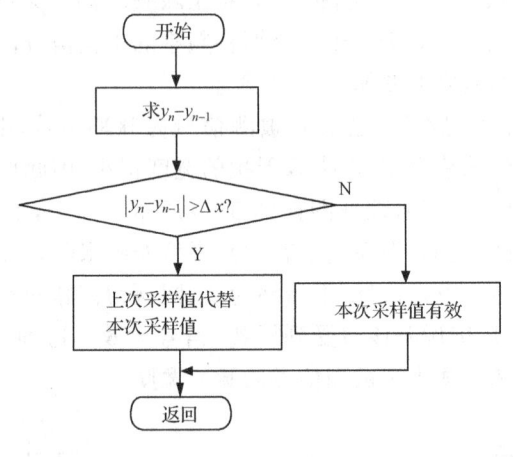

图 5-73　偏差判断法

3) 程序运行失常的软件抗干扰设计

(1) 软件陷阱。

从软件的运行来看,瞬时电磁干扰可能会使 CPU 偏离预定的程序指针,进入未使用的 RAM 区和 ROM 区,引起一些莫名其妙的现象,其中常见的是死循环和程序"飞跑"。为了有效地排除这种干扰故障,常用软件陷阱法。这种方法的基本思想是:把系统存储器(RAM 和 ROM)中没有使用的单元用某一种重新起动的代码指令填满,作为软件的"陷阱",以捕获"飞跑"的程序,使系统重新投入正常运行。

(2) WTD 技术。

WTD(Watchdog)即监控定时器,俗称"看门狗",是专门为防止程序进入死循环而设计的。WTD 由一个至几个计数器组成,计数器靠系统时钟或分频后的脉冲信号进行计数,当计数器计满时,由计数器产生一个复位信号,强迫系统复位,使系统重新开始从初始化执行程序。在正常情况下,在每隔一定的时间(根据系统应用程序执行的长短来确定),程序将计数器清零。因此在正常状态下,计数器就不会计满,因而不产生复位。但是如果程序运行不正常,如陷入死循环等,计数器将会计满而产生溢出,此溢出信号作为系统复位信号,使程序重新开始起动,便可有效地克服干扰的影响。

思考题与习题

5-1 接口的定义及作用是什么？

5-2 按接口所联系的子系统不同,以信息处理系统(微电子系统)为出发点,可将接口分为哪几类？各自特点是什么？

5-3 输入接口可以有哪些方法？各自适用什么场合？

5-4 ADC0809 的结构及工作原理是什么？

5-5 控制量输出接口的作用是什么？有哪些种具体形式？各自适用什么情况？

5-6 什么是电磁兼容性？

5-7 何谓电磁干扰？电磁干扰必须具备的条件是什么？

5-8 电磁兼容性设计的目的是什么？如何进行？

5-9 电磁干扰有哪三种形式？并举例说明。

5-10 在电磁辐射耦合中,如何判别干扰场源的性质？

5-11 为了抑制电容性、电感性和电磁场三种耦合形式,应分别采取何种有效措施？

5-12 常见的抑制电磁干扰措施有哪些？

5-13 如何进行电场屏蔽、磁场屏蔽？

5-14 接地系统分为几大类？举例说明。

5-15 如何实施软件抗干扰？

5-16 简述电磁兼容性测试的一般步骤。

第6章 机电一体化系统设计

6.1 概　　述

机电一体化系统设计是从系统工程观点出发,应用机械、微电子技术等关键技术,使机械、电子有机融合,实现系统或产品整体最优的设计过程。它要求设计者应以系统的、整体的观点来综合考虑设计过程中的诸多技术问题。为避免不必要的经济损失,设计机电一体化系统应遵循一定的科学原则。

6.1.1 机电一体化系统设计流程

机电一体化产品覆盖面很广,在系统构成上有着不同的层次,但在系统设计上是否有着共同的规律呢？答案是肯定的,机电一体化系统的总体设计包括市场调研、产品构思、方案设计与评价、详细设计、质量规划与控制、制造工艺规划、样机试制、正式生产、用户意见反馈、修改与完善等阶段。总体设计流程如图6-1所示。

主要设计过程可分为五个阶段:产品规划、概念设计、详细设计、设计实施和设计定型阶段。

第一阶段:产品规划阶段。产品规划要求进行需求分析、需求设计、可行性分析,确定设计参数及制约条件,最后给出详细的设计任务书,并依此作为设计、评价和决策的依据。

第二阶段:概念设计阶段。由于需求是以产品的功能来体现的,产品的功能与设计间是因果关系,概念设计是根据系统的总功能要求和组成系统的功能要素进行总功能分解,划分出各功能模块,确定模块间的逻辑关系;然后对各功能模块的输入/输出关系进行分析,确定功能模块的技术参数和控制策略、系统的外观造型和总体结构;最后以技术文件的形式交付设计组讨论、审定。由于体现同一功能的产品可以有多种多样的工作原理,一项设计通常有几种不同的设计方案,每一种方案都有其优点和缺点,所以在概念设计阶段应对不同的方案进行整体评价,选择综合指标最优的设计方案。

因此,这一阶段的最终目标就是在功能分析的基础上,通过构想设计理念、创新构思、搜索探求、优化筛选取得较理想的工作原理方案。

第三阶段:详细设计阶段。该阶段根据设计目标,对各功能模块进行细部设计,绘制相应的工程图;对于有过程控制要求的系统应建立各要素的数学模型,确

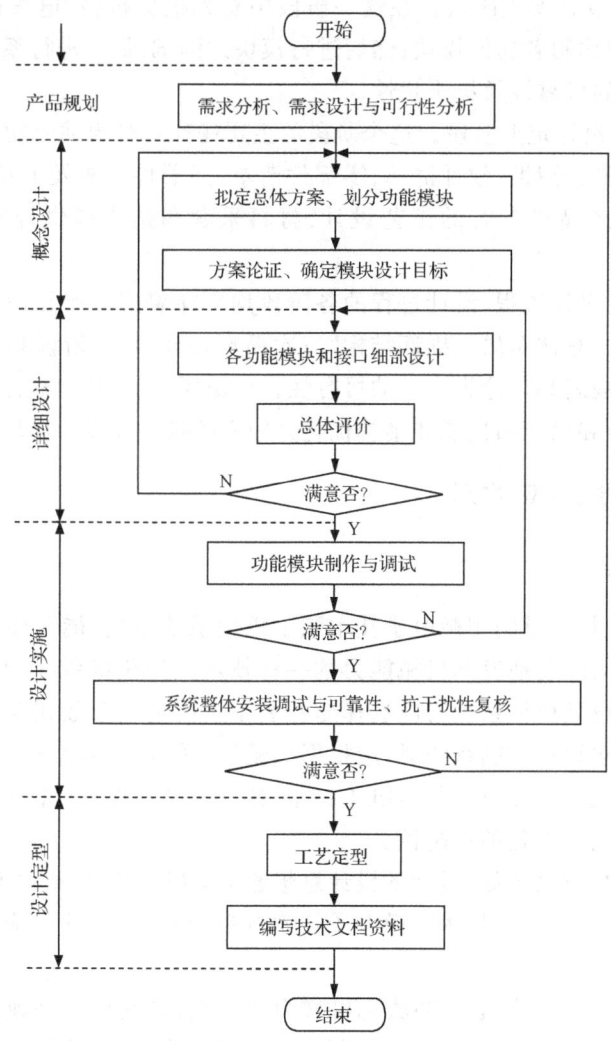

图 6-1 机电一体化系统设计流程

定控制算法;计算各功能模块之间接口的输入/输出参数,确定接口设计的任务归属;然后以功能模块为单元,根据接口参数的要求对信号检测及转换模块、机械传动及工作机构、控制计算机、功率驱动及执行元件等功能模块进行选型、组配和设计;最后对所做的设计进行整体技术经济性评价,设计目标考核和系统优化,挑选出综合性能指标最优的设计。该阶段的工作量较大,既包括机械、电气、电子、控制与计算机软件等系统的设计,又包括总装图和零件图的绘制,应该尽量应用各种CAD工具,以提高工效。设计应尽量模块化和结构化,以利于改进或产品换代时提供参考。

第四阶段：设计实施阶段。在这一阶段中首先根据机械、电气图纸和算法文件，制造、装配和编制各功能模块；然后进行模块的调试；最后进行系统整体的安装调试，复核系统的可靠性及抗干扰性。

第五阶段：设计定型阶段。这个阶段的主要任务是对调试成功的系统进行工艺定型，整理出设计图纸、软件清单、零部件清单、元器件清单及调试记录等；编写设计说明书，为产品投产时的工艺设计、材料采购和销售提供详细的技术档案资料。

纵观系统的设计流程，设计过程的各阶段均贯穿着围绕产品设计的目标所进行的"基本原理—总体布局—细部结构"三次循环设计，每一阶段均构成一个循环体，即以产品的规划和讨论为中心的可行性设计循环，以产品的最佳方案为中心的概念性设计循环和以产品性能和结构优化为中心的技术性设计循环。

6.1.2 设计思想、类型、准则

1. 设计思想

机电一体化技术是利用微电子技术赋予机械系统以"智能"，使其具有更高的自动化程度，最大限度地发挥机械能力的一种技术。为获得系统（产品）的最佳性能，一方面要求设计机械系统时应选择与控制系统的电气参数相匹配的机械系统参数，同时也要求设计控制系统时，应根据机械系统的固有结构参数来选择和确定电气参数，综合应用机械技术与微电子技术，使二者紧密结合、相互协调和相互补充，充分体现机电一体化的优越性。

机电一体化系统（产品）设计的设计思想通常有以下三种：机电互补法、融合法和组合法。综合运用机械技术和微电子技术各自的特长，设计出最佳的机电一体化系统（产品）。

(1) 机电互补法。机电互补法也可称为取代法，是利用通用或专用电子部件取代传统机械产品中的复杂机械功能部件或功能子系统，如用 PLC 或微型计算机来取代机械式变速机构等；用步进电动机来代替某些条件下的凸轮机构；用电子式传感器（光电开关、磁尺等）取代机械挡块、行程开关等，可大大提高检测精度、灵敏度。总之，用电子技术的长处来弥补机械技术的不足，达到简化机械结构、提高系统性能的目的。

(2) 融合法。融合法（又称结合法）是将各组成要素有机结合为一体，构成专用或通用的功能部件（子系统），要素之间机电参数的有机匹配比较充分。例如，将电子凸轮、电子齿轮作为产品应用在机电一体化系统中，就是结合法的具体应用。

(3) 组合法。组合法是将结合法制成的功能部件（子系统）、功能模块，像搭积木那样组合成各种机电一体化系统（产品）。例如，将工业机器人各自由度（伺服

轴)的执行元件、运动机构、检测传感元件和控制器等组成机电一体化的功能部件(或子系统),用于不同的关节,可组成工业机器人的回转、伸缩和俯仰等各种功能模块系列,从而组合成结构和用途不同的工业机器人。在新产品系列及设备的机电一体化改造中,应用这种方法可以缩短设计与研制周期、节约工装设备费用,且有利于生产管理、使用和维修。

2. 设计类型

机电一体化系统(产品)的设计类型一般可分为开发性设计、适应性设计和变型设计三种。

(1) 开发性设计。在工作原理、结构等完全未知的情况下,没有参照产品,应用成熟的科学技术或经过试验证明是可行的新技术,设计出质量和性能方面满足目的要求的新产品,这是一种完全创新的设计。最初的录像机、摄像机、电视机的设计就属于开发性设计。

(2) 适应性设计。在总的方案原理基本保持不变的情况下,对现有产品进行局部更改,或用微电子技术代替原有的机械结构,或为了进行微电子控制对机械结构进行局部适应性设计,以使产品的性能和质量增加某些附加价值。例如,电子式照相机采用电子快门、自动曝光代替手动调整,使其小型化、智能化;汽车的电子式汽油喷射装置代替原来的机械控制汽油喷射装置,电子式缝纫机使用计算机控制。

(3) 变型设计。在已有产品的基础上,针对原有缺点或新的工作要求,从工作原理、功能结构、执行机构类型和尺寸等方面进行一些变异,设计出新产品以适应市场需要,增强市场竞争力。这种设计也可包括在基本型产品的基础上,工作原理保持不变,开发出不同参数、不同尺寸和不同功能和性能的变型系列产品。

3. 设计准则

设计准则主要考虑"人、机、材料、成本"等因素,而产品的可靠性、实用性与完善性设计最终归结于:在保证目的功能要求与适当寿命的前提下不断降低成本。产品成本的高低70%取决于设计阶段。因此,在设计阶段可以从新产品和现有产品改型两方面采取措施,一是从用户需求出发降低使用成本,二是从制造厂的立场出发降低设计与制造成本。

6.2 机电一体化系统的产品规划

机电一体化系统设计的任务就是根据客观要求,通过创造性思维活动,借助人类已经掌握的各种信息资源(科学技术知识),经过反复的判断和决策,设计出具有特定功能的机电一体化装置、系统或产品,以满足人们的生活和生产需求。

市场调查与预测是产品开发成败的关键性一步。通过市场调查广泛收集信息,认真研究需求内容,做出需求分析;再针对用户的需求进行理论抽象,对市场未来的不确定因素和条件做出预计、测算和判断,为企业提供决策依据,即需求设计。在市场需求与企业自身资源优势的充分分析后,企业决策层最终形成适合自身特点的产品开发规划。因此,产品规划的主要工作是进行需求分析和需求设计,以明确设计任务。

6.2.1 需求分析

机电一体化产品设计是涉及多学科、多专业的复杂系统工程。开发一种新型的机电一体化产品,要消耗大量的人力、物力、财力,因此,要想开发出市场对路的产品,对市场进行需求调查是非常关键的。

从产品与技术开发方面看,市场与用户的需求信息是形成一项设计任务的主要推动力量。市场调查就是运用科学的方法,系统地、全面地收集有关市场需求和营销方面的有关资料,在市场调查的基础上,通过定性地经验分析或定量地科学计算,对市场未来的不确定因素和条件做出预测,为企业提供依据。市场调查的内容很广泛(见图 6-2),主要包括消费者的潜在需要、用户对现有产品的反映、产品市场寿命周期要求、竞争对手的技术挑战、技术发展的推动和社会的需求等。

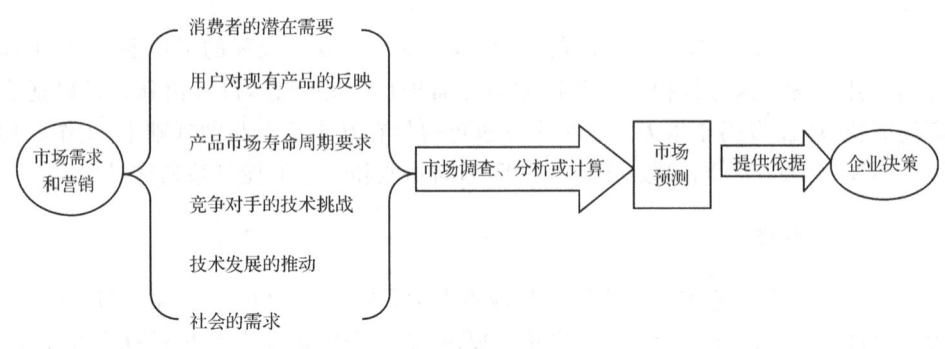

图 6-2 需求分析的过程

(1) 消费者的潜在需要。各种消费阶层,各种消费群体都会有潜在的需要,挖掘发现这种需要,创造一种产品予以满足,是产品创新设计出发点。20 世纪 50 年代,日本的安藤百福看到忙碌的人们在饭店前排长队焦急地等待吃热面条,而煮一次面条需要 20min 左右的时间。于是他经过努力创造出一种用开水一泡就可以吃的方便面条,这一发明不仅解决了煮面条时间长的问题,从而也引发了一个巨大的方便食品市场。随着社会进步与发展,人们迫切需要加强信息交流,今天通信技术及产品之所以能取得巨大的成功,其主要原因是有巨大的市场需求。

(2) 用户对现有产品的反映。现有产品的市场反映,特别是用户的批评和期望,是企业必须关注和应迅速做出改进的重点。桑塔纳轿车问世后,用户对制动系统、后视镜、行李舱、坐椅等提出不少意见,于是推动了桑塔纳 2000、桑塔纳 3000 轿车的问世。因此产品需要不断地进行改进设计,特别是处于失望期的产品更是如此。当年波音 737 客机推入市场后,甚至是通过对几次空难事故的分析,方才发现客机存在的问题,并做出相应的改进设计,出现了波音 747、波音 757 客机的问世。

(3) 产品市场寿命周期产生的阶段要求。当已有产品进入市场寿命周期的不同的阶段后,产品必须不断地进行自我调整,适应市场不断变化的要求。例如,四川长虹主产的彩电已有 20 多年历史,人们普遍认为该彩电已步入退让期。1998 年末,厂方率先宣布降价,以减少利润的方式延长产品的市场寿命,并及时开发设计了"纯平彩电"。2002 年厂方宣布再次降价,又开发设计出"低价格大屏幕背投电视"。现在一种新产品在市场上的稳定期仅有 3~5 年,制造商必须不断进行改进,推出新机型,或为已有机型增添新内容,保持自己的市场占有率。

(4) 竞争对手的技术挑战。市场上竞争对手的产品状态和水平是企业情报工作的重心。美国福特汽车公司建有庞大的实验室,能同时解体 16 辆轿车。每当竞争对手的新车一上市,便马上购来,并在 10 天之内解体完毕,研究对方技术特点,特别是对领先于自己企业的技术做出详尽的分析,使自己的产品始终保持技术领先地位。在 20 世纪 80 年代,日本照相机企业间的竞争给人们留下深刻印象,当时两家著名公司分别推出一种时间自动和一种光圈自动的照相机,由于各具优点,双方都很快吸取了对方照相机的特点,双方又都推出了同时具备两种自动功能的照相机,以及全自动的照相机。当时已经知道多家企业都在研究自动测距技术,都想以新技术压倒对方。而到今天,自动测距的照相机已成为人们熟悉的性能,竞争又在数码方面展开,其清晰度快速提高,价格快速下降,胶卷照相机市场日见萎缩,数码相机已统领天下。

(5) 技术发展的推动。新技术、新材料、新工艺对市场上原有产品具有很大的冲击。例如,电视机行业中的数字电视、薄型超薄型等离子电视两大新技术已经在替代传统的模拟电视。如果企业盲目在老技术水平上再扩大生产传统模拟电视,必将在市场竞争中处于被动地位。我国机床行业正因为在数控技术应用上落后于国外一步,所以导致今天中国机床行业的困境。

(6) 社会的需求。市场是社会的组成部分,很多政治、军事和社会学问题都通过市场对产品提出需求。日本开发的经济型轿车,起初并不引人注目,但到石油危机爆发时,这类轿车成为全世界用户的抢手货,使日本汽车工业产量一跃而成为世界第一。目前,环境保护问题已成为全世界共同关注的问题,很多会给环境造成污染的产品的发展受到限制,而像电动汽车、无氟冰箱、静音空调等绿色新产品则被不断设计开发出来。

为掌握市场形势和动态,必须进行市场调查和预测,除对现有产品征求用户反映外,还应通过调查和预测为新产品开发建立决策依据。上述几方面是市场调查的主要内容,并在市场调查中相互联系、不可分割、同时进行的。

6.2.2 需求设计

需求设计是指新产品开发的整个生命周期内,从分析用户需求到以详细技术说明书的形式来描述满足用户需求产品的过程。即根据系统的用途及主要需求来确定系统的性能参数或技术指标。因此,需求设计是连接市场和企业的一个桥梁。

机电一体化的主要技术指标是能够基本反映该系统的概貌与特征的一些项目。因此技术指标既是设计的基本依据,又是检验成品质量的基本依据。如图6-3所示,机电一体化产品的基本性能指标主要是指实现运动的自由度数、轨迹、行程、速度、动力、稳定性和自动化程度。主要包括以下方面:

(1) 运动参数。表征机器工作部件的运动轨迹、行程、速度和加速度、方向和起、止点位置正确性的指标。

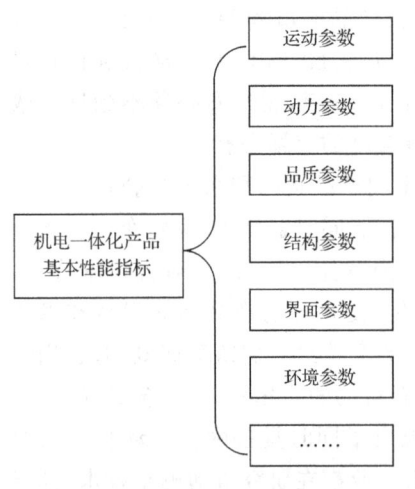

图6-3 机电一体化产品基本性能指标

(2) 动力参数。表征机器为完成工艺动作应输出的动力大小的指标,如力、力矩和功率等。

(3) 品质参数。表征运动参数和动力参数品质的指标,如运动轨迹和行程的精度(如重复定位精度)、运动行程和方向可变性、运动速度的高低与稳定性,力和力矩的可调性或恒定性,灵敏度和可靠性等。

(4) 结构参数。表征机器空间几何尺寸、结构、外观造型。

(5) 界面参数。表征机器的人机对话方式和功能。

(6) 环境参数。表征机器工作的环境,如温度、湿度、输入电源等。

由于机电一体化系统所代表的设备与产品广泛分布在各个领域,所以不同系统的主要性能参数或技术指标的内容将会有很大的差异。

6.3 机电一体化系统的概念设计

概念设计是系统设计的前期工作过程,其结果是产生概念产品方案。但是,概念设计不局限于方案设计,它应包括设计人员对设计任务的理解,设计灵感的表达,设计理念的发挥。概念设计还应充分体现设计人员的智慧和经验。因此,概念设计前期工作中应充分发挥设计人员的形象思维,而在后期工作中将较多的注意力集中在构思功能结构、选择工作原理和确定原理方案等环节,与传统的方案设计无较大区别。

概念设计由于涉及内容广泛,可实现更大范围内的创新和发明。例如,很多汽车展览会展示出概念车,它就是用样车的形式体现设计者的设计理念和设计思想、展示汽车设计的方案。又如,一座闻名于世的建筑,它的建筑效果图就体现出建筑师的设计理念和建筑功能的表达,是属于概念设计的范畴。

以上分析可见,概念设计包容了方案设计的内容,但是比方案设计更加广泛、深入。同时,应看到概念设计的核心是创新设计,概念设计是广泛意义上的创新设计。

6.3.1 概念设计的内涵和特征

Palh 和 Beitz 在 1984 年出版的专著 *Engineering Design*(工程设计)中,对概念设计表述为:"在确定任务之后,通过抽象化,拟定功能结构,寻求适当的作用原理及其组合等,确定出基本求解途径,得出求解方案,这一部分设计工作叫做概念设计。"

1. 概念产品

基于市场化的、面向企业的概念产品是产品总体特征、性能、结构、尺寸形状的描述和实现,包括产品的功能信息、原理信息、简单的装配结构、简单的零部件形状信息、基本的可制造与可装配信息、市场竞争力与成本信息、可服务与维修信息,但不要求有详细精确的尺寸、形状、制造和装配信息,可通过功能性、原理可行性或进行动态仿真等手段验证其主要性能特征。

如图 6-4 所示的概念车不是将投产的车型,它仅仅是向人们展示设计人员新颖、独特、超前的构思而已。概念车还处在创意、试验阶段,很可能永远不投产。因为不是大批量生产的商品车,每一辆概念车都可以更多地摆脱生产制造水平方面的束缚,尽情地甚至夸张地展示自己的独特魅力。

图 6-4 概念车实例——丰田 mtrc 概念车

因此,概念产品是用以评估、验证产品对目标市场的适应性和符合产品需求说明书的满意度,也是用以制定、实施产品后续开发过程即生产、营销、服务等计划的技术基础。

2. 概念设计的内涵

在提出概念设计几十年以来,人们对概念设计的研究日益增加、不断深入,使概念设计的内涵更加广泛和深刻。主要体现在以下几方面:

(1) 在设计理念上融入了设计师的智慧和经验结晶的、崭新的设计哲理和创新灵感,使概念设计更具创新性。

(2) 在设计内容上更加广泛,根据产品生命周期各个阶段的要求进行市场需求分析、功能分析、确定功能工作原理、功能载体选择和方案组成等。可见,概念产品是概念设计的最终结果,概念设计全过程的好坏才是概念产品设计的关键。

(3) 在设计方法上更加全面地融合各种现代设计方法,寻求全局最优方案,同时使设计过程更具创新性。

总之,概念设计是方案全面创新的一个设计阶段,它集成了设计师的智慧和灵感、先进设计方法的应用,还包括设计资料和数据库广泛采纳、多学科专业知识的综合运用等。

3. 概念设计的基本特征

如图 6-5 所示,概念设计具有创新性、多样性、层次性的基本特征。

图 6-5 概念设计的基本特征

(1) 创新性。创新是概念设计的灵魂,只有创新才有可能得到结构新颖、性能优良、价格低廉的富有竞争力的机电一体化产品。产品创新的核心在于构思创新产品概念。产品的概念发展与产品的设计是产品创新中具有决定性作用的阶段,从分析市场开始发展为概念产品是产品概念设计过程的主要任务与内容。概念设计阶段的创新体现在采用新的物理原理,使主功能发生根本性的变化,开发新产品,如激光加工机床、微波炉等;采用创新思维和技术成果,新思路、新构思通常与新技术、新能源、新材料、新工艺等有密切联系,如石英电子钟表是石英晶体振荡器控制的电磁摆来代替机械游丝摆制成的,采用碳纤维增强的复合材料可以做成自行车的车架和工业机器人的手臂等。

(2) 多样性。概念设计的多样性主要体现在设计步骤的多样化和设计结果的多样化。不同功能的定义、功能分解和工作原理等,会产生完全不同的设计思路和设计方法,从而在功能载体的设计上产生完全不同的解决方案。例如,采用机械传动原理或石英振荡原理分别产生机械式手表和石英手表,两种结果完全不同。

(3) 层次性。概念设计的层次性体现在两个方面。一方面,概念设计分别作用于功能层和载体结构层,并完成由功能层向结构层的映射;另一方面,在功能层和结构层中也有自身的层次关系。例如,功能分解就是将功能从一个层次向下一个层次推进,结构"自行车"的功能是代步,而自行车的子功能之一"控制行进方向"则是由"车把"来完成的。

6.3.2 概念设计的过程

产品概念设计将决定性地影响产品创新过程中后续的产品详细设计、产品生产开发、产品市场开发以及企业经营战略目标的实现。因此,机电一体化系统设计过程中,概念设计是整个设计的关键,不同的工作原理构思直接导致设计方案的迥异。例如,在烹饪食物时利用微波进入物质内部,引起物质内部分子激烈运动,互相摩擦而发热的原理设计出了微波炉,而利用电磁波引起铁磁性锅体产生涡流而发热的原理设计出电磁炉,而传统的燃气灶是利用明火进行加热。好的原理构思通常是机电产品创新设计思想的主要来源,可影响到产品的结构、性能、工艺和成本,关系到产品的技术水平及竞争能力。

概念设计过程的步骤及采用的方法如图 6-6 所示。首先将设计任务抽象化,确定出系统的总功能,抓住本质,扩展思路,寻找解决问题的多种方法;其次将总功能分解为子功能,直到分解到不能再分解的功能元,形成功能树;然后寻找子功能(功能元)的解,并将原理解进行组合,形成多种原理解设计方案,对众多方案还要进行评价决策,最终选定最佳方案形成概念产品。

1. 产品的功能设计

功能是指产品的效能、用途和作用,对具体产品来说,人们购置和使用的是产品功能。例如,运输工具的功能是运物载客;电动机的功能是将电能转换为机械能;减速器的功能是传递转矩、变换转速;机床的功能是把坯料变成零件等。

功能分析是概念设计的出发点,是产品设计的第一道工序。产品的结构如同人体结构,人有头部、腹部、四肢等解剖结构件,机器有齿轮、轴、连杆、螺钉、机架等组合结构件;人有消化、呼吸、血液循环等功能件,机器有动力、传动、执行、控制等

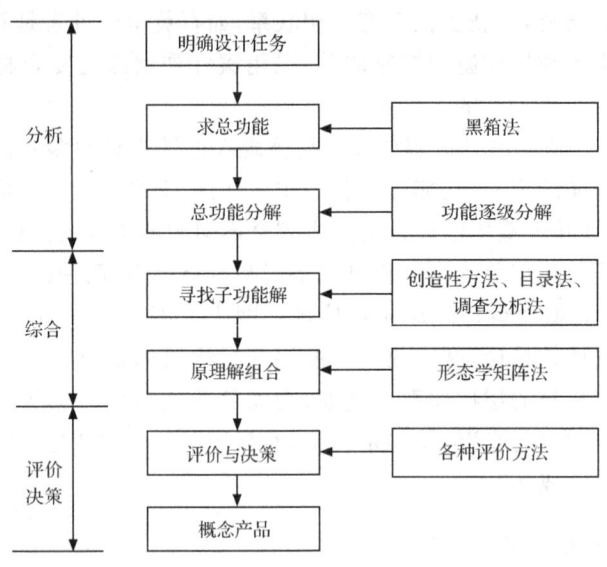

图 6-6 概念设计步骤

功能件。机电一体化产品的常规设计是从结构件开始,而功能分析是从对产品结构的思考转为对它的功能思考,从而做到不受现有结构的束缚,以便形成新的设计构思,提出创造性方案。

产品的功能设计主要步骤如图 6-7 所示,首先确定需求抽象得出总功能,再功能分解,最后建立功能结构图和确定功能结构。

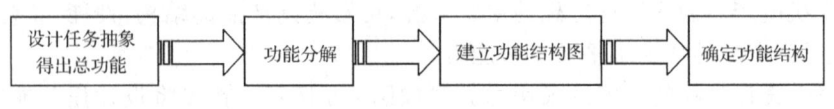

图 6-7 产品的功能设计步骤

1) 设计任务抽象化——确定总功能

在设计任务书中,列出了许多要求,在设计任务抽象过程中,要确定出产品总功能,抓住本质,突出重点。淘汰次要条件,将定量参数改为定性描述,对主要部分充分地扩展,只描述任务,不涉及具体解决办法。例如,采煤机抽象为物料分离和移位的设备;载重汽车抽象为长距离运输物料的工具;洗碗机抽象为除去餐具上污垢的装置。

通过问题抽象化获得的功能定义能扩大解的范围,放开视野,寻求更为理想的设计方案。例如,砸开核桃壳取出果仁的功能描述,若用"砸"则已暗示了解法,而较抽象的表达才可能得到思路更开阔的解答,见表 6-1。

表 6-1 设计任务抽象化实例

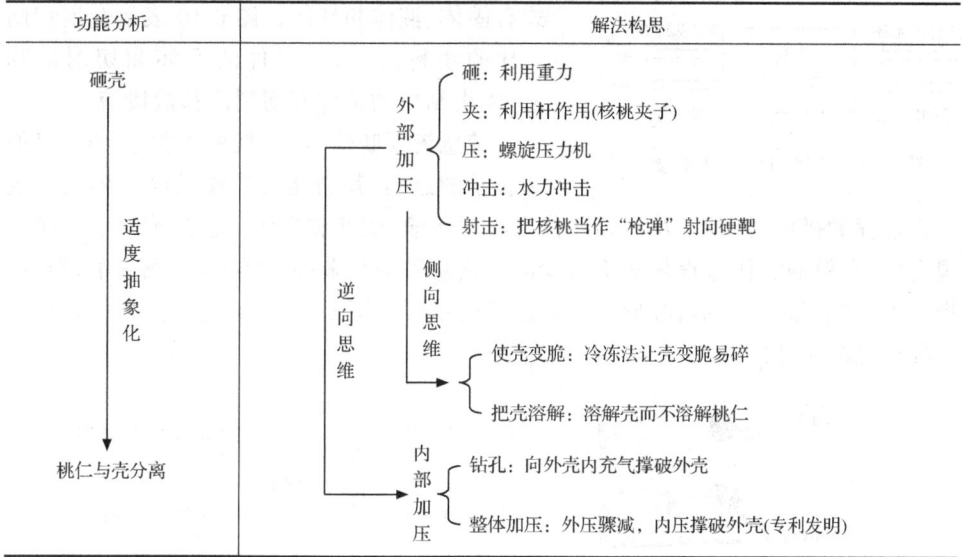

工程设计中常用的抽象方法是黑箱法。求解所设计系统的总功能时,将待求系统看作黑箱,如图 6-8 所示,分析和比较系统的输入/输出的物料流、能量流、信息流的差别和关系,从而反映出系统的总功能,然后探求系统的机理和结构,逐步使黑箱透亮,直到方案的拟订。

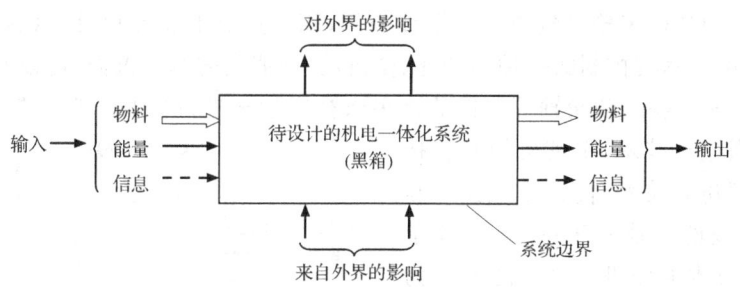

图 6-8 黑箱与外界条件关系

能量流是机电一体化系统中存在于能量变换与传递的整个过程中,系统完成特定工作过程所需的能量形态变化和实现动作过程所需的动力。能量的类型有机械能、电能、化学能、热能、太阳能、光能、核能和生物能等。图 6-9 表示内燃机的能量流,化学能转换成电能,电能又进一步转化成机械能。

图 6-9 内燃机的能量流

物料流是机电一体化系统完成特定工作过程中工作的对象和载体,物料的形式有固体、液体和气体。图 6-10 表示金属切削机床的物料流,输入工件的毛坯和切削冷却液,输出制成的工件和切削冷却液废液。

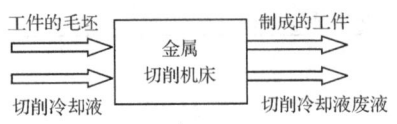

图 6-10　金属切削机床的物料流

信息流反映信号、数据的检测、传输、变换和显示的过程,其功能是实现机电一体化系统工作过程的操纵、控制以及对某些信息实现传输、变换和显示。信息流对于系统实现有序、有效的工作过程是必不可少的。信息种类是多种多样的,如测量值、数据、指示值、控制信号、图形、波形等任何形式的信号。图 6-11 表示"全自动"照相机的主要信息流示意图。

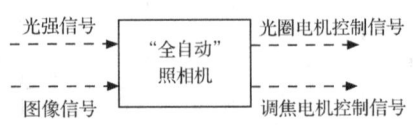

图 6-11　"全自动"照相机及其主要信息流

任何一台机器的主要特征都是从能量流、物料流、信息流中体现出来的,要设计一台新机器首先应从剖析能量流、物料流和信息流着手,构思各种可供选择的能量流、物料流和信息流,就可得到许多种新机器的方案。

下面以 CNC 齿轮测量中心的设计为例,阐述产品的功能设计。CNC 齿轮测量中心是由计算机控制的一种多功能、全自动、智能化的测量仪器,可以对齿轮、复杂刀具、蜗轮、蜗杆、凸轮轴等工件的大多数精度指标进行检测。它集先进的计算机技术、微电子技术、精密机械制造技术、高精度仿真技术、信息处理技术和精密测量理论与技术于一体,代表了齿轮测量技术的先进水平。图 6-12 为 CNC 齿轮测量中心的黑箱示意图,图中左边为输入量,右边为输出量,下边为外界环境对系统的影响因素,上边

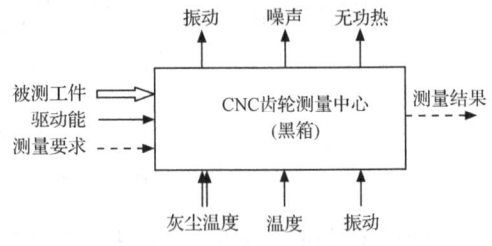

图 6-12　CNC齿轮测量中心的黑箱示意图

表示该测量中心对外部环境的影响。输入量有能量、未知几何参数的工件、含有测量要求的信息等三种形式,而输出量则为测量结果信息,该中心的总功能是测量回转工件的几何尺寸。

2) 总功能的分解

对于所设计的产品对象来说,产品的整体功能是由不同组成部分相互协调共同完成的。因此,产品总功能可以分解为子功能和多级子功能,它们按确定的功能

结合起来,建立功能结构图(见图 6-13)。这样既可显示各功能元、子功能与总功能之间的关系,又可通过各功能元之间的有机组合求系统方案。常用的设计策略如下:

(1) 减少机械传动部件,使机械结构简单化,体积减小,提高系统动态响应性能和运动精度。

(2) 注意选用标准、通用的功能模块,避免功能模块在低水平上的重复设计,提高系统在模块级上的可靠性,加快设计开发的速度。

(3) 充分运用硬件功能软件化原则,使硬件的组成最简化,使系统智能化。

(4) 以计算机系统为核心的设计策略。

将总功能分解成复杂程度较低的子功能,并相应找出各子功能的原理方案。如果有些子功能还太复杂,则可进一步分解为较低层次的子功能,分解到最后的基本功能单元,称为功能元。前级功能元是后级功能元的目的功能,后级功能元是前级功能元的手段功能。另外,同一层次的功能单元组合起来,应能满足上一层功能的要求,最后合成的整体功能可满足系统的要求。

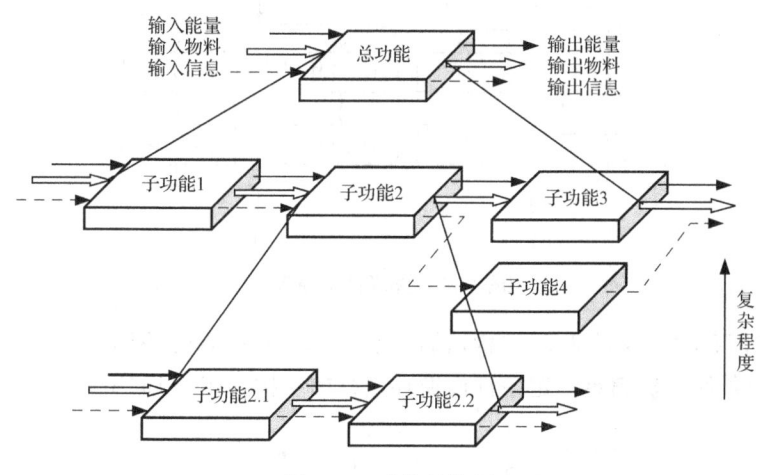

图 6-13 功能结构图

3) 确定功能结构

在功能分解中要求同级子功能相互协调组合起来应能满足上一级子功能的要求,最后组合起来应能满足总功能,这种功能的分解与组合关系称为功能结构。

功能结构图由以下三种基本结构形式组成:串联(链状)结构、并联(平行)结构和环形结构(反馈连接)。

(1) 串联结构,又称顺序结构,反映了分功能之间的因果关系或时间、空间顺序关系,基本形式如图 6-14(a)所示,如台虎钳的施力与夹紧两个分功能就是串联关系,如图 6-14(b)所示。

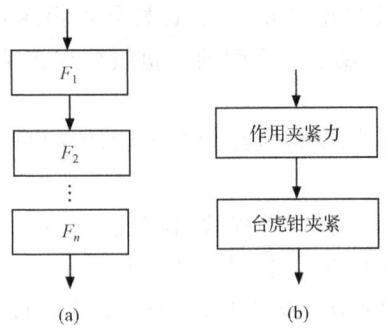

图 6-14　串联结构原理

(2) 并联结构,又称选择结构,几个分功能作为手段共同完成一个目的,或同时完成某些分功能后才能继续执行下一个分功能,则这几个分功能处于并联关系,其一般形式如图 6-15(a) 所示。例如,车床需要工件与刀具共同运动来完成加工物料的任务如图 6-15(b) 所示。

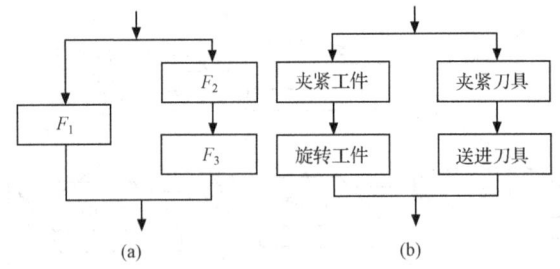

图 6-15　并联结构原理

(3) 环形结构,又称循环结构,输出反馈为输入的结构,图 6-16(a) 为循环结构,按逻辑条件分析满足一定条件而循环进行的结构如图 6-16(b) 所示。

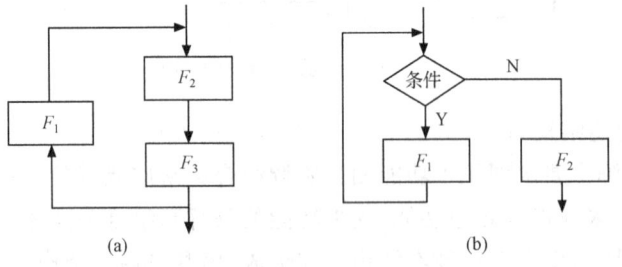

图 6-16　环形结构原理

在实际设计时,建立系统功能结构可以从系统功能分解出发,分析功能关系和逻辑关系。首先从上层子功能的结构考虑起,建立该层功能结构的雏形,再逐层向下细化,最终得到完善的功能结构图,CNC 齿轮测量中心的功能分解如图 6-17 所示。

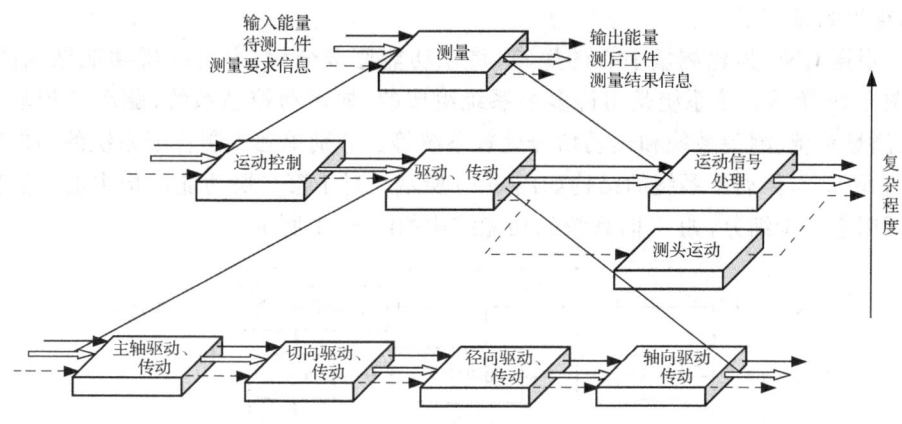

图 6-17 CNC 齿轮测量中心功能分解图

CNC 测量中心系统研制过程中,各子系统设计时需采用大量的先进技术。各子系统间既各有分工又密切关联,相互制约。如图 6-18 所示的 CNC 齿轮测量中心系统原理框图,其运动测量系统完成的自动测量过程,可通过计算机控制三个直线运动轴(R 向、T 向、Z 向)和一个旋转运动轴(θ),在各自的伺服系统驱动下实现联动。根据被测工件的参数,使三个直线运动轴上的测微仪相对随旋转坐标轴转动的工件产生所需要的测量运动。在整个测量过程中,计算机采集存储测微仪的偏移量和同一时刻各运动轴的实际坐标值,经过数据处理,与被测项目的理论值比

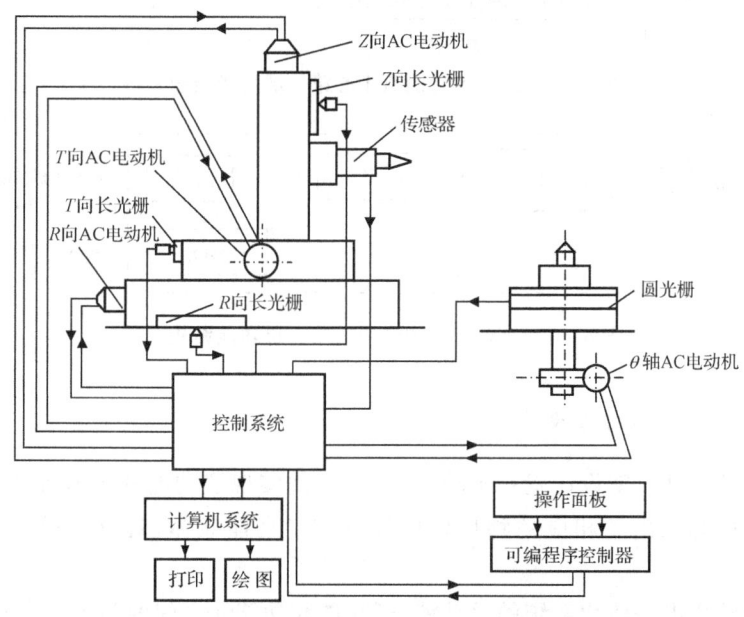

图 6-18 CNC 齿轮测量中心原理图

较,得出测量结果。

根据 CNC 齿轮测量中心的黑箱,将总功能逐级分解,得第一层功能结构图,如图 6-19 所示。该系统是由许多小系统组成的,如运动控制系统、驱动与传动系统、测量系统、测头系统和运动信号处理系统等。分别单独绘制各子系统的功能结构图,驱动与传动子系统的结构如图 6-20 所示。对于第二层功能结构中的功能部分可以进一步细分,如 T 向系统的功能结构如图 6-21 所示。

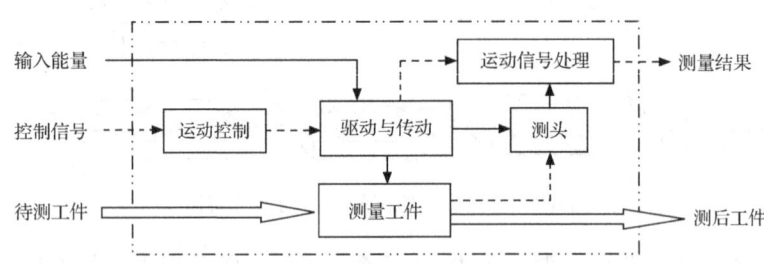

图 6-19　CNC 齿轮测量中心功能结构示例

图 6-20　CNC 齿轮测量中心第二层功能结构之一

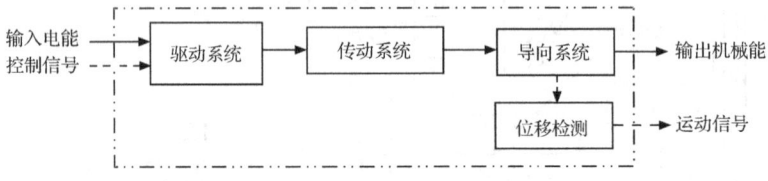

图 6-21　CNC 齿轮测量中心第三层功能结构之一

2. 产品的原理方案设计

产品的原理方案设计就是子功能求解,寻找实现子功能的基本原理。如果对每个子功能都找出了相应的物理效应和确定了功能载体,就可组成具体的设计方案。

在理清机电一体化系统的总功能、子功能和功能元之间的关系后,尚需进一步解决怎样实现这些功能的问题,即子功能或功能元的求解问题。同一种物理效应可以实现多项功能,如杠杆效应可以实现力的放大、缩小、换向等功能;同样,一项功能可以由多种物理效应来实现。所以在寻找物理效应时,应针对子功能的要求尽可能多提出几项物理效应,应综合运用机、电、液、光等多种学科的知识,运用发散性思维方式寻求先进、实用的科学原理和物理效应,并进一步确定实现该效应的功能载体。这样,便可开阔思路并有助于评价决策,获得最佳设计方案。

如图 6-22 所示,洗衣机的主功能是清洁衣物,因去污功能基本原理的求解途径不同而设计出不同类型的洗衣机,如根据洗衣桶与衣物之间的相对运动产生洗涤作用的原理设计的各种机械式的洗衣机(如波轮式、滚动式和搅拌式洗衣机);而气泡型洗衣机是利用气泡泵向装有衣物、洗涤剂和水的洗衣桶内注入大量微细气泡,气泡上升破裂产生振荡使洗衣桶内的衣物纤维振动从而产生洗涤作用;而利用臭氧的氧化作用使衣物污垢脱落并起到杀菌作用设计出臭氧式洗衣机。

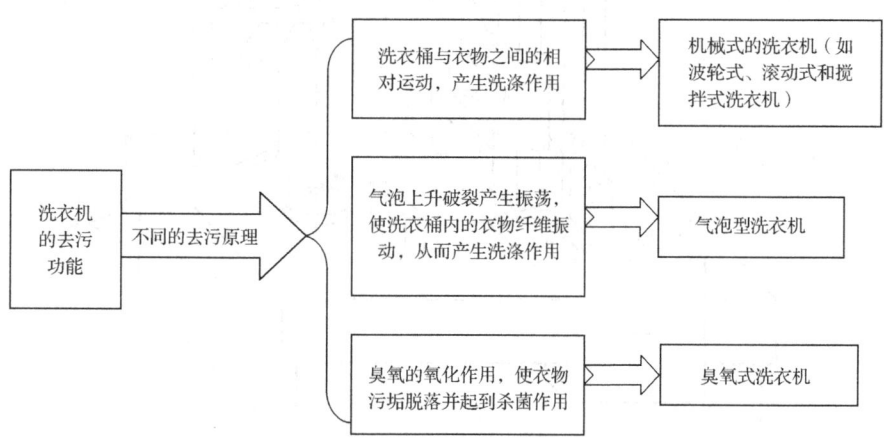

图 6-22　不同去污原理设计出的洗衣机

以图 6-21 所示的 CNC 齿轮测量中心第三层功能结构图中的 T 向导向系统为例,其主要功能有两个:导向、位移检测,可得出不同的设计方案见表 6-2,能组合出方案数为:$N=6\times5\times4\times6=720$。不同的组合可以得到不同的方案。

表 6-2　CNC 齿轮测量中心的驱动及传动子系统的设计方案

功能元解 子功能	1	2	3	4	5	6
A:导向	滑动导轨	滚动导轨	液体静压导轨	气体静压导轨		
B:位移检测	激光检测器	光栅尺	磁栅尺	感应同步器	线纹尺	码尺
C:传动	齿轮传动	齿形带传动	蜗轮传动	丝杠传动	齿轮齿条传动	
D:驱动	交流伺服电动机	直流伺服电动机	步进电动机	直线电动机	液动马达	气动马达

齿轮测量中心的主轴和导轨是影响仪器测量精度的关键部件,通过多种方案

比较,主轴和导轨均采用气体静压主轴及气体静压导轨,具有精度高、运动灵活平稳等特点,为实现高精度测量提供了保证。

CNC齿轮测量中心机械本体如图6-23所示,它由底座、花岗石平台、横梁、直线导轨、滑架、主轴、测微仪及上顶尖柱等部分组成。花岗石平台安装在底座上,其台面为设计调整的基准面,边缘为R向导轨;R向滑架布置在平台两侧,与横梁相连;T向导轨安装在横梁上,T向导轨上的移动支架用于支撑Z向导轨,Z向滑架可沿Z向导轨滑动,在Z向滑架上装有测微仪;立式旋转主轴安装在花岗石平台上,上顶尖柱安装于主轴侧旁,起装夹工件作用。

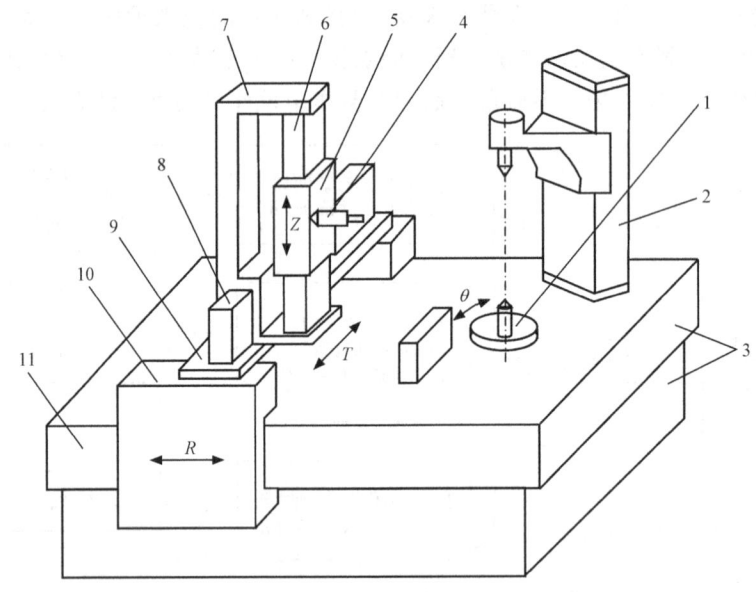

图 6-23 机械结构总图
1-主轴;2-上顶尖柱;3-底座;4-测微仪;5-Z向滑架;6-Z向导轨;
7-支架;8-T向导轨;9-横梁;10-R向滑块;11-花岗石平台

齿轮测量中心数控系统的主要功能是接收计算机的指令,控制机械部件实现所要求的测量运动,并实时将测头及各坐标轴的测量数据传递给计算机。这样的数控系统不同于加工机床上使用的数控系统,机床用数控系统是将测量单元采样的数据作为反馈信息,齿轮测量中心主要用于形状误差和位置误差的检测,其机械系统与计算机的连接采用串行接口或标准的8位并行接口。为满足齿轮测量中心高精度、密集采点和高速度的要求,数控系统应具有数据输入通道多、数据总线宽的特点。

电气逻辑控制包括操作台键识别、指示灯状态控制、机械行程限程、关键部件监控、自动保护功能及异常状态处理等,这些逻辑功能由可编程序控制器完成,提高了系统可靠性及灵活性。对于异常状态直接用电气逻辑完成停机功能,不经过计算机和数控系统。

齿轮测量中心有两种结构布局方案：一种是卧式结构，另一种是立式结构，考虑到以后随着软件功能的开发，要测量齿轮以外的其他多种类型的工件，采用立式结构，无论工件大小、无论工件有无定位芯棒，立式结构均能适用，有利于齿轮测量中心产品规格的系列化。

CNC齿轮测量中心的上顶尖柱在工作台上的布局位置，突破了一般齿轮量仪和国外齿轮测量中心对称布局的模式，将立柱布置在工作台的角上，既保证了R向的移动行程，又为操作者装卸工件提供了较大的操作空间，并且使整体布局于规整对称中出现了变化，如图6-24所示。

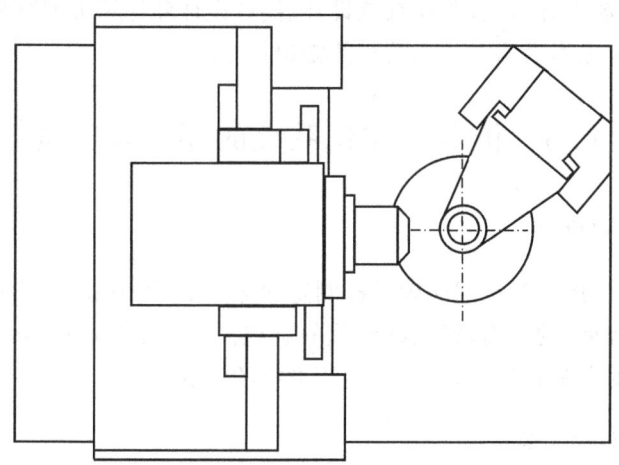

图6-24　上顶尖柱的宜人性设计布局

应当指出，原理方案设计过程是个动态优化过程，需要不断补充新信息，因此原理方案设计过程是一个反复修改的过程。必要时原理方案设计阶段也可以安排模型和样机试验。

3. 设计方案的评价与筛选

产品的概念设计过程是一个复杂的、不完全确定的、创造性的设计推理过程，它表现为一连串相连的问题求解活动。它的一个重要环节是概念产品方案的评价，它是产品概念设计过程决策的重要依据。由于系统原理解的结合可以获得多种，有时可多达几十种初步设计方案，应对这些方案进行评价与筛选，找到较优的方案。

具体采用的方法大致有绘出方案原理图、整机总体布局草图、主要零部件草图。为在空间占用量、重量、所用材料、制造工艺、成本和运行费用等方面进行比较提供数据；进行运动学、动力学和强度方面的粗略计算，以便定量地反映初步设计方案的工作特性；进行必要的原理试验，分析确定主要的设计参数，验证设计原理的可行性;对于大型、复杂设备,可制作模型,以获得比较全面的技术数据。初选后的初步设计方案进行具体化后,可对它们进行技术经济评价,做出取舍的最后决策。

6.4 机电一体化系统的详细设计

详细设计主要是对系统总体方案进行具体实施步骤的设计,其主要依据是总体方案框架。从技术上将其细节逐步全部展开,直至完成试制产品样机所需的全部技术图样和文档。机电一体化产品的详细设计主要包括以下内容:机械系统设计、传感器与检测设计、伺服驱动系统设计、接口设计和计算机控制系统的设计等,详细设计内容参见本书第 2、3 章的相关知识。

6.5 机电一体化系统的评价与决策

6.5.1 系统的评价

所谓评价,一般是指按照明确目标测定对象的属性,并把它变成主观效用(满足主体要求的程度)的行为,即明确价值的过程。在这个过程中,我们要对评价的事物与一定的对象进行比较,从而决定该事物的价值。

1. 系统评价的内涵

1) 系统评价的目的与任务

系统的评价是根据预定的系统目的,通过调查研究,应用科学合理的程序与方法,对被评价系统的经济、技术或综合性的价值做出判定,从多个方案中选择其中在技术上先进、经济上合理、建设上可行的系统最优方案。因此,评价的目的是为了决策,决策需要评价。

在方案设计阶段,进行系统评价主要是对该方案在各方面能产生的后果及其影响进行评价,以便提供决策所需的定性及定量的信息资料。

在系统的运行阶段,进行系统评价主要是对系统现状进行分析和评价,以便弄清问题,对现状心中有数,以便有效地改进工作,及时调整方向,抓住机会,进行合理的决策。

在系统方案完成以后,进行系统评价主要是定量地掌握系统已经达到的目标以及与预定目标的差距,为下一步决策或其他系统的开发设计工作提供信息。

系统的评价对于决策的有效性关系极大,正确的评价可以使决策获得成功,取得较好的效益;错误的评价会导致决策失败,付出沉重的代价。

2) 评价的内容

(1) 技术评价。系统的开发、设计及运行的根本目的是为了实现特定的功能，以便为人们提供物质和精神的财富，或是带来生活的便利。技术评价就是评定该系统方案是否达到预定目标。系统结构的合理性、先进性、适用性、属性的完善性等，都属于技术评价。

(2) 经济评价。经济评价主要是评价系统方案的经济效益，如投入产出比、性能价格比、成本费用分析、资金占用分析等经济可行性分析。

(3) 综合评价。对机电一体化系统(产品)的综合评价主要是对其实现目的功能的结构、性能进行评价。机电一体化的目的是提高产品(或系统)的附加价值，而附加价值的高低必须以衡量产品性能和结构质量的各种定量指标为依据。具体设计时，常采用不同的设计方案来实现产品的目的功能、规格要求、性能指标。因此，必须对这些方案的价值进行综合评价，从中找出最佳方案，以便决策者做出决策。

2. 系统评价的原则、方法和步骤

1) 系统评价的原则

(1) 客观性原则。客观性一方面是指参加评价的人员应站在客观立场，实事求是地进行资料收集、方法选择及对其评价结果做客观解释；另一方面是指评价资料应当真实可靠和正确。

(2) 可比性原则。指被评价的方案之间在基本功能、基本属性及强度上要有可比性。例如，将一台洗衣机和一台电视机放在一起进行对比评价，就很难指出两者之间的优劣；而一台石英电暖器和一台充油式电暖器之间就较容易从技术指标、经济性及适用性等方面进行比较，做出合理的评价。

(3) 合理性原则。指所选择的评价指标应当正确反映预定的评价目的，要符合逻辑、有科学依据。

(4) 整体性原则。指评价指标应当相互关联、相互补充，形成一个有机整体，能从多侧面综合反映评价方案。如果片面强调某一方面指标，就可能歪曲系统的真实情况，诱导决策者做出错误的决策。

2) 系统评价的常用方法

价值是评价者根据评价目的及自身的观点、环境等前提条件对评价对象是否满足某种需要而做出的定量或定性的估量。因而，有些价值量可以使用绝对尺度进行度量，如成本、利润等经济指标；很多价值量只具有相对性，如技术先进性等。因此在技术评价时，往往采用定性分析和定量计算相结合的方法。常见的方法有德尔菲法(专家评价法)、评分法、层次分析法及模糊综合评价方法等。常常采用多种方法对同一系统方案进行评价，以便更客观更合理地反映被评价系统。

3) 系统评价的步骤

(1) 明确系统评价的目的。尽管系统评价的总目的都是为了更好地向决策者提供尽可能合理的综合性的有用信息,但是对于具体的系统而言,其评价的目的仍然有所不同,因而评价的要求及侧重点也有所差异。一般来讲,系统评价主要有以下几个目的:一是找出系统的主要问题,促进系统更优;二是对参与评价的若干系统方案的价值进行综合评价,提供优先度信息,以便决策者合理抉择;三是当已经做了决策之后,为使决策者能被有关单位及人员理解、支持和执行,通过系统评价提供系统的利弊得失等重要资料,以便澄清事实、协调行动;四是为了总结经验,积累资料,以便以后开发设计出更优的系统。

(2) 分析系统、熟悉系统。要详细了解系统的基本功能、基本属性及与环境协调的程度。参与评价的各系统在定性分析了解的基础上,应详尽收集该系统的有关资料数据,对系统现状做到心中有数,并对未来尽可能准确预测。

(3) 建立评价指标体系。在对系统有了较为深入全面的了解之后,应根据系统特点及评价目的选择若干评价指标。评价指标应对系统评价目的各个主要方面都有所反映。当评价系统比较复杂、评价指标数量较多时,评价指标体系应当具有层状结构,以便清楚地体现评价指标与评价目的之间、评价指标与评价指标之间的相互关系,以利于评价指标的权重计算。

(4) 确定评价尺度。对于直接与被评价系统相关联的评价指标,应当确定评价尺度,将被评价系统的某种属性划分为若干个(通常为 9 级或 5 级)状态并给定每种状态的分值及内涵的说明。

(5) 确定评价方法。应根据系统特点、评价目的及资料的完备程度选用适当的评价方法,通常应当定性与定量相结合,既有数据,又有文字甚至图形说明。

(6) 计算评价值。对所采用方案进行逐项评价,得出各单项评价指标值。

(7) 综合评价。综合评价有两个方面的含义,一方面,应综合各个评价指标的价值量及权重,计算评价方案的综合价值量;另一方面,应采用多种评价方法对评价系统进行全面的综合评价,分析各种评价方法的优缺点,对评价结果作综合比较说明,以供决策者科学合理的决策。

6.5.2 系统的决策

1. 系统决策的概念

决策是指为了实现一个特定目标,在占有一定信息和经验的基础上,根据客观条件与环境的可能,借助于一定的科学方法,从各种可供选择的方案中,选出作为实现特定目标的最佳方案的活动。早期的决策活动主要借助于决策者个人的才智和经验。由于运筹学、系统理论、信息理论、控制论的相继问世,以及计算机广泛运用于人类的决策活动,为决策从经验到科学提供了现代的理论、方法和手段,使得决策由定性分析进入到定量化阶段。

决策活动一般具有以下特点：

(1) 具有无法控制的自然状态，如竞争对象所采取的策略、市场需求、施工中的晴天或雨天等均属于无法控制的各种状态。

(2) 应尽量回避毫无选择余地的所谓"选择"，否则无法实现最佳方案。

(3) 没有目标就无从决策，不追求优化决策也就毫无意义。

(4) 任何决策最后要付诸实施，不准备实施的决策也就失去决策的意义。

2. 系统决策的过程

决策的过程随情况不同而异，但一般遵循的步骤为：发现问题、确定目标、找出各种选择的方案、对每个方案进行评估、选择其中最佳方案、执行，如图6-25所示。

(1) 发现问题。发现问题、提出问题是系统分析的起点，也是决策的起点，并作为决策的前提和确定目标的依据。

(2) 确定目标。目标是根据需要与可能来确定期望达到的结果，因此建立目标必须切合实际，即经过努力可以争取达到。

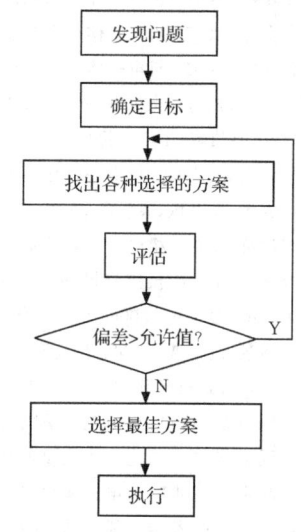

图6-25 决策的过程

(3) 制定方案。根据目标，依据主客观条件，设计出供决策者选择的可实现目标的各种方案。设计方案须遵循可行性、客观性、详尽性三条原则。

(4) 评价与决策。通常最终选出一个最佳方案。一般选择用最低代价、最短时间、实现最佳效果实现既定目标的那个方案。但有时也会在权衡各种因素后会选择风险性较小的方案。

(5) 反馈。当实际实施的结果与目标给定值之间产生偏差，就需要及时将这方面的信息输送到决策系统，以便对原方案进行修正。

思考题与习题

6-1 简述机电一体化系统设计流程。

6-2 开发性设计、适应性设计、变型设计有何异同？

6-3 何谓概念设计？简述其具体设计步骤。

6-4 如何进行设计任务抽象化？其作用是什么？

6-5 总功能为什么要分解？应如何进行分解？

6-6 简述功能-行为-结构三者的关系。

6-7 为什么要进行系统的评价和决策？分别简述其步骤。

参考文献

补家武等.2001.机电一体化技术与系统设计.北京:中国地质大学出版社
布伦德尔 A J.1988.键合图在工程建模中的应用.上海:上海科学技术文献出版社
陈荷娟.2008.机电一体化系统设计.北京:北京理工大学出版社
陈淑凤等.2001.电磁兼容试验技术.北京:北京邮电大学出版社
程玉华.2008.西门子 S7-200 工程应用实例分析.北京:电子工业出版社
邓家褆等.2002.产品概念设计.北京:机械工业出版社
邓兴贵.2002.现代机械系统可靠性设计探讨.机械研究与应用,15(1):10~12
高安邦.2008.机电一体化系统设计实例精解.北京:机械工业出版社
高安邦.2007.机电一体化系统设计禁忌.北京:机械工业出版社
高森年.2001.机电一体化.北京:科学出版社
高学山.2006.光机电一体化系统典型实例.北京:机械工业出版社
胡泓,姚伯威.1999.机电一体化原理及应用.北京:国防工业出版社
姜培刚等.2004.机电一体化系统设计.北京:机械工业出版社
李成华,杨世凤,袁洪印.2001.机电一体化技术.北京:中国农业大学出版社
李建勇.2004.机电一体化技术.北京:科学出版社
李士勇.1996.模糊控制、神经控制和智能控制论.哈尔滨:哈尔滨工业大学出版社
梁景凯,盖玉先.2006.机电一体化技术与系统.北京:机械工业出版社
林述温,范扬波.2002.机电装备设计.北京:机械工业出版社
凌云,王勋,费玉莲.2003.智能技术与信息处理.北京:科学出版社
钱照明等.2000.电力电子系统电磁兼容设计基础及干扰抑制技术.杭州:浙江大学出版社
芮延年.2004.机电一体化原理及应用.苏州:苏州大学出版社
三浦宏文.2001.机电一体化实用手册.北京:科学出版社,OHM社
沙斐.1999.机电一体化系统的电磁兼容技术.北京:中国电力出版社
孙增圻,张再兴,邓志东.1997.智能控制理论与技术.北京:清华大学出版社,南宁:广西科学技术出版社
滕启.2002.可靠性设计的新发展.组合机床与自动化加工技术,3:56~58
王宣银,陶国良,陈鹰.2000.机电一体化的创新及发展方向.机电一体化,(6):5~8
温照方.2002.SIMATIC S7-200 可编程序控制器教程.北京:北京理工大学出版社
武藤一夫.2006.机电一体化.北京:科学出版社
薛定宇,陈阳泉.2002.基于 MATLAB/Simulink 的系统仿真技术与应用.北京:清华大学出版社
杨志勤.2006.机电一体化系统实例集锦.北京:国防工业出版社
姚伯威.2007.机电一体化原理及应用.第 2 版.北京:国防工业出版社
袁中凡.2006.机电一体化技术,北京:电子工业出版社
殷洪义.2003.可编程序控制器选择、设计与维护.北京:机械工业出版社
赵松年等.2006.机电一体化系统设计.北京:机械工业出版社
张建民等.2007.机电一体化系统设计.修订版.北京:北京理工大学出版社
张建民等.2008.机电一体化系统设计.第 3 版.北京:高等教育出版社
张建民,唐水源,冯淑华.2001.机电一体化系统设计.北京:高等教育出版社
张健民,王涛,王忠礼.2003.智能控制原理及应用.北京:冶金工业出版社

参 考 文 献

张立勋等. 2007. 机电一体化系统设计. 北京:高等教育出版社
郑堤等. 2004. 机电一体化系统设计基础. 北京:机械工业出版社
邹慧君. 2003. 机械系统设计原理. 北京:科学出版社
邹慧君. 2003. 机械系统概念设计. 北京:机械工业出版社
钟福金,吴晓梅. 2003. 可编程序控制器. 南京:东南大学出版社
朱熹林. 2004. 机电一体化系统设计基础. 北京:科学出版社
Chuenchom T,Kota S. 1997. Synthesis of programmable mechanisms using adjustable dyads. ASME Transactions,Journal of Mechanical Design,119:232~237
Kirecci A,Dulger L C. 2000. A study on a hybrid actuator. Mechanism and Machine Theory,35:1141~1149
Mahalik N P. 2008. 机电一体化:原理·概念·应用. 双凯,张婉妹,姜姗译. 北京:科学出版社
Shetty D,Kolk R A. 2006. 机电一体化系统设计. 北京:机械工业出版社
Sung C K,Chen Y C. 1991. Vibration control of the elastodynamic response of high-speed flexible linkage mechanisms. ASME Journal of Vibration and Acoustics,113:14~21